GÉOMÉTRIE

ET

MÉCHANIQUE

DES

ARTS ET MÉTIERS

ET DES BEAUX-ARTS.

PARIS. — IMPRIMERIE DE FAIN, RUE RACINE, N°. 4,
PLACE DE L'ODÉON.

GÉOMÉTRIE
ET
MÉCHANIQUE
DES
ARTS ET MÉTIERS
ET DES BEAUX-ARTS.

COURS NORMAL

A l'usage des Artistes et des Ouvriers, des Sous-Chefs et des Chefs d'ateliers et de manufactures;

Professé au Conservatoire royal des arts et métiers,

PAR LE BARON CHARLES DUPIN,

Membre de l'Institut (Académie des sciences), officier supérieur au corps du Génie maritime, officier de la Légion d'Honneur et chevalier de Saint-Louis.

TOME TROISIÈME. — DYNAMIE.

PARIS,
BACHELIER, LIBRAIRE, succ. DE Mme. V^e. COURCIER,
QUAI DES AUGUSTINS, n°. 55.

1826.

Tout exemplaire du présent ouvrage qui ne porterait pas ma signature comme ci-dessous, sera contrefait; conformément à la loi, je poursuivrai les contrefacteurs et les débitants de cet exemplaire.

Je poursuivrai également dans l'étranger, comme *faussaire*, tout contrefacteur qui, pour tromper le public sur l'édition originale, apposerait ma signature.

Bachelier

MINISTÈRE DE LA MARINE ET DES COLONIES.

Circulaire de Son Excellence le Ministre de la Marine et des Colonies, adressée à MM. les Commandants, Intendants et Ordonnateurs de la Marine.

Paris, le 24 septembre 1825.

MESSIEURS,

Le succès du *Cours de méchanique*, professé par M. le baron Dupin, au Conservatoire des arts et métiers, m'a suggéré l'idée d'étendre les bienfaits de cet enseignement aux principaux ports du royaume, et j'ai pensé qu'un cours analogue, ouvert dans ceux de ces ports où il existe des écoles d'hydrographie, serait avantageux à l'industrie en général, et profitable aux ouvriers des professions maritimes.

Déterminé par ces motifs, j'ai décidé que messieurs les professeurs desdites écoles donneront, deux fois par semaine, une leçon d'une heure, sur la géométrie et la méchanique, appliquées aux arts et métiers, d'après le *Cours du Conservatoire de Paris*.

Cette leçon aura lieu le soir, à l'heure à laquelle les travaux cessent généralement dans les ateliers.

Je ferai adresser successivement aux professeurs d'hydrographie les leçons imprimées du *Cours de M. le baron Dupin*; ils devront se conformer exactement à la méthode de cet académicien.

Je vous prie, messieurs, de donner des instructions en conséquence, tant aux professeurs des écoles d'hydrographie, qu'aux commissaires des ports où elles sont situées.

J'attache beaucoup d'importance au succès d'un enseignement aussi utile au développement de notre industrie; mon intention est que vous me rendiez compte du résultat qu'il obtiendra dans votre arrondissement maritime.

Recevez, etc.,

Signé, LE COMTE DE CHABROL.

EXTRAIT

Du Rapport à Sa Majesté, sur le Budget de la Marine, en 1826, par Son Excellence le Ministre de la Marine et des Colonies.

Par une disposition récente, les professeurs des écoles hydrographiques ont été chargés de faire un Cours de géométrie et de méchanique, appliquées aux arts, semblable à celui qui a été ouvert à Paris, au Conservatoire des arts et métiers. Déjà plus de cinq mille artisans des villes maritimes suivent avec assiduité ces cours, dont l'effet certain sera de substituer, sur les points les plus industrieux de la France, les leçons d'une théorie et d'une pratique éclairées, aux procédés d'une routine ignorante et aveugle. La plupart des villes dans lesquelles ces cours sont établis en ont apprécié les avantages, et elles se sont empressées de concourir aux légères dépenses qu'ils ont nécessitées.

Propagation de l'enseignement de la Géométrie et de la Méchanique appliquées aux arts.

Le nouvel enseignement a pris un grand développement depuis le commencement de cette année. Parmi les Cours ouverts en 1825, je citerai celui que M. Prévost fait à Lyon, au palais des Arts.

Dans les villes de l'intérieur, les Cours suivants ont été ouverts cette année.

En janvier: à Limoges, par M. Lassimonne; à Saint-Étienne, par M. Blaire, ingénieur des mines; à Rennes, par M. Legrand; à Mulhausen, par M. Mambourg; à Avignon, par M. . . . . .; à Nantua, par M. . . . .; à Nevers, par MM. Morin, Boncaumont, Viard; à Saint-Quentin, par M. Héré.

En février: à Sedan, par M. . . . . . .; à Salins, par M. Bourgeois, chef de bataillon d'artillerie; à Valence, par M. Papy, professeur de mathém. à l'école d'artillerie.

En mars: à Orléans, par M. Lacave, ingénieur des ponts et chaussées; à Gap, par M. Janson, ingénieur des ponts et chaussées; à Laval, par M. Bonnet.

En avril: à Poitiers, par M. Miet, professeur de mathématiques spéciales à l'académie de cette ville; à Strasbourg, par M. Finck, professeur à l'école d'artillerie; à Colmar, par M. Lœuillet.

De nouveaux Cours vont être ouverts à Mézières, à Troyes, à Aix, à Aurillac, à Évreux, à Louviers, à Elbeuf, à Nismes, à Tonlouse, à Montpellier, à Tours, à Lille, à Alençon, à Arras, à Mâcon, à Versailles, à Amiens, etc.

Nous préparons un exposé général de l'institution de ces Cours, et nous invitons MM. les professeurs à nous adresser des notes indicatives du nombre de leurs élèves et des succès obtenus déjà dans le nouvel enseignement.

DYNAMIE

ou

SCIENCE DES FORCES MOTRICES

APPLICABLES AUX ARTS.

PREMIÈRE LEÇON.

Énumération des forces industrielles : Force de l'homme; directions qu'elle doit au sens de la vue.

J'APPELLE *Dynamie* la science dont l'objet est d'examiner la production et l'application des forces motrices.

Parmi les forces motrices qu'emploie l'industrie, il faut distinguer : 1°. les forces des êtres intelligents, nous les appellerons par abréviation *forces vivantes*; 2°. les forces de la nature inanimée, nous les appellerons *forces inanimées*.

Entre les forces vivantes nous placerons au premier rang les forces de l'homme; nous examinerons ensuite celles des animaux.

Parmi les forces inanimées nous étudierons les forces de la pesanteur et celles de la chaleur, dans les solides, les liquides et les gaz.

Force de l'homme. Cette force est nulle pour l'industrie, dans les premières années de notre existence. Elle croît avec l'âge, se développe à mesure que l'enfant grandit, qu'il arrive à l'adolescence, devient homme et passe à l'âge mûr. Elle décroît ensuite, jusqu'au terme où le vieillard atteint la décrépitude : lorsqu'un accident ou quelque maladie particulière, ne produit pas la mort avant l'extinction totale de la force applicable à l'industrie.

L'intelligence et la faculté raisonnante se développent, arrivent à leur plus haut terme et déclinent ensuite chez l'homme, depuis la naissance jusqu'à la mort naturelle.

La raison humaine acquiert des idées à l'aide des sens ; elle se fortifie par le rapprochement qu'elle fait de ces idées, pour connaître les rapports des choses : c'est ce qui constitue le savoir ou la science.

La mémoire conserve dans notre esprit et les idées que nous acquérons, et les raisonnements que nous faisons sur ces idées, et les conséquences que nous en déduisons. Mais la mémoire des faits, très-vive dans l'enfance, diminue de bonne heure, si nous ne prenons soin de la cultiver par l'exercice, et de la régler par la méthode. La mémoire des raisonnements se fortifie avec l'âge et l'habitude d'observer, de comparer, de réfléchir.

Les peuples encore enfants n'ont pour ainsi dire que la mémoire des simples objets qui s'offrent à eux. Ils gardent un vif souvenir des fêtes, des spectacles, des aspects extraordinaires, etc. Ils sont incapables de conserver le souvenir des comparaisons compliquées et des longs raisonnements. Voilà pourquoi les peuples paraissent, et sont en effet, d'autant plus frivoles, qu'ils touchent de plus près à l'état d'enfance. Ils deviennent plus posés, plus réfléchis, plus conséquents, à mesure que leur raison se fortifie.

Il peut donc se faire qu'un peuple ait paru léger et frivole durant plusieurs siècles, et se montre ensuite sérieux et raisonnable; il suffit pour cela qu'il sorte de son état d'enfance.

On voit aussi des peuples qui semblent par degrés perdre leurs facultés intellectuelles; la raison commune s'éteint parmi eux. Ils offrent le spectacle d'une nation qui penche comme un vieillard vers la décrépitude; les puérilités du premier âge ont seules droit de les charmer; ils ne gardent mémoire que des traditions de leur enfance, et ils arrivent par degrés à l'imbécillité.

Le plus noble service qu'on puisse rendre à son pays, c'est d'opposer de courageux efforts à cette dernière des dégradations, dont quelques peuples de l'Asie nous offrent le spectacle, et dont l'empire des Romains sera toujours, dans sa décadence, un mémorable et déplorable exemple.

La France, jeune et vigoureuse, a long-temps conservé les qualités et les défauts de l'adolescence; elle avance aujourd'hui vers l'âge mûr. Il y a certainement dans la masse de sa population plus de maturité, de conséquence et de sagesse, qu'en aucune époque de notre histoire.

Soyons heureux de cette grande amélioration sociale, et tâchons, selon nos moyens, par notre propre conduite et par notre influence sur le perfectionnement de nos concitoyens, d'ajouter chaque jour à l'expérience, à la raison, à la vertu des hommes que la Providence rapproche par des liens sacrés : le lien de la famille et le lien national.

Une des premières bases du perfectionnement dans nos facultés intellectuelles et d'une heureuse application de nos forces physiques, c'est le perfectionnement de nos sens, considérés comme nous offrant la mesure immédiate des rapports qu'ont entr'elles les qualités physiques de tous les corps, de tous les êtres qui nous entourent.

Si nos facultés sensitives, de la vue, de l'ouïe, du toucher, de l'odorat et du goût, servent à notre intelligence pour nous diriger dans l'exécution des travaux des arts, les arts à leur tour ont prodigieusement fait pour ajouter à l'intensité, à la variété, à la perfection de nos sens.

Les beaux-arts leur ont donné plus d'étendue et de délicatesse. Les arts libéraux leur ont donné plus de certitude et de sagacité. Les arts méchaniques leur ont donné plus de rapidité dans l'action et la réaction.

Ainsi tous les arts contribuent à faire acquérir aux facultés sensitives de l'homme une supériorité de plus en plus grande : c'est un des bienfaits de la véritable civilisation.

Pour passer en revue cette amélioration de nos organes, demandons-nous d'abord ce que les arts ont fait en faveur du sens de la vue.

Afin de rendre les objets les plus petits, susceptibles de produire sur l'œil, une impression distincte, l'homme a créé la loupe et le microscope. Par le secours de ces instruments, il a découvert une foule d'êtres nouveaux, dont l'existence lui était inconnue. Il a vu clairement des secrets d'organisation animale, ou végétale, ou minérale, qui jusqu'alors échappaient à sa perspicacité. Dans les beaux-arts, dans la gravure, par exemple, il a pu soigner le fini des ouvrages les plus délicats, au delà d'un terme qu'il était impossible d'atteindre à la vue simple. Dans les arts libéraux, il a pu s'avancer plus loin vers la connaissance des mystères de la nature; il a pu saisir, dans la structure de ses propres organes, dans la ramification de ses vaisseaux sanguins et lymphatiques, dans l'embranchement et dans l'implantation de ses fibres musculaires et nerveuses, des secrets que la vue simple ne saurait découvrir. Enfin, dans les arts méchaniques, il a pu donner aux produits de l'industrie une précision, une délicatesse, un fini extraordinaires. Sans le secours de la loupe, jamais, par exemple, nos plus habiles horlogers n'auraient pu fabriquer ces chronomètres, qui n'étant pas plus larges qu'une pièce de deux francs, ni guère plus épais, marquent les heures, les minutes et les secondes, avec une exactitude admirable; exactitude obtenue par le jeu délicat et précis des engrenages, qui sont combinés avec un art infini, pour se mouvoir dans un aussi petit espace.

Nous avons employé d'autres instruments, afin de rendre les objets éloignés, sensibles à notre vue; c'est-à-dire, afin de rendre les impressions qu'ils produisent sur nous par la lumière, susceptibles d'exercer un choc qui mette en jeu la force sensitive de notre vue: tels sont le télescope et les lunettes ou longues-vues. Avec ces instruments, nous avons découvert des planètes, des comètes et des étoiles qui nous étaient inconnues; les limites d'où l'homme pouvait distinguer les objets, se sont prodigieusement reculées : ainsi nous avons pu voir de plus loin les objets qu'il nous importe de joindre ou d'éviter. Les mêmes instruments sont de l'usage le plus précieux dans les navigations, pour observer les côtes et les écueils, et pour distinguer les navires amis ou ennemis. Dans les marches des caravanes et des armées, on s'en sert avec un égal avantage. Dans les arts de la vie civile, on emploie des instruments analogues, pour découvrir nettement et dans tous leurs détails, les objets éloignés. Ainsi les lunettes de spectacle nous permettent, des points les plus reculés d'une vaste salle, de suivre le jeu des moindres muscles, sur la physionomie des acteurs dont nous voulons étudier les formes ou les mouvements.

La force sensitive de la vue n'est point égale chez tous les individus ; elle n'est point constante chez le même individu, dans les différents âges. L'art, encore, au moyen de ses instruments, corrige ces défauts. Avec certaines lunettes il rapproche les objets éloignés qui sont trop peu distincts pour le myope ; il éloigne les objets rapprochés qui sont trop peu distincts pour le presbyte.

Enfin, lorsqu'il faut protéger la sensibilité de la vue, on ne permet aux rayons de la lumière d'arriver à notre œil, qu'à travers des milieux dont la couleur tendre adoucit l'éclat et la dureté de certains rayons lumineux.

Voilà quelques-uns des services que la faculté sensitive de notre vue doit au progrès des arts.

Ce progrès des arts a rendu des services du même genre au sens de l'ouïe. Les cornets acoustiques sont les télescopes de l'oreille, et l'oreille possède aussi ses microscopes. Il y a peu de temps qu'un habile médecin, M. Laënnec a conçu l'idée d'un instrument dont il a fait l'application la plus ingénieuse. On pose le pavillon d'un conduit auditif, contre la poitrine ou le cœur d'un individu qui souffre dans ces régions cachées de son corps; on applique l'oreille à l'autre bout de l'instrument. Alors, on entend des mouvements que l'oreille appliquée à nud, n'aurait jamais pu percevoir, de la même distance.

Lorsqu'on veut communiquer avec des personnes qui sont placées à différents étages ou dans des parties d'une grande maison, fort-éloignées l'une de l'autre, on établit des tuyaux de métal, depuis l'endroit où l'on se place, jusqu'à l'endroit avec lequel on veut se mettre en communication. Il suffit de parler à voix basse, dans l'un des bouts du tuyau, pour se faire entendre distinctement à l'autre bout. Par ce moyen le chef d'un grand établissement d'industrie peut transmettre ses ordres et demander des informations, aux parties les plus éloignées de ses ateliers, sans que personne ait à se déplacer : c'est un moyen que vous pourrez mettre en usage.

Le porte-voix est employé pour produire, à de grandes distances, une impression suffisante sur le sens auditif.

A bord des navires, il faut donner des ordres au milieu du bruit des manœuvres; il faut se faire entendre, malgré le sifflement des vents, le battement des voiles et les mugissements de la mer; aussi les officiers de marine font-ils un usage constant du porte-voix.

Le cor employé par les chasseurs et le cornet employé par les troupes légères, doivent être regardés comme des porte-voix qui servent à communiquer des ordres et à transmettre des informations à de grandes distances, malgré les obstacles du bruit et l'épaisseur des forêts.

Considérés par rapport à l'orateur, les amphithéâtres bien construits sont aussi des porte-voix qui servent à ménager, à distribuer les sons, le moins inégalement possible, dans tout un vaste auditoire. Considérés par rapport à l'auditeur, les amphithéâtres sont de véritables cornets acoustiques.

Les masques des anciens acteurs étaient des porte-voix qui leur permettaient de se faire entendre distinctement d'un immense auditoire.

Passons au sens du toucher. Nous modifions le sens du toucher par des moyens dont l'objet est d'accumuler, sur quelques parties de notre corps susceptibles de sensations tactiles, une plus grande ou une moindre masse d'impressions. Les vêtements, par exemple, ont pour effet de diminuer l'intensité des impressions tactiles que nous font éprouver les objets extérieurs. Ils exercent à la longue un autre effet; c'est de rendre les parties habituellement couvertes, plus sensibles au toucher, par la délicatesse que le tissu de l'épiderme prend nécessairement, lorsqu'il est préservé de tout contact violent.

Les bains, et tous les soins de propreté augmentent certainement la faculté qu'ont nos sens de percevoir les moindres impressions produites par le toucher.

L'exposition au grand air, d'une partie de nos organes, les rend moins sensibles à beaucoup d'impressions.

Montaigne rapporte à ce sujet une anecdote assez plaisante; il en tire les plus justes conséquences, avec la profondeur et la sagacité qui caractérisent son esprit philosophique.

Montaigne, en passant sur le Pont Neuf, au milieu de l'hyver, vit un pauvre presque nud, qui ne semblait nullement souffrir par un froid très-rigoureux. « Eh! comment, mon ami, pouvez-vous résister au temps qu'il fait, aussi peu vêtu que vous l'êtes?—Monsieur, comment pouvez-vous aller, par le temps qu'il fait, avec le nez, les lèvres, les yeux et les joues découvertes. — Mais, mon ami, je ne laisse que ma face à découvert. — Eh! bien, monsieur, je suis tout face! » C'est l'habitude qui l'avait rendu tout face, c'est-à-dire, fort-peu sensible au froid, dans les diverses parties de son corps.

Quant à l'odorat, l'art peut en augmenter aussi-bien qu'en diminuer la sensibilité, soit en jetant un voile plus ou moins épais en avant du visage, soit en posant au contraire sous les narines un cornet qui reçoive et conduise un grand nombre de particules odorantes. On assure qu'en portant un voile, dans les pays où règnent certaines maladies contagieuses, on parvient à les éviter. Ce doit être en diminuant ou en arrêtant tout-à-fait l'action des miasmes délétères sur les organes de l'odorat et du goût.

Parlons enfin de l'organe du goût. On peut augmenter ou diminuer sa sensibilité par des moyens préparatoires.

Dans les arts où vous aurez besoin de juger, par la saveur, de certaines matières premières, et de certains produits de l'industrie, il importe de remarquer que l'organe du goût n'est pas toujours également bien disposé; et qu'en d'autres circonstances il peut n'être que trop bien disposé (1).

La *Physique* a fait son objet spécial du méchanisme de nos sens et des instruments qui modifient l'action qu'ils éprouvent de la part des objets extérieurs : l'optique est la branche de la physique qui se rapporte au sens de la vue; l'acoustique est celle qui se rapporte au sens de l'ouïe. On n'a point donné de nom spécial aux parties de la science qui doivent se rapporter aux trois autres sens ; parce qu'on n'a pas encore assez développé l'étude de ces parties.

Il suffit à l'objet de ce cours, que je vous aie indiqué les moyens principaux de modifier nos forces sensitives. Ceux d'entre vous qui voudront les connaître avec plus de détails et de préci-

---

(1) Dans certains pays, par exemple, lorsqu'un propriétaire veut vendre son vin, il a toujours soin, par pure politesse, de faire manger au chaland, des noix et du fromage sec, afin que le gosier du dégustateur, bien irrité par ces âpres substances, trouve une douceur et un bouquet tout particuliers dans le nectar du cru qu'on lui propose.

On voit au contraire des personnes qui, pour dégoûter leurs enfants ou leurs domestiques de certaines friandises, ne leur en donnent à tâter qu'après leur avoir fait prendre quelqu'autre aliment dont la saveur fasse trouver mauvais les liqueurs ou les morceaux d'ailleurs fort-bons qu'on leur présente.

Enfin, c'est par un artifice tout opposé qu'on parvient souvent à faire avaler aux enfants certaines drogues d'une saveur épouvantable, en émoussant par quelque sucrerie la sensibilité de leurs tendres organes.

sion, doivent étudier la physique proprement dite, science assez vaste pour occuper à elle seule un cours de longue durée.

Les sciences ont fait découvrir les moyens propres à donner plus d'étendue au domaine de nos sens; et à nous faire percevoir les idées d'un plus grand nombre d'objets, sans nous procurer aucun moyen de juger les rapports qu'ont entr'eux ces objets. Cette nouvelle étude est intimement liée avec la connaissance et l'emploi des mesures.

Examinons à présent une faculté des sens, que j'appellerai mathématique, parce qu'elle consiste à nous faire connaître la mesure des objets.

Si nous suivons le progrès naturel de nos sensations, depuis l'enfance jusqu'à l'âge mûr, nous remarquons bientôt que les mesures jouent un très-grand rôle dans le perfectionnement de nos idées et dans la précision de nos jugements. En comparant les objets qui déjà nous sont connus, avec ceux qui nous sont inconnus encore, nous acquérons la connaissance de ces derniers. Or, toute comparaison suppose une mesure. Le plus souvent, il est vrai, cette mesure est vague, elle n'approche de l'exactitude que jusqu'à un certain point. De là vient la source d'un grand nombre de nos erreurs.

Un seul exemple pris dans les idées fournies par l'organe de la vue, nous rendra sensible cette assertion. La plus simple de toutes les mesures est celle que l'on peut faire de deux objets qui sont égaux; c'est celle dont on acquiert le plus rapidement la connaissance. Cette mesure est naturellement opérée par nos sens. Ainsi l'est-elle pour les dimensions de l'étendue, lorsque les deux objets comparés sont rapprochés l'un de l'autre : c'est même ce rapprochement qu'on emploie, quand on veut ne commettre aucune erreur.

Par exemple, pour savoir si une règle a précisément la longueur du mètre, je pose le mètre sur la règle; si les deux bouts du mètre tombent avec exactitude sur les deux bouts de la règle, j'en conclus l'égalité des deux longueurs. Ce moyen est celui qu'il faut prendre toutes les fois que cela peut se pratiquer, dans les arts où l'on a besoin d'une grande précision.

L'organe de la vue doit faire une opération beaucoup plus difficile, lorsqu'il s'agit de décider si deux objets en présence l'un de l'autre, mais qu'on ne saurait superposer, sont égaux en longueur, en largeur, ou en épaisseur. Il faut un certain temps avant que notre esprit devienne capable d'une opération pareille. Cependant nous y parvenons en fort-peu de mois. Ainsi l'on voit des enfants très-jeunes, lorsqu'ils ont à choisir entre deux fruits, deux gâteaux de même espèce, prendre, sans se tromper, le plus long, le plus large, ou le plus épais; preuve certaine que déjà leur esprit porte avec certitude un jugement de ce genre, fondé sur la justesse des impressions que leur faculté sensitive transmet à leur intelligence.

Mais, lorsqu'il est question de prononcer en même temps sur l'égalité de mesure, entre un grand nombre de dimensions, il faut que l'esprit s'accoutume à porter des jugements beaucoup plus compliqués; il faut que les sens s'habituent à saisir à la fois et à porter nettement dans notre intelligence, un nombre considérable de dimensions et de positions.

Nous voyons aussi ce progrès avoir lieu dès l'enfance, mais un peu plus tard que le progrès dont je viens de parler. Les enfants jugent très-bien de la ressemblance ou de la dissemblance de deux objets, par exemple, de la ressemblance et de la dissemblance que présentent deux figures humaines. Ils en saisissent, avec un talent remarquable, les différences caractéristiques. Ils nomment avec une exactitude fort-énergique, ces différences qui, par leur singularité, constituent ce que nous appelons les défauts, les difformités de la physionomie, de la taille ou de la tournure.

L'art du dessin, qui devrait faire partie de l'éducation chez tous les hommes qui veulent diriger des établissements d'industrie, s'acquiert en partie par l'agilité de la main; il s'acquiert surtout par l'habitude donnée à l'œil, de mesurer des étendues, et de juger si la copie conserve les proportions de l'objet représenté.

A cet égard, on observe un progrès très-remarquable dans le talent des élèves. Lorsqu'ils commencent à dessiner, leurs copies sont bien loin de reproduire l'original. Cependant, pour peu qu'il y ait au total quelque ressemblance, l'œil de l'élève, encore mal exercé à mesurer des étendues, regarde comme identiques les dimensions de la copie et du modèle. Au fur et à mesure qu'il s'applique, sa main se forme, son œil apprend à mieux mesurer, et la copie, par conséquent, ressemble davantage à l'original. Alors, si l'élève regarde ses premiers dessins, il trouve en les comparant avec l'original, des différences énormes et qui ne l'avaient point frappé, lorsque l'instrument de sa vue était plus imparfait. En apercevant ainsi des défauts, qu'il était naguère hors d'état de découvrir, il reconnaît que ses sens sont devenus de meilleurs instruments de mesure, et qu'ils ont acquis une supériorité nouvelle; il jouit de ses progrès, et ce plaisir redouble son zèle pour le travail.

Si l'élève ne fait pas de lui-même ces rapprochements, le maître doit l'aider à les faire, et lui montrer, par les progrès déjà produits, ceux qu'il est raisonnable d'espérer ; c'est le moyen de donner aux jeunes gens l'amour du travail.

On voit au contraire des maîtres absurdes qui, pour montrer leur supériorité, regardent toujours en pitié les ébauches de leurs écoliers, et n'y trouvent que des défauts. Je voudrais qu'on suivît une voie tout' opposée. Il ne faudrait jamais faire un seul reproche aux jeunes gens sur leurs premiers essais. Ces essais ne peuvent être, par eux-mêmes, ni louables, ni blâmables; ils sont, si je puis parler ainsi, *un fait*, qui constate le degré d'avancement qu'ont acquis, et l'organe de la vue et l'agilité de la main d'un élève, au moment où cet élève est admis à l'école.

A mesure que le disciple avance, je voudrais qu'on lui fît apercevoir avec soin, ce qu'il acquiert, et qu'on lui montrât, par degrés, ce qu'il doit encore acquérir, afin de l'exciter sans cesse et de ne l'effrayer jamais.

Ce que je dis au sujet du dessin, je le dirais avec autant de raison de tous les autres genres d'études qui ont pour objet de perfectionner nos qualités physiques et avec elles nos qualités morales; *je le dis également du talent, si difficile et si rare, de bien former des apprentifs, dans les diverses branches de l'industrie.*

Il est un inconvénient grave en lui-même, mais qui, par bonheur, se rencontre assez peu fréquemment. Chez quelques personnes la vue se trouve beaucoup plus exercée que la main, quand elles commencent à dessiner. L'esprit alors ne juge que trop bien des distances, des formes et des contours; il les indique à la main qui pourtant ne peut encore les rendre qu'imparfaitement.

Il en résulte que notre vue est choquée des défauts de notre propre ouvrage, et que le dégoût s'empare de nous. Je puis parler de cet inconvénient avec connaissance de cause; car ayant toujours eu le coup d'œil moins inexact que la main, je n'ai jamais appris le dessin qu'avec découragement. C'est la seule étude qui m'ait fait éprouver plus de peine que de plaisir.

Suivons le sens de la vue, dans un progrès plus grand encore. Évaluons la dimension des objets, en les mesurant par la pensée, lorsqu'ils ne sont pas en présence l'un de l'autre.

Au bout d'un temps assez peu considérable, on parvient à dessiner d'une manière ressemblante une tête qu'on a sous les yeux. Mais il faut des circonstances particulières, même à des hommes d'un rare talent, pour qu'ils puissent dessiner une tête qu'ils n'ont vue qu'une fois, sans avoir actuellement le modèle devant eux. Cependant, c'est encore un genre de talent qu'on peut acquérir. Un homme qui dessinerait la même tête, dix, quinze, vingt, trente fois de suite, finirait par en graver les traits dans son imagination, et par être en état de les reproduire sans avoir cet objet en sa présence. L'artiste qui s'habituerait à dessiner ainsi de mémoire, finirait à coup sûr par travailler dans ce genre avec quelque facilité.

Il est certaines effigies qu'on retrouve en tous lieux et dans tous les instants; celle du souverain, par exemple. Elle est offerte au respect des peuples, dans tous les endroits publics; elle est reproduite sur toutes les monnaies nationales, qu'elle sert à distinguer des monnaies étrangères; la gravure en est exposée chez tous les marchands d'estampes; les portraits en sont reproduits à toutes les expositions publiques: enfin, des statues, des bustes, des tableaux, placés dans tous les endroits destinés à de grandes assemblées, offrent au spectateur cette même effigie. Elle est donc empreinte par l'habitude dans toutes les imaginations; aussi, la plupart des dessinateurs sont-ils en état de l'imiter, sans avoir jamais aperçu la figure même dont ils ont cependant une idée très-nette.

On a vu quelquefois un artiste, après la perte d'un père, d'un frère ou d'un ami, en retracer les traits avec fidélité; et retrouver ainsi, dans son imagination, la ressemblance de celui qui tant de fois avait charmé ses regards, par le plaisir de contempler un autre soi-même.

D'autres fois on a vu des artistes, dans l'impuissance de désigner autrement un voleur qui les avait assaillis, en esquisser un portrait frappant de vérité; tant l'aspect du brigand dont ils étaient les victimes, avait laissé dans leurs sens une impression forte, vive et durable !

L'étude peut nous faire acquérir à un très-haut degré l'une des facultés les plus précieuses de notre intelligence, en sachant bien diriger les observations de nos sens. Il faut apprendre d'abord à juger de l'égalité de deux objets en présence l'un de l'autre; puis des mêmes objets séparés l'un de l'autre : ce qu'on ne saurait faire qu'en acquérant une idée bien nette et bien exacte de leur grandeur et de leurs formes. Ici l'emploi des mesures est d'un très-grand avantage.

Si nous mesurons avec fréquence un grand nombre d'objets qui diffèrent de dimensions, nous parvenons à fixer dans notre imagination la grandeur de ces objets, exprimée en mesures. Alors il se produit en nous une représentation nouvelle des mêmes objets.

Si, par exemple, nous voyons un édifice, nous découvrons d'un coup d'œil quelles sont et sa longueur et sa hauteur, et les dimensions de toutes ses parties. Ce n'est plus une vague perspective qui frappe nos regards : c'est un tableau géométrique; un tableau qu'ensuite nous pouvons reproduire en l'absence des objets mêmes.

PREMIÈRE LEÇON.

Dans les voyages dont le but est d'étudier les monuments des peuples, leurs ouvrages d'art et leurs produits industriels, on a souvent besoin d'exercer ainsi ses organes et son imagination. Lorsque j'ai visité les établissements militaires et maritimes de la Grande-Bretagne, je n'avais pas la permission de mesurer les édifices et les machines que contenaient les arsenaux de ce pays. Alors j'habituais ma vue à mesurer et mon imagination à retenir les dimensions et la figure des objets. J'exprimais par des nombres les formes d'architecture, et les combinaisons méchaniques qu'on me permettait de regarder; je les gravais autant que possible dans ma mémoire. Je reproduisais ensuite, sur le papier, ce que j'avais mis en dépôt dans ma conception.

En vous exerçant à ce genre de travail intellectuel, il n'est aucun de vous qui ne puisse y réussir à quelque degré. Vous devez concevoir combien cette étude aura pour vous d'avantages, lorsque vous visiterez des établissements importants, où vous ne pourrez rien mesurer qu'avec l'œil; soit parce qu'on ne vous permettra pas de prendre d'autres mesures; soit parce que vous n'aurez pas assez de temps à consacrer pour accomplir ce travail.

La vue a bien d'autres exercices d'une grande utilité, suivant les diverses professions qui doivent en faire usage. Je me contenterai de vous citer l'art de la guerre.

Jusqu'ici je ne vous ai parlé que de la grandeur et de la figure des objets, sans faire entrer en considération la distance qui les sépare du spectateur. Cette distance est très-importante, à bien apprécier, et sa considération nous révèle une des opérations les plus admirables, produites par nos sens considérés comme instruments de mesure. Lorsqu'un objet s'approche de nous, il nous paraît de plus en plus grand. Au contraire, lorsqu'il s'éloigne, il nous paraît de plus en plus petit. Nous devons, par conséquent, rectifier la mesure offerte à nos sens par l'apparence de l'objet. L'expérience que nous acquérons à cet égard nous apprend, en beaucoup de cas, à nous garantir d'illusion.

Par exemple nous savons qu'un bœuf, un cheval, un homme, ne diminuent pas de grandeur et de volume, quand ils s'éloignent de nous; nous les supposons donc de même grandeur, quelle que soit l'augmentation ou la diminution de l'intervalle qui nous sépare d'eux.

Nous faisons bien plus encore; nous apprenons à comparer la grandeur de deux objets inégalement éloignés de notre œil. Si nous avons bien exercé le sens de notre vue à prendre cette espèce de mesures, nous désignons avec certitude le plus grand et le plus volumineux de ces objets, quoique souvent il soit le plus éloigné, et par conséquent fournisse à notre œil la plus petite image.

Je distingue un vaste palais, à travers un carreau de vitre; je ne juge pas que ce palais est plus petit que la vitre dont le cadre comprend l'image de cet édifice. Je juge que les petits quarrés que je distingue à peine, dans les fenêtres du palais éloigné, doivent être égaux en dimensions au carreau si rapproché qui produit sur ma rétine une si grande image. Ici mes sens auraient pu m'abuser; mais mon jugement, par une série de conséquences rigoureuses, conclut avec certitude, la vérité, d'après des apparences qui semblent la déguiser. Tel est l'art de suppléer aux données de nos sens, et d'en déduire la mesure rigoureuse de la grandeur et de la forme des objets.

Quand les peintres représentent quelque fabrique d'architecture, hors des proportions ordinaires, ils emploient un moyen aussi simple qu'ingénieux pour nous donner l'idée de la grandeur du monument; ils y dessinent un objet dont la grandeur nous est bien connue, un homme, par exemple. Aussitôt cet homme devient notre unité de mesures; le sens de la vue mesure le rapport de la grandeur de cet homme à la grandeur du monument, et celle-ci devient appréciable pour nous.

Il y a des villes de l'Italie où l'on trouve des théâtres du premier ordre consacrés aux marionnettes. On y joue des opéras, des mélodrames, des tragédies, des comédies et jusqu'à des ballets. Les petits acteurs sont bien proportionnés à la grandeur de la salle et des décorations, et celles-ci bien proportionnées d'après les dégradations de la perspective linéaire et de la perspective aërienne : dès le premier instant, on voit qu'on est entré dans un petit théâtre. Quand on lève la toile, on s'aperçoit clairement que la pièce n'est pas jouée par de grandes personnes. Mais, si l'on passe dans les coulisses, on est surpris de voir que les jeunes artistes qui représentent les princes à taille héroïque, les Agamemnon, les Achille et les Hercule, ne sont pas plus hauts que la main. Tel est l'effet d'une optique bien entendue, pour grandir tous les objets.

L'Italie présente un exemple d'une toute autre importance, pour les objets qui paraissent au contraire beaucoup au-dessous de leur grandeur naturelle.

Dans l'immense basilique de Saint-Pierre de Rome, on voit des statues et des figures en mosaïque exécutées sur une échelle plus grande que nature, et proportionnées à la dimension des arcades, des piliers et des colonnes. Nous supposons d'abord que les figures humaines sont de grandeur naturelle, et l'édifice est ramené par cette erreur à des dimensions assez ordinaires. Mais, si nos regards viennent à tomber sur un homme ou sur une femme qui visite ce monument, aussitôt tout devient gigantesque à nos regards, et la parfaite harmonie des proportions donne à cette fabrique immense l'aspect de la majesté, qui n'appartient qu'à l'ordre dans la grandeur. J'ai moi-même éprouvé cette double sensation, lorsque j'ai visité l'édifice colossal dont je ne puis vous peindre qu'imparfaitement l'effet admirable.

Nous apercevons à peine un point noir, au bout d'une très-longue avenue, et nous ne distinguons aucune partie d'une forme déterminée; l'objet s'approche et déjà nous jugeons que ce doit être un homme, ou seulement quelqu'un nous en instruit. Aussitôt, notre vue discerne nettement la tête, le corps, les jambes et les bras de l'objet, auparavant si confus; parce qu'ici notre imagination supplée à nos sens; elle complète l'image de l'objet qui s'offre à nos regards.

Nous regardons une affiche à telle distance que nous n'y pouvons rien lire; quelqu'un la lit à nos côtés et soudain nous distinguons tous les mots et toutes les lettres qui n'offraient à nos regards qu'une masse informe et confuse.

Qu'un corps sans couleur, sans nuances et sans ombres, s'approche ou s'éloigne, nous n'avons aucun moyen de juger si c'est en effet qu'il change sa distance par rapport à nous, ou si c'est qu'il grandit, ou bien qu'il diminue. Telle est la source d'une foule d'erreurs commises par nos sens durant la nuit. Le sentiment de cette impuissance à prévoir les changements dans la position des objets qui frappent notre vue, nous fait sentir qu'à tout instant un danger peut menacer notre existence, sans que notre esprit possède le moyen d'en juger sainement. De là cette peur de l'obscurité, qu'on remarque surtout dans le premier âge de la vie, dans le sexe le plus faible, dans les hommes faits les plus ignorants, ou les moins maîtres de leur imagination. De là ces loups-garoux, ces spectres, ces fantômes qui la nuit poursuivent les hommes, chez les peuples dans l'enfance ; et qui, chez les peuples éclairés, ne poursuivent plus que les enfants et les bonnes.

Pour suppléer à l'insuffisance du sens de la vue, les individus enveloppés dans les ténèbres cherchent à distinguer si les sons rendus par des objets invisibles augmentent ou diminuent ; ils font une attention auditive, prodigieuse, et se permettent à peine de respirer. Mais souvent leur imagination troublée, altère la perception des sens, et l'homme effrayé croit entendre des voix qu'il associe involontairement avec les spectres terribles qui jettent au fond de son âme la désolation et l'épouvante.

Quand des crimes ont souillé la vie d'un homme, il redoute encore plus l'obscurité. Le fantôme de ses forfaits se présente à ses regards, et le cri de ses victimes retentit à ses oreilles ; tout abuse ses sens, et tout redouble l'empire du remords. Mais quand le jour apparaît, le criminel s'aperçoit qu'autour de lui tout est encore dans l'ordre naturel ; son imagination frappée se rassied peu à peu, ses sens reprennent leur justesse ; il n'éprouve plus, de ses remords, qu'un déchirement, éternel supplice des cœurs qui n'ont point été fidèles à la vertu. Tels sont les résultats de l'erreur de nos sens, sur la distance et l'aspect des objets.

Lorsqu'à la clarté du jour nous commençons à distinguer les corps, nous appelons une foule de sensations secondaires à l'aide de la perception simple de leur grandeur apparente. Si nous voyons leurs couleurs s'affaiblir par degrés, leurs ombres devenir en même temps moins prononcées, tandis que les dimensions de leur image diminuent, nous ne supposons pas que les corps mêmes se rapetissent : c'est la distance qui nous en sépare que nous supposons s'accroître.

La perspective est l'art de tromper les yeux en représentant les objets de manière que leur grandeur, leur coloration et l'intensité de leurs ombres produisent sur l'organe de notre vue une impression complexe qui nous les fasse supposer à des distances tout autres que celles de leur image.

L'art du décorateur de théâtres, poussé si loin de nos jours, repose sur une connaissance approfondie de la dégradation comparée des distances, des couleurs et des ombres; connaissance essentielle à la peinture, au dessin de la perspective, et à la sculpture des bas-reliefs.

Un talent contraire, et précieux dans beaucoup de cas, est celui de juger, à la simple vue, de la grandeur réelle et de la distance des objets, sans se laisser abuser par aucune illusion de perspective et d'optique. Le navigateur poursuivi par un ennemi, le reconnaît à perte de vue, juge de son éloignement, de sa grandeur, de sa force, de sa nation, par des signes certains; tandis que les passagers qui n'ont pas exercé le sens de leur vue à prendre des mesures de ce genre, aperçoivent à peine un point grisâtre perdu sur les confins de l'horizon : c'est l'ennemi.

Dans la guerre continentale, il n'est pas moins nécessaire d'exercer la vue à prendre ce genre de mesures. Suivant l'espèce d'armes qu'on emploie, il faut se placer à une certaine distance, afin que les projectiles qu'on lance produisent un résultat efficace. Cette distance, il faut que l'officier qui commande le feu, la juge avec précision, et la mesure, non pas à la main, mais par la seule force de l'intelligence, afin de saisir l'instant le plus favorable dans toutes les circonstances. Il est assez facile de juger une telle distance, avec des armes qui n'ont qu'une courte portée, comme le pistolet et le fusil. Il est bien plus difficile d'en juger avec les armes à longues portées et à portées très-différentes, telles que les mortiers, les obusiers et les canons de diverses longueurs et de diverses charges. Il faut donc que l'officier d'artillerie, et l'officier général qui commande toute espèce de troupes, aient fait une étude approfondie de la mesure des distances, depuis les plus petites jusqu'aux plus grandes, afin de pouvoir, sur les champs de bataille, prendre les positions les plus avantageuses, et commencer ou cesser chaque genre de feux, au moment le plus opportun.

C'est en mesurant souvent des distances variées, en plaine et dans les pays de montagne, que l'on peut parvenir à cette utile appréciation des distances.

Dans les manufactures, dans les ateliers les plus simples, il faut que le chef ait habitué sa vue à juger aussi très-bien la grandeur et la figure des objets, sans être obligé de les mesurer lentement avec la règle et le compas. C'est par-là qu'il juge, à l'instant, si les produits de son industrie et du travail de ses ouvriers ont la forme et les proportions les meilleures en elles-mêmes, ou du moins les plus agréables aux personnes pour qui elles sont destinées.

Un des résultats de la civilisation, est de perfectionner chez tout un peuple, par l'éducation et par les habitudes de la vie, l'exactitude de la vue, comme celle des autres sens.

Nous envoyons chez les peuples barbares, des gravures, des miniatures et des tableaux qui nous semblent avec raison des chefs-d'œuvre de mauvais goût, et qui pourtant leur paraissent des chefs-d'œuvre de bon goût : c'est un genre de commerce très-précieux pour les mauvais artistes. Une telle différence tient à ce que la moindre personne du peuple a chez nous le sens de la vue assez exercé pour mesurer des disparates qui échappent à l'œil grossier du barbare.

Un même peuple, à mesure qu'il avance dans la civilisation, juge les œuvres de ses ancêtres comme l'élève qui fait des progrès dans l'art du dessin juge de ses premières ébauches.

Qu'on prenne au hasard un simple ouvrier de Paris, qui durant les fêtes et les dimanches, a visité les musées du Louvre et du Luxembourg, et qu'on lui demande ce qu'il trouve de plus ressemblant à la belle nature humaine, de l'Apollon, de l'Hercule et de la Diane chasseresse, ou des statues qui décorent les portails de Saint-Germain et de Notre-Dame. Il répondra sans hésiter qu'il admire les premiers, et qu'en comparaison, les dernières statues ne lui semblent plus que des magots de pierre. Cependant ces magots étaient les chefs-d'œuvre de leur époque; le peuple et la cour étaient en extase à leur aspect, et s'étonnaient qu'on pût rendre si parfaitement la belle nature. Voilà le progrès immense que le sens de la vue a fait, en France, depuis les siècles barbares jusqu'à nos jours.

Lorsque nous envoyons dans l'Italie, les jeunes peintres, les jeunes sculpteurs et les jeunes architectes, ce n'est pas seulement pour copier péniblement quelques tableaux, quelques palais et quelques statues; c'est pour qu'ils voient tous les jours et durant plusieurs années tout ce que la terre classique des beaux-arts présente de parfait. C'est pour que le sens de leur vue s'approprie le sentiment de cette perfection, et le rapporte tout entier dans leur imagination, lorsqu'ils reviennent au sein de notre patrie.

Nous avons reconnu que tout un peuple peut perfectionner dans une grande latitude le sens de sa vue; à cet égard les artistes et le public exercent l'un sur l'autre une influence très-digne de remarque.

Les artistes, s'ils ont une fois saisi la vraie route, sont en avant du public, et lui présentent des modèles toujours plus parfaits que le grand nombre des juges n'est en état de le sentir encore. Mais chacun de ces modèles ajoute à la perfection du sens de la vue, chez les spectateurs. Aussi voit-on que le public devient plus sévère, à mesure que les arts se perfectionnent; c'est le génie même des artistes qui travaille à se faire admirer difficilement.

Ce progrès mutuel, cette émulation, cette lutte admirable, entre le goût de tout un peuple et les talents de ses artistes, n'a brillé d'un grand éclat que chez les Grecs dans l'antiquité, et chez les Italiens au sortir du moyen âge; elle commence à prendre un essor remarquable chez les Français. C'est à favoriser cet essor que doivent tendre les efforts de tous les artistes et de tous les savants; quelques-uns l'ont déjà fait avec un succès qui doit donner les plus belles, les plus justes espérances.

Un seul peintre a suffi pour ramener les Français à l'amour du vrai beau. Ses chefs-d'œuvre ont fait évanouir notre stupide admiration pour les ridicules productions de ses devanciers; ses leçons ou ses exemples ont formé les Gérard, les Girodet, les Gros, les Guérin et toute l'école moderne. Quand ce maître inexorable contemplait les productions de ses élèves, productions admirées sans réserve par le public, il indiquait sans ménagement ce qui manquait à l'élévation du style, à la pureté de l'exécution, au grandiose de la conception.

C'est ainsi qu'un artiste supérieur peut élever au-dessus d'eux-mêmes, tous les artistes d'un grand peuple, et ceux-ci conduire dans la voie du perfectionnement la nation toute entière.

L'architecture a suivi ces progrès de la peinture. Jugez-en par les maisons si simples et de si bon goût qui s'élèvent de toutes parts, au sein de la capitale, comparées avec les gothiques bâtiments du siècle dernier et du siècle précédent; jugez-en par ces beaux marchés de Saint-Germain et de la place Maubert, simples et purs dans leurs formes et leurs proportions, comme des édifices de la Grèce antique; jugez-en par les nouveaux édifices des rues de Castiglione et de Rivoli, dont les portiques sévères et grandioses, sont dignes de Rome et de Florence; par le nouvel édifice de la Bourse, qui rappelle à la fois la grâce et la majesté des propylées et du Parthenon. Ce goût épuré se fait remarquer dans nos ameublements, devenus aussi simples qu'élégants; et dans tous les produits de notre industrie. C'est par la science du dessin, c'est par le perfectionnement du sens de la vue que les Français ont atteint cette grande supériorité sur leurs ancêtres et sur les peuples étrangers. Mais il faut nous garder de croire que nous ayons atteint le dernier degré qu'il soit possible de désirer. J'ose dire que les perfectionnements à produire sont encore immenses dans tous les genres. C'est à vous, artistes français, qu'il appartient de hâter ces perfectionnements, et d'ajouter de la sorte à la beauté, à la splendeur de tous les produits du goût et du génie qui font l'ornement des pays civilisés.

Soumettez à des mesures précises tout ce qui peut y être soumis. Ne mesurez pas seulement la grandeur absolue des objets, mesurez-en les rapports ; étudiez les différences et les analogies de ces rapports. Ne regardez comme beau que ce qui satisfait pleinement la raison, et cherchez toujours à la satisfaire dans vos ouvrages. Acquérez des idées d'exactitude, de proportions, d'harmonie en tout genre; transmettez ces idées à tout ce qui vous entoure; transmettez-les à vos élèves, pour qu'ils travaillent avec succès à faire passer ces conceptions dans la réalité de leurs travaux; transmettez-les au public tout entier, afin qu'il apprécie la beauté de vos ouvrages, qu'il en connaisse le prix, et qu'il puisse avec plaisir et discernement faire l'avance ou le sacrifice de ce prix. Voilà la vaste carrière que je présente à votre intérêt, à votre ambition, à votre patriotisme.

Je suis bien loin d'avoir épuisé tous les genres de perfectionnement qu'il est possible d'apporter au sens de la vue. Je ne vous ai parlé jusqu'ici que des rapports de ce sens avec la forme des objets. Que n'aurais-je point à vous dire si je vous parlais des rapports de la vue avec les objets mis en mouvement, c'est-à-dire, avec les objets tels qu'ils nous apparaissent dans une foule de circonstances ! C'est par le mouvement que nous vivons; c'est par le mouvement que nous jugeons de la vie des êtres animés; c'est par le mouvement que nous recevons des sensations et que nous acquérons des connaissances. Mais aussi c'est par le mouvement et ses illusions que nous commettons une foule d'erreurs et dans nos actions et dans nos jugements.

Il faut que nos sens apprennent à mesurer le mouvement comme ils apprennent à mesurer l'étendue. C'est à l'aide du temps que nous pouvons opérer cette mesure. Il faut donc que nos sens et notre intelligence acquièrent le sentiment du temps et de la durée. Il faut qu'en voyant un objet qui s'approche ou qui s'éloigne d'autres objets, nous puissions dire avec quelque exactitude, ce qu'il parcourt d'espace en un temps donné, ou le temps total qu'il met à parcourir une distance donnée. Il ne faut pas seulement apprendre à juger des mouvements qui s'opèrent devant nous, à l'instant où ils s'opèrent, il faut garder dans notre intelligence, la mesure et les circonstances de leur mouvement, pour les comparer quand cela deviendra nécessaire.

La plupart des procédés de l'industrie ont besoin de ces connaissances précises. L'ouvrier doit savoir quel degré de vîtesse convient le mieux aux roues qu'il emploie pour aiguiser ses outils, pour polir des surfaces, pour façonner des poteries, des cristaux et des porcelaines, sans qu'il lui faille, pour mesurer ses mouvements, employer de montre ni d'horloge. Tel autre doit savoir et sait en effet, quel est le degré de vîtesse le plus avantageux à donner à la scie, au rabot, à la navette qu'il emploie, etc. Je vous cite à dessein des exemples bien vulgaires et bien simples, pour vous montrer que les connaissances dont je vous indique le besoin appartiennent réellement à toutes les professions.

L'on peut et l'on doit, dans une foule d'opérations industrielles, s'aider des instruments qui servent à mesurer le temps. Aussi, plus l'industrie d'un peuple se perfectionne, plus il devient nécessaire d'avoir des mesures exactes du temps : l'histoire justifie pleinement ces assertions.

Dans le siècle de Charlemagne, où l'industrie était encore dans l'enfance, nos ancêtres ne jugeaient de la longueur du temps, que par la hauteur du soleil ; comme le font encore aujourd'hui les habitants de nos campagnes les plus reculées. Le calife Aaron Raschild fit présent au monarque français, de la première horloge que la France ait possédée. Peu à peu les principales villes du royaume acquirent de semblables horloges. Le nombre des coups d'une cloche suffisait pour annoncer les heures; ensuite ces horloges annoncèrent, par des sons variés, les demi-heures et puis les quarts d'heures. On fut plus loin, et par la combinaison de deux aiguilles, on indiqua simultanément, pour le sens de la vue, les heures et les minutes.

Cette mesure du temps, devenue ainsi de plus en plus exacte, offrait de grands avantages pour régler les actions publiques et privées, ainsi que les travaux de l'industrie. Mais elle ne pouvait servir, ni au voyageur qui sur les routes se trouve souvent hors de portée de voir ou d'entendre aucune horloge, ni à l'ouvrier, ni au savant, ni à l'homme du monde qui, absorbés dans leur travail, ou distraits par un bruit étranger, ou captivés par un attrait quelconque, n'entendent pas sonner les heures et ne peuvent pas se déranger pour aller sur la place publique regarder l'heure indiquée par le cadran. Alors on conçut l'idée d'avoir des horloges portatives, qui rendissent le temps sensible à la vue et qu'on appela des montres. Par leurs secours, on put, dans tous les temps et dans tous les lieux, connaître l'heure avec une grande précision. Des hommes placés aux extrémités opposées d'une grande ville, ou dans des villes différentes, purent se donner rendez-vous dans un lieu quelconque, soit pour leurs affaires, soit pour leur plaisir, en fixant l'heure et la minute de leur arrivée. On mesura, par le secours de ces montres, la durée d'une foule de travaux, la longueur d'une foule de mouvements. On apprit à tirer du temps, un parti plus exact et plus complet que les peuples ne l'avaient fait encore. Ce sage emploi du temps permit de produire davantage et avec plus d'économie; il introduisit plus de régularité, plus d'ordre dans une foule d'affaires et publiques et privées; il contribua beaucoup à la perfection des arts et des sciences. L'astronomie et la navigation doivent à l'art de mesurer le temps, une partie très-importante de leurs travaux; l'art militaire ne lui a guère moins d'obligations. Souvent, à la guerre, d'après la connaissance de localités et de distances qu'on n'a pas le temps de mesurer et qu'on ne peut estimer qu'à vue d'œil, il faut juger du temps nécessaire pour que les corps de chaque Arme passent d'une première position à une seconde. C'est à quoi l'on ne peut parvenir qu'en s'habituant à comparer, par des mesures effectives, les distances parcourues, avec le temps mis à les parcourir.

La vue seule suffirait pour nous donner une mesure du temps, par la contemplation du mouvement des corps; l'ouïe nous donne aussi la même mesure, par l'estimation de la durée des sons. Voyez IIe. leçon.

L'instructeur qui commande à la recrue, suivant les vitesses du pas ordinaire ou du pas accéléré, 1, 2; 1, 2, etc., s'est acquis le sentiment de la durée qu'ont ces intervalles égaux. Lorsqu'ensuite il voit marcher ses recrues, comme un officier qui voit marcher sa troupe, il juge de la vitesse, *à la simple vue.*

Lorsqu'on observe des hommes, des chevaux, des voitures, des navires en marche, on peut également habituer son regard à estimer, à mesurer la vitesse de leur mouvement; comme le musicien, à la seule audition d'un air, et sans suivre de cahier, s'apprend à reconnaître le mouvement auquel appartient l'exécution de cet air.

Tous ces genres de connaissances ont leur utilité dans un grand nombre d'arts. Il faut qu'à la seule vue et d'autres fois à la seule audition du travail de ses ouvriers, le chef d'une manufacture ou d'un atelier puisse leur dire s'ils vont trop vite ou trop lentement.

D'autres études nous apprendront à mesurer, non plus seulement des longueurs et des intervalles d'étendue et de temps; mais des couleurs et des sons. Voyez IIe. leçon.

La connaissance des couleurs est indispensable au peintre, au teinturier, au décorateur de théâtres et d'appartements; elle est nécessaire dans une foule d'arts dont les produits sont plus ou moins recherchés, suivant que leur surface est plus ou moins embellie par des couleurs choisies avec discernement. Il faut donc que l'artiste s'en forme une idée étendue et juste, ainsi qu'une mesure de leurs nuances, de leurs variétés et de leurs harmonies. Quelques peuples possèdent au plus haut degré cette connaissance, beaucoup d'autres n'en ont que les idées les plus grossières.

Toutes les classes des peuples barbares, et chez les peuples civilisés, les habitants des campagnes les plus reculées, veulent des couleurs fortes et durement tranchées. Voilà pourquoi le rouge foncé fut, dès l'enfance des nations, le symbole et l'ornement du suprême pouvoir ; de même que l'écarlate est la couleur préférée des campagnards : c'est la pourpre du village. Des couleurs moins dures conviennent à des hommes dont les sens sont plus délicats, parce que les hommes dont les sens ont acquis plus de rectitude par l'usage des comparaisons raisonnées, saisissent une foule de rapports qui échappent au vulgaire. Cette précision, cette finesse d'aperçus, produisent la délicatesse du goût.

Ici, vous le voyez, je pourrais, relativement aux couleurs, comme je l'ai fait relativement à la grandeur, à la figure des objets, présenter le tableau des progrès du goût de l'homme social.

DEUXIÈME LEÇON.

Du sens de l'ouïe considéré comme instrument de mesure, et de la direction qu'il sert à donner aux forces de l'homme.

Dans la première leçon, j'ai considéré le sens de la vue comme un instrument de mesure. J'ai montré suivant quelle gradation, par l'habitude d'observer et de comparer, l'homme peut rendre ce sens moins imparfait, et plus propre à l'aider dans ses travaux. Je me suis efforcé surtout de faire voir combien ce progrès du sens de la vue, est favorable au perfectionnement, soit des beaux-arts, soit des arts utiles qui composent le domaine de l'industrie.

Cette leçon sera consacrée à des considérations analogues, sur le sens de l'ouïe.

Les sensations que l'ouïe transmet à notre intelligence sont distinguées par trois qualités extrêmement différentes, savoir : 1°. la durée; 2°. la force; 3°. l'élévation ou l'abaissement des sons.

L'oreille apprend par degrés à mesurer la durée des sons et celle des silences. Dans un grand nombre d'arts, la connaissance de cette durée, acquise par les sens, est indispensable.

C'est en répétant des sons pareils, séparés par des silences plus ou moins longs, qu'on parvient à donner au sens de l'ouïe la connaissance ou, comme on pourrait dire, le sentiment de la durée qu'ont ces intervalles. Ainsi l'on emploie tantôt la voix d'un instructeur, tantôt les sons du tambour et de la musique, pour faire acquérir au soldat novice le sentiment d'une mesure plus ou moins accélérée, suivant les diverses espèces de pas qui conviennent aux évolutions militaires.

Lorsqu'on veut former un corps de troupes, à manier ses armes avec ensemble, on divise la durée des temps dont se compose chaque partie de cet exercice, en intervalles égaux, dont chacun est rempli par un mouvement. Il en résulte, dans l'exercice, une véritable cadence, qui seule produit l'effet qu'on désire obtenir. C'est par ce moyen qu'au simple commandement de *chargez vos armes*, huit à neuf cents hommes bien exercés, exécuteront tour à tour et sans autre signal, douze temps et plus de trente mouvements, avec un ensemble parfait.

Cette éducation des sens est d'autant moins longue que les recrues sont tirées d'un peuple dont les organes ont généralement acquis plus de délicatesse. On forme des soldats français en leur expliquant les mouvements, encore plus qu'en les répétant sans cesse devant eux; mais pour former les soldats des contrées les moins avancées en civilisation, il n'y a qu'un moyen : c'est de planter devant eux un homme modèle qui fasse un à un tous les mouvements, pour que chacun les répète par sa faculté machinale d'imitation, jusqu'à ce que la recrue en ait acquis l'habitude à tel point que ses membres fassent d'eux-mêmes l'exercice, sans que sa tête ait jamais à s'en mêler. Ces grandes différences méritent toute l'attention du véritable observateur.

Il ne faut pas croire que la cadence et l'harmonie des exercices militaires, soient un pur objet de luxe et de parade ; elles produisent les effets les plus précieux. Elles habituent le soldat à régler tous ses mouvements sur la voix de ses chefs, et sur le son des instruments guerriers ; elles rendent un de ses organes plus docile aux impressions sonores, et par conséquent plus susceptible d'exaltation et d'entraînement, lorsqu'on voudra produire avec ensemble un grand résultat d'action. Voilà pourquoi les peuples qui s'avancent dans les voies de la civilisation, lorsqu'ils songent à perfectionner, ou, pour mieux dire, à créer l'art militaire, introduisent le rhythme ou la cadence dans tous les mouvements ; en même temps qu'ils introduisent la géométrie dans les alignements et les directions. C'est ce perfectionnement, plus encore que la supériorité des armes, qui donne aux peuples policés un avantage immense sur les peuples barbares; car ceux-ci, d'ordinaire, surpassent les premiers en impétuosité, comme en mépris de la souffrance.

Dans les travaux civils, on trouve aussi beaucoup d'avantages à cadencer une foule de mouvements. Par exemple, les forgerons qui se réunissent pour battre sur l'enclume un même morceau de fer, le frappent par des retours déterminés et réguliers, qui non-seulement préviennent la rencontre des marteaux, et les accidents qu'elle pourrait produire; mais qui semblent diminuer la fatigue du travail.

Lorsqu'un ouvrier est chargé d'un labeur qui consiste dans la répétition continuelle d'un même mouvement, il donne bientôt à ce mouvement une durée constante. Il y trouve plusieurs avantages. Un des premiers est de n'exiger pour un même temps qu'un même degré de force à dépenser, et par conséquent à réparer. Un autre avantage moins remarqué, mais très-digne de l'être; c'est l'espèce d'impulsion périodique transmise à nos sens par la répétition régulière des mêmes mouvements; c'est la facilité merveilleuse avec laquelle nos organes s'abandonnent à cette répétition, facilité qui nous fait arriver à des résultats étonnants. De là le principal avantage que les hommes ont trouvé dans la division du travail, pour exécuter les ouvrages de l'industrie. Voyez IVe leçon.

Dès la plus tendre enfance, nous sommes déjà sensibles à cette répétition de mouvements égaux, et déjà nos organes s'y prêtent avec une facilité singulière. Les premiers mots que l'enfant peut prononcer sont tous composés de deux syllabes pareilles, et ces sons redoublés, il les prononce plus aisément que les mêmes sons isolés et simples.

Lorsqu'on veut égayer les enfants, on leur fait éprouver des mouvements vifs et cadencés; bientôt on voit tous les signes du plaisir éclater sur leur visage; leurs bras, leurs pieds, leurs yeux, tout leur être reçoit l'impulsion donnée par ces agitations égales et répétées.

On procure aux enfants un autre sentiment de plaisir, par des mouvements longs, doux et réguliers; on ralentit pour ainsi dire en eux la vîtesse de la vie; on arrête, comme par un frein, la vivacité de leurs organes, et bientôt le sommeil, c'est-à-dire, le repos facile et complet de la plupart des organes, est amené par cette lente et monotone cadence.

Des moyens analogues sont employés, sur divers théâtres, pour produire les mêmes résultats de plaisir ou de langueur, d'entraînement ou d'assoupissement. On peut démontrer qu'un grand nombre d'effets produits par la poësie sont des effets méchaniques du même genre; et justifier par les lois du mouvement beaucoup de préceptes de la rhétorique. Mais ce n'est pas ici le lieu de présenter cette application.

Quelles sont les causes des impressions si différentes par leur vîtesse et par leurs effets, dont nous venons d'indiquer l'existence, en nous bornant seulement à l'examen des résultats du mouvement? Pourquoi la marche de l'homme devient-elle involontairement plus rapide, si tout-à-coup il entend battre une marche d'un temps vif et bien marqué? Pourquoi le voit-on ralentir de lui-même ses pas, si la musique ralentit sa mesure?

Lorsque j'écris et qu'un musicien ambulant vient jouer sous mes fenêtres, j'ai souvent observé que ma plume finit par écrire en mesure et par exécuter ses mouvements avec une vîtesse qui dépend des airs dont mon oreille est frappée.

Nous ignorons encore la cause de ces faits sympathiques. Mais je vais citer un résultat d'expérience qui montrera que cette cause est purement méchanique.

Nos célèbres horlogers, MM. Bréguet, ont observé qu'en posant deux montres à secondes ou deux chronomètres sur un plateau élastique, s'il existe dans la vîtesse de leurs mouvements, quelque légère inégalité, la montre qui va le plus vîte, ralentit sa marche, celle qui va le plus doucement accélère la sienne, et toutes deux finissent par aller à l'unisson, quoique chacune, isolée dans sa boîte, ait son mouvement tout-à-fait indépendant de l'autre montre.

Le rapprochement que je viens d'offrir, au sujet des impressions de plusieurs hommes et du jeu de plusieurs montres, n'est point fait au hasard. Il se produit certainement sur nos organes un effet analogue, lorsque des sons étrangers les font vibrer pour les mettre en harmonie avec la vîtesse ou la lenteur de leurs mouvements. De là, les effets remarquables produits sur nous par des instruments qui ne rendent qu'un son.

Je prends un tambour; je bande fortement ses cordes; je le frappe à coups redoublés, égaux, pressés, interrompus à peine par des battements accélérés et par de brusques roulements, et j'enlève une colonne militaire, au pas rapide qui la précipite sur l'ennemi.

Je relâche les cordes du même instrument, afin qu'il ne vibre pas avec tant de rapidité; je le couvre d'un drap lugubre, pour amortir encore plus ses vibrations; je fais entendre un roulement lent et sourd, auquel succède un silence; puis un coup isolé; puis encore un silence : puis un roulement lent et sourd. J'abats ainsi le mouvement de tous nos organes, je porte la tristesse dans les âmes, et je fais naître l'idée des funérailles.

Je produis ces deux effets par la sympathie

de l'organe de l'ouïe, avec la vibration des corps sonores dont je fais retentir les airs.

Je produis avec la cloche un effet analogue, et non moins remarquable. Par un tintement d'une grande lenteur, j'annonce au loin la mort de l'homme. J'annonce la naissance et les fêtes par des battements variés et rapides. Enfin, une sonnerie dont les battements redeviennent égaux et continus, vifs et pressés, porte dans les âmes une impression qui croît de moment en moment, qui les pousse avec énergie et rapidité vers le lieu d'un incendie ou d'un massacre. Tel est l'effet du tocsin.

Les animaux mêmes sont sensibles à ces impressions sympathiques. Le son éclatant du cor et de la trompette anime les chiens au carnage et les chevaux au combat. Le mouvement d'une marche, lorsqu'il est vif et bien marqué, communique sa vitesse au coursier généreux, et l'entraîne irrésistiblement au milieu du danger. Parfois même, on voit des hommes que la trompette guerrière pousse beaucoup moins puissamment vers l'ennemi.

Je n'ai parlé jusqu'à présent que de la vitesse des sons, et des effets produits sur nous par cette vitesse. D'autres effets sont produits par la force plus ou moins grande des sons.

L'expérience nous apprend que les vibrations émanées d'un corps sonore frappent notre oreille avec plus ou moins de force, suivant que ce corps s'approche ou s'éloigne de nous. Quand le son rendu par un corps sonore nous est connu, nous pouvons, au moyen de l'organe de l'ouïe, juger de sa distance par rapport à nous. Ainsi le même sens, qui tout-à-l'heure était un instrument de mesure pour le temps, devient un instrument de mesure pour le temps et pour l'étendue. Il supplée à la fois aux deux sens de la vue et du toucher.

Les aveugles, qui ne peuvent, avec le sens de la vue, mesurer la grandeur des distances, sont obligés de perfectionner beaucoup l'instrument que l'organe de l'ouïe fournit pour mesurer l'étendue. Ils obtiennent, à cet égard, des résultats très-étonnants. Nous pourrions également perfectionner en nous, le sens de l'ouïe, si, comme l'aveugle, nous apportions à cette étude une méthode sévère de comparaison et une grande puissance d'attention.

Les beaux-arts ont fait un heureux emploi de la propriété qu'ont les sons pour nous indiquer le rapprochement ou l'éloignement des objets qu'ils rappellent à notre imagination. Tantôt c'est un motif exécuté d'abord en tirant de la voix ou des instruments, des sons perceptibles à peine; puis répétés en les grossissant, à chaque reprise, jusqu'à l'arrivée de l'objet annoncé d'avance par ces gradations de la musique. Un effet contraire peint à notre imagination l'éloignement d'une armée, d'une procession, d'un cortége qui déjà ne sont plus visibles sur le théâtre.

Un des caractères les plus marqués du talent que fait briller un musicien célèbre de notre époque, est de prolonger et de graduer, dans une grande étendue et par des nuances d'une extrême délicatesse, ces crescendo, qui par degrés portent dans l'âme l'émotion la plus vive et la plus profonde, manifestée par l'explosion d'un enthousiasme unanime, dans un immense auditoire.

Ces nuances régulières, croissantes ou décroissantes, ne marquent pas seulement des distances et des mouvements physiques; elles produisent dans les âmes des impressions qui font croître ou décroître, par degrés, le plaisir ou la douleur, l'enthousiasme ou l'abattement, l'audace ou la peur, et la plupart des autres passions.

Les grands orateurs, les poëtes et les habiles artistes dramatiques connaissent bien le prestige des mouvements accélérés ou ralentis par degrés; ils savent le transporter dans leurs compositions et dans leur diction, pour produire un grand effet sur les hommes.

En même temps que les orateurs rangent leurs arguments suivant l'ordre de la force, de manière à frapper de plus en plus, ils expriment les idées entraînantes, en donnant à leur débit une rapidité croissante, une énergie de plus en plus grande; cette triple harmonie entre la vîtesse des paroles, la force des sons et le mouvement progressif de la pensée, attaque les organes de l'auditeur et son intelligence, par trois moyens différents, dont chacun ajoute à la puissance des deux autres.

Au contraire, quand il faut passer de l'exaltation des passions et des sentiments, à des idées tristes, à des affections mélancoliques, la voix tombe peu à peu, ses accents sont profonds et ralentis; l'auditeur partage involontairement ces nouvelles affections qu'on veut transmettre à son âme.

Les sons que distingue notre oreille sont variés dans leur nature et dans leur intensité, comme les rayons de lumière le sont pour l'organe de la vue. Non-seulement le même son peut être fort ou faible; mais des sons également forts, également faibles, peuvent beaucoup différer de nature. Dans la musique, on a réduit les sons qu'on doit faire entendre, à un très-petit nombre, à quatre-vingts au plus, lesquels ont des rapports qui ne sont pas arbitraires. Quand on les fait entendre ensemble, les uns résonnent à l'unisson; d'autres simplement par accord plus ou moins sensible, plus ou moins agréable à l'oreille; d'autres, enfin, ne peuvent résonner ensemble, sans produire sur l'organe de l'ouïe, l'impression la plus désagréable : ils sont bannis de la musique.

L'homme ne possède pas la musique comme un talent naturel, il a besoin d'habituer le sens de l'ouïe à mesurer l'élévation des tons, leur force et leur durée, avant de pouvoir juger d'une composition musicale. Je reviendrai sur cette vérité.

Si le tambour et la cloche suffisent pour exciter en nous des passions puissantes, on peut juger du pouvoir de la musique, qui réunit et combine un si grand nombre d'instruments divers, depuis les plus doux jusqu'aux plus déchirants, depuis les plus graves jusqu'aux plus aigus.

La musique produit un effet d'autant plus énergique sur les hommes, qu'ils ont le sens de l'ouïe plus délicat et plus perfectionné. A cet égard les climats du Midi sont plus favorables que ceux du Nord. De là ces effets d'harmonie, dont le récit nous étonne dans les histoires de la Grèce. De là cet enthousiasme que nous voyons, aujourd'hui même, chez les Italiens, pour leurs compositeurs et pour leurs chanteurs, qu'ils mènent au Capitole et couronnent de lauriers, comme autrefois le peuple-roi décernait la gloire du triomphe à ses héros vainqueurs des nations belliqueuses.

Il faut aussi rapporter à cette délicatesse des organes, l'harmonie et la variété d'intonations qu'on remarque dans les langues du Midi; tandis que les langues du Nord, hérissées de sons durs, tirés du gosier, ou sifflés entre les dents, semblent faites exprès pour des organes endurcis par le froid des régions septentrionales.

Mais, quelles que soient les différences apportées par le climat, et dans l'organe de la parole et dans le sens de l'ouïe, l'art peut ajouter beaucoup à ces facultés que nous recevons de la nature.

En suivant avec attention l'exercice raisonné du sens de l'ouïe, nous y remarquerons des progrès analogues à ceux que nous avons distingués dans l'exercice du sens de la vue. Cette analogie, pleine d'intérêt en elle-même, servira d'ailleurs à montrer de plus en plus la vérité de nos premières observations et la fécondité de leurs utiles conséquences.

Le sens de l'ouïe, juge des sons articulés ou de la parole, se perfectionne chez tout un peuple. Il devient un instrument de mesure plus précis et plus délicat lorsque ce peuple fait des progrès dans les arts et dans les lettres. Ce sens acquiert pareillement de la perfection, dans un même individu, par une éducation bien dirigée ou d'après les circonstances plus ou moins impérieuses dans lesquelles cet individu se trouve placé. **Ce** talent de rendre, par l'éducation, l'oreille sensible aux nuances les plus délicates des intervalles toniques, les Grecs l'ont porté plus loin qu'aucun autre peuple. Ils distinguaient dans le son des simples paroles, plus de tons et de nuances que nous n'en distinguons dans les chants les plus accentués, et leur éloquence avait la variété, la richesse et la mélodie de la musique.

Mais aussi, dès l'enfance, on les exerçait à rapporter tous les sons de la parole à des unités de mesure bien fixes et bien déterminées. On leur apprenait à solfier leurs discours, comme on nous apprend à solfier nos chants.

Il faut attribuer à des études aussi soignées, cette beauté d'harmonie qui, dans leur langage, frappait les étrangers d'étonnement et d'admiration.

La plupart des idiomes commencent par être informes et grossiers; les sons qui composent les mots, et la combinaison des sons qui composent les phrases et les périodes, présentent un ensemble rauque et barbare. Chaque langue reste long-temps dans cet état informe. Enfin vient une époque remarquable, où, dans un petit nombre d'années, le sens auditif des écrivains semble acquérir tout-à-coup une délicatesse nouvelle. Des sons isolés ou combinés, qui n'avaient rien de choquant, leur deviennent tout-à-coup insupportables; ils disparaissent de leurs écrits, comme de leurs discours. En même temps le public est frappé de l'harmonie sans modèle que ces hommes supérieurs lui font entendre; il semble qu'un sens nouveau, qu'une puberté tout intellectuelle, développe son instinct et ses perceptions, à travers les organes de tout un peuple; on dirait que le génie du langage attendait ce moment pour prendre l'essor et s'élever à la perfection.

Chez aucun peuple ce progrès, pour ainsi dire, instantané, ne s'est fait remarquer au même degré que chez les Romains. Jusqu'à la chute de Carthage, ils furent pauvres et barbares; leurs organes étaient grossiers comme leurs habitudes; leur langage était dur comme leur caractère. Mais, aussitôt que la richesse et la paix eurent donné quelque loisir aux classes élevées, aussitôt qu'à la suite des patriciens les plus illustres on eut vu des écrivains nationaux qui puisaient chez les Grecs le sentiment de la perfection auditive, une harmonie inconnue jusqu'alors vint embellir la langue latine. De Térence à Plaute, de Virgile à Ennius, de Cicéron aux grands orateurs qui le précédèrent, il n'y a, pour ainsi dire, aucun intervalle dans la succession des années; mais l'intervalle est immense dans le progrès de la langue; et le peuple romain tout entier a suivi ce vaste et rapide progrès.

Le perfectionnement ne fut ni moins marqué, ni moins rapide, dans la langue française. Les défauts de l'idiome gaulois, si long-temps dépourvu d'harmonie et d'élégance, ne choquèrent point les sens grossiers de nos aïeux, jusqu'à l'aurore du siècle de Louis XIV.

> Enfin Malherbe vint, et le premier en France
> Fit sentir dans les vers une juste cadence.

Il sembla que les sens de tous les auditeurs fussent tirés d'un état léthargique. Le goût naquit en France, au milieu même de la carrière du grand Corneille, dont les premiers essais tiennent encore à la barbarie du langage, et dont les chefs-d'œuvre postérieurs offrent tant de modèles qui plaisent également aux sens et à la raison. Et pourtant, sans être moins raisonnable, Racine poussa plus loin le grand art d'émouvoir les sens par des sons d'une harmonie toujours parfaite, et qui ne rappellent à la pensée que des images qui la satisfont et la séduisent.

Ces beautés de la langue écrite ont existé long-temps avant que la langue parlée eût atteint sa perfection ; l'art de s'exprimer en public, à la chaire, au barreau, sur le théâtre, est demeuré dans la barbarie, plus d'un siècle après la production des chefs-d'œuvre de l'éloquence et de la poésie.

Enfin des orateurs célèbres, et des acteurs d'un talent supérieur, ont ramené vers son vrai but l'art de parler en public; ils ont banni toute déclamation systématique; interprètes du cœur, ils ont étudié les inflexions naturelles de la voix, pour exprimer, dans leur accent véritable, et les sentiments et les passions; ils sont revenus, par la force de l'art, à l'expression choisie de la simple nature. Ils ont appris au public à goûter cette belle simplicité; et si, maintenant, on pouvait entendre les déclamateurs qui firent les délices des deux siècles passés, leur débit chantant et ampoulé paraîtrait insupportable aux oreilles françaises; il semblerait le langage grossier des barbares : c'était pourtant celui des contemporains de nos plus grands écrivains. Qui le croirait? qu'il ait fallu cent cinquante ans pour apprendre à bien exprimer les beautés de ce langage, deviné, créé par ces génies supérieurs; quel plus bel éloge pourrait-on faire de leur goût et de leur sensibilité !.....

Je vous ai déjà rappelé combien, dans les circonstances où nous ne pouvons nous aider du secours de la lumière, notre sens auditif prête d'attention et d'énergie, pour percevoir les sons les plus fugitifs, et saisir les nuances les plus délicates. L'aveugle est constamment dans cette situation désolante. Aussi contracte-t-il l'habitude d'appliquer la force sensitive de l'ouïe à tous les bruits, à tous les sons qui se font entendre autour de lui. Cette attention a le précieux avantage de n'être jamais distraite par le sens de la vue. Souvent, au contraire, il arrive à ceux qui jouissent de l'exercice de tous leurs sens, que l'aspect de certains objets frappe à tel point un de leurs sens, que leurs autres facultés sensitives paraissent anéanties. On parle autour d'eux, et ils n'entendent pas; on embaume l'air avec des parfums, et leur odorat n'en est point charmé; quelquefois même on les touche avec la main, et ils ne le sentent point. Voilà ce qui motive les *a parte* qu'emploient souvent les auteurs dramatiques. Mais pour que ces *a parte* soient naturels, il faut que le spectateur voie dans l'interlocuteur qui ne doit pas les entendre, une telle préoccupation causée par quelque objet extérieur, ou par ses propres pensées, que cet interlocuteur puisse réellement ne pas ouïr ce qu'on prononce à ses côtés d'une voix assez haute pour être entendue par un immense auditoire.

La vue peut également, si je puis m'expliquer ainsi, avoir ses *a parte*, quand la force sensitive de l'ouïe absorbe totalement notre attention. Lorsqu'un discours éloquent nous captive, nous entraîne, nos regards ne transmettent plus à notre pensée, les idées que doit faire naître la vue de tous les objets, et quelquefois même la vue de l'orateur : nous oublions sa personne, et ses gestes, et ses traits, pour être tout à ses pensées.

Dans le cercle étroit de la société, l'influence exercée par l'art de la parole est moins puissante qu'au milieu d'un vaste auditoire. Cependant on y voit parfois des personnes dont le discours a tant de charmes, que le plaisir éprouvé par notre faculté auditive, nous fait oublier ce qui pourrait choquer les autres sens.

Une des études qui sont pour nous les plus importantes, c'est de commander à nos sens ; c'est de livrer notre âme, tour à tour et selon les commandements de notre volonté, aux perceptions isolées de la vue ou de l'ouïe, ou de tout autre sens ; c'est d'obliger parfois plusieurs de nos sens à percevoir en même temps et à porter de concert à notre esprit des impressions dont notre intelligence compare la nature et les effets. Ainsi notre raison parvient à s'éclairer par tous les genres de lumière que la nature nous présente ; ainsi parvient-elle à rectifier, par la force d'un sens, les erreurs où nous entraîne la faiblesse d'un autre sens.

Si, par exemple, la voix dont je suis frappé me fait éprouver une séduction trop puissante, je tâcherai de lire sur les traits de la personne qui me captive ainsi, les sentiments qui l'animent, et dont je ne puis juger par des sons qui portent le trouble dans mon âme.

Au contraire, si l'aspect d'un orateur me semble trop imposant, où trop plein de charme, je détournerai la vue pour l'écouter plus froidement. Mais, quelquefois, j'aurai vainement recours à cet artifice. Car les orateurs d'une parfaite éloquence et les acteurs d'un talent accompli sont ceux qui, tantôt vus sans les entendre, et tantôt écoutés sans les voir, portent au fond de notre âme des impressions également profondes et variées.

Parmi les personnes qui cultivent les arts et les métiers, bien peu sont appelées à faire usage de leurs facultés pour commander par l'éloquence, plaire par le débit et séduire par le langage d'action. Mais dans le langage naturel, mais dans l'aspect simple et ferme, ouvert et confiant qui conviennent à l'homme utile, bien pénétré de son utilité, il est une vigueur d'accent, de regard et de maintien, qui commande pour cet homme et pour sa profession, une estime qu'on ne saurait lui contester impunément. Voilà la noble simplicité qui sied à l'industriel, et qui partout lui fera céder la place qu'il a droit d'obtenir dans les rangs de la société.

Il est un autre ton qui convient au maître d'un atelier, pour être obéi, respecté, chéri de ses ouvriers. En France, on voit souvent des chefs d'ateliers et de manufactures, qui s'abandonnent trop avec leurs inférieurs, et qui leur font entendre des discours longs et déplacés, des explications inutiles et sans but. On les voit aussi passer, d'une indécente familiarité, aux éclats d'une colère injurieuse, s'emporter outre mesure, et faire retentir tout un établissement de leurs cris, pour des motifs souvent frivoles. Des ordres précis, brefs, simples, voilà ce qui, dans tous les genres, convient à l'autorité raisonnable et raisonnée; des explications toujours claires, étendues autant qu'il le faut, et jamais au delà. Enfin, je le répète, jamais de colère, jamais de cris, jamais d'outrages, et surtout jamais de coups; frapper un artisan, c'est dégrader en lui la dignité de l'homme, c'est le ravaler jusqu'à l'abaissement du servage. Montrez à l'ouvrier ce qu'il a fait de mal; concluez sa punition, de sang-froid: il n'en murmurera point; et quand il verra votre bienveillance revenir après la réparation du dommage ou de l'offense, il vous chérira doublement: pour votre pardon et pour votre oubliance. Voilà ce que je ne crains point d'appeler l'éloquence de l'industrie, celle qui prévient le désordre et les emportements, en même temps qu'elle concilie pour le maître, l'affection et le dévouement de tous les employés.

Quand les ouvriers voient leur maître et ses principaux agents ne parler qu'au moment du besoin, ils les imitent naturellement. Un silence remarquable s'établit dans les ateliers. Chaque personne est tout entière à son travail. L'attention n'étant point distraite, la pensée de l'artiste s'attache plus fortement aux ouvrages qu'il exécute. Les idées de perfectionnement ou de simplification jaillissent aisément de cette concentration de la pensée.

Ainsi les arts doivent avancer avec plus de rapidité, plus de travail doit être fait dans un même temps, et ce travail mieux exécuté, dans les ateliers qui ne sont pas, comme un marché de fruitières, le réceptacle de l'éternelle cacophonie d'un insupportable babil.

Quand j'ai visité les établissements de l'industrie, en Angleterre, j'ai partout été frappé de ce silence. Dans les ateliers civils et dans les arsenaux de l'état, sur les bâtiments de la marine militaire et marchande, on voit partout les travailleurs uniquement occupés de leur besogne, et ne détournant pas même la tête pour regarder un visiteur. Dans les arts de la vie civile, ce silence a l'économie pour principal avantage; dans les arts militaires, il a souvent la victoire pour résultat.

Les troupes qu'on exerce dans un silence parfait, portent au commandement une attention bien plus forte, elles conservent leur sang-froid, et sont toujours maîtresses d'elles-mêmes. C'est surtout dans les combats de mer, que ces précieux avantages se font le plus remarquer. Le combat livré par un vaisseau est un grand travail d'industrie. Il faut faire une foule d'opérations méchaniques, delicates et compliquées, pour manœuvrer le navire et son artillerie, malgré les obstacles de la mer et des vents; et pour réparer les avaries, sous le feu même de l'ennemi. C'est du sang-froid et du silence dont on a besoin pour exécuter avec ordre et célérité de semblables travaux. Je pourrais citer des batailles navales qu'a gagnées le peuple le plus taciturne, par le silence et par la méthode qu'il a su conserver au milieu du danger.

Il est des nations qui sont plus naturellement taciturnes que d'autres. Tels sont les peuples froids et lourds des contrées septentrionales. En France même, on observe que les habitants du midi sont incomparablement plus loquaces que ceux du centre, et ceux-ci que les habitants du nord.

Vous obtiendrez, du premier mot, qu'un habitant de la Flandre française garde un silence parfait; vous y parviendrez quoiqu'avec un peu plus de peine, pour un Normand ou pour un Breton; pour l'obtenir d'un Gascon ou d'un Languedocien, il faut un talent extrêmement remarquable; mais on devra citer comme un miracle la réussite d'une telle entreprise, avec les Provençaux. C'est une observation que j'ai faite par moi-même sur les ouvriers militaires que j'ai commandés dans le nord et dans le midi de la France.

J'avouerai que je ne voudrais point, pour tous les cas, proscrire le chant des ateliers et des travaux d'où je proscrirais le babil.

Le sentiment du rhythme et de la mesure, dont je vous ai déjà parlé, contribue à rendre plus légères les fatigues du travail, du combat et de la marche. La route semble moins pénible au soldat lorsque son pas est enlevé par les sons du tambour ou de la musique, et son ardeur dans les batailles redouble au son des instruments guerriers. Le laboureur qui fend la terre avec le soc de sa charrue, sent diminuer la peine de son travail, en accompagnant ses pas du son cadencé de sa voix. En chantant, le matelot charme l'ennui des navigations, il diminue la fatigue des manœuvres. Enfin, l'artisan le plus méchanique semble faire disparaître l'ennuyeuse monotonie des mouvements qu'il doit répéter toujours, sans jamais les varier. La mélodie la plus grossière donne à celui des sens qui touche le plus près au siége de la sensibilité même, un exercice qui rappelle vers l'intelligence et vers les affections de l'âme, cette machine travaillante du manouvrier qui fait usage de ses os et de ses muscles, comme d'un levier perpétuel et d'une corde sans fin, pour fabriquer toujours les mêmes produits d'industrie.

Dans les travaux qui demandent l'ensemble d'un grand nombre d'ouvriers, les hommes ont besoin, pour exercer en même temps leurs efforts, d'entendre les chants mesurés d'un de leurs compagnons. Voilà comment la musique préside aux travaux des arts. Aussi les anciens, qui peignaient par des allégories toutes les vérités, disaient-ils qu'aux accents d'Amphion, les pierres dont fut construite la vaste enceinte de Thèbes, s'élevaient et se plaçaient d'elles-mêmes : tant la magie de la voix d'un seul homme, allégeait la fatigue des ouvriers employés à cette grande entreprise.

Après avoir expliqué l'influence de la parole, et ses progrès dus au perfectionnement de l'ouïe, je vais parler des progrès dus au chant ainsi qu'à la musique, et de leur influence sur le caractère des hommes et des peuples.

Les anciens voulaient qu'on apprît la musique à leurs enfants, afin d'adoucir les mœurs que des exercices gymnastiques très-violents auraient pu rendre féroces. La musique était un des éléments de leur civilisation ; elle avait commencé, sur la lyre d'Orphée, à triompher des animaux les plus terribles. Ensuite, elle apprivoisa l'humeur sauvage des premiers habitants d'une heureuse contrée ; elle allégea leurs travaux, elle augmenta leurs plaisirs ; avec le secours de la lyre elle accompagna leur poésie, et rendit leurs fêtes enivrantes d'une volupté noble et pure.

A cet égard, pour marcher dans les mêmes errements, il n'existe peut-être aucun peuple civilisé qui ait d'aussi grands progrès à faire que les Français, s'ils veulent arriver à la plus modeste médiocrité. Ce n'est pas que des artistes d'un talent supérieur nous aient manqué, pour nous donner des chants remarquables par leur charme ou par leur puissance ; ce n'est pas que la nation soit complètement insensible aux effets de la musique. Ce fut Charlemagne qui donna la musique aux Français, et deux siècles plus tard, quand les Normands et les Français réunis voulurent envahir l'Angleterre, ils marchèrent au combat qui décida de leur victoire, guidés par les sons héroïques de l'hymne de Rolland ; tels étaient nos aïeux, et la race de ces héros n'a point dégénéré, dans les grandes actions qu'elle a produites, à des époques mémorables, au son des chants de la victoire et du triomphe.

Gardons-nous donc de penser que les Français, disgraciés par la nature, à l'égard d'un seul de ses dons, soient, par la constitution défavorable d'un de leurs organes, inaptes à saisir et à rendre les sons purs d'une musique précise.

L'expérience même dément une telle opinion. Puisque nous voyons la France produire une foule de chanteuses et de chanteurs qui, se pliant aux préjugés puérils de notre époque, n'ont qu'à mettre un *o* ou un *a*, et surtout un *i* à la fin de leurs noms, pour être regardés comme les virtuoses des pays ultramontains.

Si nous pouvions empêcher nos enfants d'entendre aucun son faux, jusqu'à l'instant où nous leur donnons des maîtres de musique, ils chanteraient juste sans étude. Mais, dès le maillot, leurs nourrices et leurs bonnes les bercent en leur chantant des airs où l'on ne trouve pas un son qui ne déchire les oreilles les plus endurcies, et par-là jugez de leur impression sur les tendres organes des nourrissons. Dans les rues, dans les églises et même sur les théâtres, ces pauvres enfants retrouvent des amateurs et des artistes qui, trop souvent, rivalisent avec les bonnes et les nourrices.

En Italie, au contraire, l'enfant, dès son plus jeune âge, n'entend que des voix douces et tendres, qui font retentir à ses oreilles les accents mélodieux d'une langue toute musicale. Dans les rues, dans les temples, sur le théâtre, il n'entend que des sons purs et des accords enchaînés avec harmonie; et son organe auditif se forme de lui-même. Il faut, au contraire, que nos enfants désapprennent d'abord, et puissent effacer de leur mémoire, toutes les traces de cet horrible et long charivari dont leurs oreilles sont frappées depuis le jour de leur naissance.

Observons, d'ailleurs, que les générations héritent en partie du perfectionnement des facultés humaines. Cette étonnante transmission ne se fait pas seulement remarquer dans notre espèce; elle est sensible même chez les animaux. Depuis long-temps les chasseurs ont remarqué que les petits des chiens bien dressés sont plus propres à la chasse que les petits des chiens qui n'ont pas appris à dépister, à poursuivre, à rapporter le gibier. Les petits des animaux sauvages sont sauvages comme eux. Quand on les prend dès leur naissance, pour les élever avec des petits de même race, mais issus d'animaux apprivoisés, ils conservent des habitudes anti-domestiques dont nulle trace ne se fait remarquer dans leurs compagnons. De même les enfants d'un peuple dont les organes sont encore peu familiers avec le chant et l'harmonie, chantent avec peu de justesse et de facilité.

Voilà comment il se fait qu'à moins d'avoir pris des leçons assez longues, les Français ne peuvent en général chanter à l'unisson et surtout en parties; tandis qu'on voit, en Italie et en Allemagne, les hommes des classes les plus communes posséder ce talent, sans avoir eu besoin de l'apprendre d'aucun maître.

Je suis persuadé qu'il est possible de faire disparaître en assez peu de temps, cette infériorité choquante des Français, comparés avec les hommes des autres nations. Il faudrait d'abord ne permettre aux musiciens ambulants de jouer qu'avec des instruments justes. Au moyen de quelques leçons, on pourrait même obtenir une certaine justesse de cette musique des aveugles, qui s'est acquis une célébrité méritée dans l'art d'offenser les oreilles sensibles à l'harmonie.

Bien superficiel serait l'observateur qui, sur-le-champ, n'apercevrait pas à quoi de tels soins pourraient être utiles. Ils donneraient aux mœurs du peuple plus de douceur et d'aménité. Ils créeraient pour la classe industrieuse une source plus pure, et plus vive, et plus variée, de plaisirs innocents, qui s'associent comme d'eux-mêmes avec la délicatesse des penchants, avec la douceur des affections. Malheur à qui ne sentirait ni le charme, ni l'importance d'un semblable changement.

Je finis, en faisant remarquer, au sujet du goût, dans la musique des peuples barbares et des peuples civilisés, un progrès analogue à celui que nous avons fait remarquer au sujet des formes et des couleurs.

Pour parler au sens auditif des peuples barbares, pour mettre en action leurs grossières facultés, il faut des sons terribles et des bruits déchirants. Il faut des cymbales pour l'Ottoman, et le tamtam pour l'Africain. C'est au tintement redoublé de leurs dissonnances aiguës, que le barbare égorge les vaincus, et décapite leurs cadavres, pour préparer, au souverain, des présents offerts avec orgueil et reçus avec volupté.

Chez les peuples à demi policés, la poésie et quelque idée des beaux-arts, rendent l'homme sensible à des sons moins âpres et moins discords. La cornemuse du Calédonien, le galoubet du Provençal et le tambour du Basque, sont les instruments préférés. L'orchestre de Momus, un peu perçant, un peu criard, mais aimable, mais entraînant, accompagne le chant du troubadour, tandis qu'on marche, sans prévoyance et sans souci, pour affronter l'armée rivale. Le lendemain, la même mélodie, invitant à la fête l'ennemi vaincu et rançonné, vient animer la danse et la course, et le chant, et les tournois du triomphe. Voilà le goût et les plaisirs du moyen âge.

Enfin, chez un peuple très-avancé dans la civilisation, chez un peuple où, dès l'enfance, on apprenait à sacrifier sa vie, aussitôt que la patrie en réclamait le sacrifice, on n'avait plus, au moment du combat, qu'à maintenir le calme des sens et la paix du courage. On voyait une armée audacieuse de sang-froid, héroïque par principes; mue par la détermination de la pensée, jamais par la fièvre des organes. On couronnait de fleurs, des guerriers qui d'un œil également serein contemplaient la gloire, et la mort qui la procure; on offrait par leurs mains un sacrifice aux Muses, filles de la Mémoire, aux Grâces, qui sont le charme de la vie. Alors ils prenaient des armes que les lauriers devaient bientôt couronner. Enfin, pour qu'au fort de la mêlée, la férocité n'égarât point leur ardeur, c'est aux sons du plus doux et du plus mélodieux des instruments que ces guerriers magnanimes marchaient à la victoire. C'est ainsi que les héros, pour dompter leurs ennemis, aspiraient à se rendre maîtres de leur propre vaillance, à dompter la fougue de leurs sens. C'est ainsi qu'aux Thermopyles, Léonidas et les trois cents, célébrèrent leur immortalité avant de la conquérir, et de laisser à la terre un exemple impérissable de l'héroïsme et de la beauté des mœurs qu'avait fait naître une éducation qui perfectionne à la fois notre esprit, notre cœur et nos sens.

Par les faibles indications que j'ai pu présenter dans ces deux leçons, on peut voir combien le soin raisonné de rendre moins imparfait chacun de nos sens, offre un grand objet d'étude aux individus de toutes les classes de la société; combien par cette étude, sagement dirigée, nous pouvons avancer l'amélioration physique et morale de notre être.

Chaque fois que nous perfectionnons les instruments qui suppléent à la faiblesse, à l'imperfection de nos organes, nous préparons de nouvelles découvertes, et nous reculons les limites possibles du savoir humain. De même, en perfectionnant nos sens, qui sont les instruments physiques de notre intelligence, nous reculons les limites extérieures où peut atteindre cette intelligence. Chaque fois que nous donnons à nos sens un nouveau degré de certitude, nous en donnons un pareil aux œuvres de notre raison; nous asseyons sur des bases plus certaines l'empire même de la raison.

C'est par-là que chaque homme peut s'élever au-dessus de lui-même, qu'un peuple peut avancer à grands pas dans la carrière de l'industrie, reculer toutes les bornes de la civilisation, et se placer au premier rang parmi les nations qui sont l'honneur et l'orgueil de l'espèce humaine. Voilà le rang où nos vœux et nos efforts doivent tendre à placer notre pays; et que la grandeur, que l'élévation du but n'effraient point notre faiblesse; tous, nous pouvons concourir à cette grande entreprise, chacun dans sa sphère plus ou moins resserrée, plus ou moins étendue. Unissons, combinons nos efforts, et pour doubler notre courage, gardons-nous de douter du succès.

TROISIÈME LEÇON.

Forces physiques de l'homme.

L'HOMME ne peut travailler, c'est-à-dire, employer ses forces à quelque objet utile, que pendant un temps assez court. Il a besoin de réparer ses pertes par le boire et par le manger, ainsi que par le sommeil, et souvent même par le repos, lorsqu'il est éveillé.

La plus grande partie des hommes ne répare ses forces par le sommeil qu'une fois en vingt-quatre heures, et cela pendant la nuit : tels sont, par exemple, les habitants de nos campagnes, beaucoup d'artisans et de bourgeois de nos villes. Dans le grand monde, la première partie de la nuit est le temps où l'homme veille et dépense ses forces, non pas à travailler mais à s'amuser. De sorte qu'en été beaucoup d'oisifs ne dorment que pendant le jour.

Il existe dans nos villes une multitude de personnes laborieuses, que leur profession oblige à veiller ou à travailler toute la nuit; beaucoup d'individus exerçant des professions immondes que la décence m'empêche de nommer, sont obligés, pour leur propre sécurité, ou pour la salubrité publique, de travailler dans l'ombre de la nuit.

On remarque généralement que ce labeur et ces veilles nocturnes sont moins favorables à la santé, que le travail exécuté durant le jour, à la lumière vivifiante du soleil.

En été, dans les pays très-chauds tels que le sud de l'Italie, de l'Espagne et du Portugal, les ouvriers sont forcés d'interrompre leur travail pendant le fort de la chaleur du jour. Le sommeil devient alors une espèce de besoin qu'on satisfait pendant plusieurs heures ; c'est ce qu'on appelle faire la *sieste*. Après ce sommeil, généralement plus court que celui de la nuit, les ouvriers reprennent leur travail avec une activité nouvelle.

Dans les moments que l'homme consacre au travail, tantôt il doit produire instantanément de très-grands efforts, à des intervalles de temps plus ou moins éloignés; tantôt il doit agir d'une manière continue.

Le travail le plus simple que l'homme puisse faire est celui de la marche, lorsqu'il ne porte d'autre poids que celui de son corps.

Quand un homme chemine d'un pas modéré, il parcourt en une heure un espace que nous avions pris autrefois pour l'unité de nos mesures itinéraires : c'était la lieue. Mais, par une bizarrerie incroyable, il y avait peut-être en France une douzaine de lieues différentes.

La plus courte de toutes était la lieue de poste, dont la longueur était de 2.000 toises, ou 12.000 pieds ; c'est à très-peu près 4.000 mètres, ou 4 kilomètres. Ainsi le kilomètre est sensiblement un quart de lieue de poste.

Ensuite venait la lieue de 25 au degré, ou de $4\frac{1}{2}$ kilomètres; puis la lieue marine de 20 au degré : cette lieue équivaut à $5\frac{1}{2}$ kilomètres.

Dans certaines provinces de France, on appelle lieue l'espace qu'un bon piéton peut parcourir en une heure, lorsqu'il marche sans être chargé d'aucun poids : cette lieue surpasse en général d'au moins moitié la lieue de poste.

Il suit de là qu'un piéton peut parcourir 6 kilomètres par heure, en poursuivant une longue route ; ce qui fait 100 mètres par minute. On estime à 8 décimètres la longueur du pas de route ; ainsi le piéton fait 125 pas dans une minute et 7.500 pas dans une heure.

Il peut ainsi marcher pendant huit heures et demie chaque jour, et continuer aussi longtemps qu'on le veut, sans altérer sa santé ni diminuer ses forces.

On estime donc, par le fait, à 51 kilomètres, la distance moyenne que peut parcourir un piéton, chaque jour, sans excéder ses forces.

Le poids moyen d'un homme et de ses vêtements ordinaires, est de 70 kilogrammes. Ainsi le marcheur transporte chaque jour 70 kilogrammes à 51 kilomètres de distance, ou, ce qui revient au même, 3.570 kilogrammes à un kilomètre.

Tous les hommes ne sont pas également bons marcheurs : les habitants des campagnes et ceux des grandes villes sont les meilleurs marcheurs, parce qu'ils ont habituellement les plus longues distances à parcourir.

L'éducation contribue prodigieusement à former les hommes à la marche, comme nous en verrons l'exemple, au sujet des soldats romains.

La marche des hommes est un des principaux éléments des succès militaires. L'art de la guerre est dans les jambes, disait le maréchal de Saxe, pour montrer toute l'influence de la marche sur les opérations des armées. Aussi les réglements militaires fixent-ils avec un grand soin la longueur et la vitesse des pas, et, quand cela se peut, la durée des marches journalières.

On distingue quatre espèces de pas militaires : le pas ordinaire, le pas accéléré, le pas de route et le pas de charge. Le pas ordinaire est le plus lent de tous; le soldat n'en fait que 76 par minute; ce pas a 65 centimètres de longueur. Le pas accéléré est pareillement de 65 centimètres de longueur; le soldat en fait cent par minute. Le pas de route est un peu plus accéléré; et le pas de charge ne s'écarte guère de celui du piéton, à 125 pas par minute. Il suit de là : 1°. qu'en marchant au pas ordinaire, un corps de troupes ne parcourt pas tout-à-fait 3 kilomètres par heure (2.964 mètres); 2°. qu'en marchant au pas accéléré, il parcourt près de 4 kilomètres par heure; 3°. qu'en marchant au pas de charge, il parcourt à peu près 6 kilomètres par heure.

Le soldat anglais diffère beaucoup du nôtre quant aux deux premières espèces de pas : il fait, au pas ordinaire, plus d'un demi-kilomètre et au pas accéléré plus d'un kilomètre en sus du soldat français. Le pas de charge des Anglais est de $5\frac{1}{2}$ kilomètres à l'heure.

Mais, quand le soldat doit aller librement au pas de route, le soldat français chemine pour le moins aussi vite que l'anglais, et soutient beaucoup mieux les marches forcées. Cela tient, en grande partie, à ce que les habitants de l'Angleterre ne voyagent presque jamais à pied.

Les Romains, qui faisaient de la guerre leur occupation principale, ont bien senti que pour devenir les maîtres du monde, il fallait donner à leurs soldats une force et une vitesse supérieures à celles des autres hommes. Aussi parvinrent-ils à des résultats qui nous semblent à peine croyables aujourd'hui.

Dans l'ouvrage écrit par Végèce, sur le service militaire des Romains, on voit que le soldat, durant ses exercices, parcourait habituellement de 20 à 24 Milles, en cinq heures de temps ; avec un poids d'à peu près 29 kilogrammes : 60 livres. Ce qui présentait, pour 20 Milles ou 30 kilomètres, une quantité d'action égale à 870 kilogrammes, transportés à un kilomètre. Et pour 24 milles parcourus, une quantité d'action égale à 1.044 kilogrammes transportés à un kilomètre.

Ainsi, dans le premier cas, malgré cette charge énorme, le soldat romain parcourait 30 kilomètres en cinq heures, ou 6 kilomètres à l'heure. C'est un kilomètre de plus que le pas accéléré des Anglais.

Dans le second cas, le soldat romain, toujours chargé de 29 kilogrammes, faisait 36 kilomètres en cinq heures, c'est-à-dire, 7 kilomètres et un cinquième à l'heure. Il faisait ce que nous appelons poste à l'heure.

Par conséquent, le soldat Romain dans ses marches et malgré sa charge, allait à peu près aussi vite que la diligence qui conduit au trot les voyageurs sur beaucoup de routes de France. Observons de plus, que c'étaient des corps entiers, et non pas des hommes isolés, qui se mouvaient avec cette énorme vitesse.

On peut aisément comprendre les avantages que retiraient les Romains de cette extrême vitesse que leurs soldats avaient acquise. Une infanterie composée de pareils hommes était, qu'on me passe l'expression, une véritable cavalerie, puisqu'elle en avait la vîtesse moyenne. Aussi l'on peut voir, dans les *Commentaires de César*, avec quelle rapidité ses troupes se portaient d'un bout de la Gaule à l'autre, faisaient face à plusieurs ennemis, et presque toujours les attaquaient à l'improviste.

Il ne paraît pas qu'aucun général moderne ait voulu donner à son armée une vîtesse habituellement supérieure à celle qu'ont assignée les routines des règlements militaires, et néanmoins compatible avec la conservation des forces de l'homme. En beaucoup de circonstances, les troupes françaises ont fait, durant les dernières guerres, des marches étonnantes pour leur étendue et leur rapidité. Mais, comme on n'avait aucun soin de la nourriture ni du coucher, ni même, durant un certain période, de la chaussure et de l'habillement des hommes, ils périssaient dans une effrayante proportion, et la victoire nous coûtait plus de monde que la défaite n'en coûtait à nos ennemis.

On doit voir, par le peu de détails où nous sommes entrés jusqu'ici, qu'il y a de grands perfectionnements à produire dans l'exercice de la marche des troupes; nous pouvons renouveler les miracles des Romains, ou du moins en approcher autant que la mollesse de nos mœurs et de notre éducation, le permettront à la discipline des armées.

Comparons maintenant la marche du soldat romain à celle de nos ouvriers les plus robustes : les porte-faix et les colporteurs, par exemple.

L'objet de ces hommes n'est nullement de transporter au loin leur personne, mais le poids dont on les charge. Le produit de ce poids, multiplié par la distance parcourue, représente ce qu'on appelle l'effet utile du porteur.

Coulomb, ingénieur et savant célèbre, auquel on doit sur la force des hommes, des recherches extrêmement intéressantes et dont nous allons parler avec détails, n'a pas pu trouver de porte-faix qui voulussent faire par jour plus de six voyages, en portant d'une maison à une autre, distantes de 2 kilomètres, des meubles d'un poids de 58 kilogrammes par charge.

Ces six voyages donnent 58 kilogrammes transportés six fois à 2 kilomètres, ou 696 kilogrammes transportés à un kilomètre.

Supposons maintenant qu'un soldat romain ait eu, sur sa route, à faire le déménagement du porte-faix. Il n'aurait, il est vrai, porté que la moitié de la charge, et ne serait point revenu sur ses pas, de deux en deux kilomètres, pour prendre de nouveaux chargements ; mais il aurait porté 1,044 kilogrammes à un kilomètre, tandis que le porte-faix ne porte que 696 kilogrammes ; il aurait fait dix-huit voyages de 2 kilomètres en cinq heures de temps, au lieu de six voyages chargé, et de six à vide, opérés par le porte-faix dans toute sa journée.

Coulomb, d'après ses recherches, a trouvé qu'un colporteur voyageant sur nos routes, peut porter jusqu'à 44 kilogrammes à 20 kilomètres, c'est-à-dire, 880 kilogrammes transportés à un kilomètre. C'est encore moins que le soldat romain, parcourant 36 kilomètres, avec 29 kilogrammes; mais c'est plus que le porte-faix.

Si l'on ajoute, à l'effet utile des porteurs, le produit du poids de leur corps par l'espace parcouru, on trouve pour équivalent de la quantité de matière transportée, en un jour, à un kilomètre ou petit quart d'heure de marche:

1°. Par un Français marchant sans aucun poids $= 3.570$ k.
2°. Par un soldat romain portant 29 kilogr. $= 2.976$
3°. Par un colporteur chargé de 44 kilogrammes $= 2.280$
4°. Par un porte-faix chargé de 58 kilogrammes $= 2.376$

Dans les trois premiers résultats nous observons que la quantité totale d'action produite par un homme, diminue à mesure que la charge augmente. Cette quantité totale d'action journalière est donc loin de rester constante, ainsi que Daniel Bernouilli, célèbre géomètre et physicien très-ingénieux, avait cru pouvoir l'admettre.

Coulomb a le premier mis dans tout son jour,

la très-grande différence qui existe dans la quantité totale d'action, résultat de l'emploi journalier de la force d'un seul homme, suivant la manière et la rapidité avec laquelle cette force est consommée.

Dès à présent, on doit entrevoir la matière d'une foule de recherches qui sont d'un extrême intérêt dans les travaux des arts méchaniques. Il est de la plus haute importance, pour le chef d'atelier et le directeur d'une manufacture quelconque, de produire chaque effet nécessaire à ses fabrications, avec la moindre dépense possible. Il faut donc qu'il connaisse bien les moyens par lesquels il peut, en toute circonstance, produire un pareil effet, avec un minimum de force.

Revenons au cas du transport des fardeaux, à dos d'homme et sur un chemin horizontal.

Coulomb a justifié par ses observations le principe suivant. En prenant pour base la quantité d'action produite par la marche de l'homme qui ne porte aucun fardeau, les poids dont l'homme est chargé sont proportionnels à la quantité d'action perdue, lorsqu'il marche en portant ces poids.

En supposant que le porteur marche toujours chargé, comme le colporteur des grandes routes, Coulomb trouve que la charge qui correspond à la plus grande quantité d'action journalière doit peser $50^{\text{kilog}},4$. Avec cette charge il parcourt un peu plus de 18 kilomètres; et l'effet utile *maximum* de la journée de cet homme est égal à 919 kilogrammes transportés à un kilomètre.

Il est remarquable que ces résultats ne sont pas très-différents de ceux auxquels les tâtonnements de la pratique ont conduit les colporteurs. En effet, ils ne portent guère qu'un 7e de moins que la charge la plus avantageuse; et l'effet utile qu'ils produisent ne diffère pas d'un 22e du *maximum* d'effet.

Peut-être les colporteurs sacrifient-ils avec raison ce 22e, pour que la journée de leur travail reste toujours de quelque chose au-dessous de ce que peut fournir la réparation journalière de leurs forces. Par ce moyen, dans les jours où l'homme est moins bien disposé, c'est-à-dire, lorsqu'il est un peu plus faible qu'à l'ordinaire, il peut encore, sans épuisement, obtenir le même effet utile, avec sa charge accoutumée.

C'est une des propriétés des effets les plus grands et les plus petits possibles, qu'on peut, comme nous venons de le voir, changer assez sensiblement la grandeur des éléments dont ils se composent, sans presque altérer le résultat. Il est très-avantageux, pour l'industrie, de connaître les proportions qui produisent le *maximum* d'effet. A partir de l'état de choses qui représente ce *maximum*, on a la plus grande latitude possible, pour changer les proportions des éléments, en ne produisant qu'une altération donnée dans le résultat.

Confirmons, par une seconde application, cette vérité tirée de l'exemple du colporteur. Supposons qu'il se sente plus de besoin ou plus de penchant à porter un poids plus lourd, en parcourant une moindre distance, et qu'au lieu de 44 kilogrammes, il prenne tout à coup $53^{kilog.},6$ de charge; ce qui surpasse d'un 18e la charge *maximum*. Alors on trouve un effet utile égal à $916\frac{1}{4}$ kilogrammes : lequel par conséquent n'est pas même d'un 334e plus faible que l'effet *maximum*.

Les personnes qui sont versées dans les considérations des calculs différentiel et intégral se rendront aisément raison de cette importante propriété des plus grands comme des moindres effets possibles. Quant aux personnes qui n'ont pas des connaissances mathématiques assez avancées pour saisir la démonstration d'une telle propriété, il faut qu'elles l'admettent comme un fait dont nous aurons soin de leur montrer, par divers exemples, l'importance et la vérité.

Au lieu de supposer que le porteur ne marche jamais sans fardeau, veut-on diviser sa journée en allées et venues, dans lesquelles il soit alternativement chargé et non chargé? Alors le problème change de face. On ne trouve plus les mêmes résultats, en se demandant le *maximum* d'action journalière que l'homme peut produire par un tel emploi de ses forces. On trouve que la charge du porteur doit être de $61^{kilog.},25$. Ce qui donne pour effet utile *maximum*, $691^{kilog.},4$ transportés à un kilomètre de distance.

Nous avons vu que le porte-faix, conduit par les tâtonnements de la pratique, choisit pour poids moyen 58 kilogrammes : poids qui ne diffère pas d'un 9e. de la charge la plus avantageuse. D'après la formule adoptée par Coulomb, la quantité totale d'action ne diffère guère que d'un 490e. de l'effet *maximum*. C'est encore une confirmation de la propriété de tout résultat *maximum* ou *minimum*, de varier beaucoup moins que les éléments dont il se compose : tant que ces éléments ne dépassent pas certaines limites.

Après avoir considéré la marche de l'homme chargé ou non chargé, mais cheminant toujours sur une route horizontale, il faut considérer la quantité d'action que l'homme peut produire, lorsqu'il chemine sur une route inclinée, ou lorsqu'il s'élève sur un escalier : commençons par ce dernier cas.

Coulomb, de qui nous empruntons toujours une grande partie des données qui servent de base à cette leçon, détermine ainsi la quantité d'action d'une personne employée à monter les escaliers d'un édifice, sans avoir aucune charge à porter. Il fixe à 14 mètres la hauteur à laquelle on peut s'élever en une minute, lorsqu'on monte des escaliers qui n'ont pas plus de 30 mètres de hauteur totale.

En admettant toujours que le poids moyen d'un homme égale 70 kilogrammes, quatorze fois 70 kilogrammes élevés à un mètre représentent par conséquent la quantité d'action employée par cet homme pour monter nos escaliers durant une minute.

Et si l'on admet qu'il puisse soutenir un tel travail pendant quatre heures sur vingt-quatre, la quantité totale d'action journalière aura pour mesure 235.000 kilogrammes élevés à un mètre de hauteur. Coulomb donne cette évaluation comme un simple résultat hypothétique; nous présenterons des calculs que nous avons faits et qui suppléent à cette lacune, dans les résultats qu'on peut regarder comme positifs, au sujet de la force de l'homme. Voyez p. 95.

A défaut d'épreuves directes, complètes, sur des ouvriers chargés qui montent des escaliers, on a cherché le temps nécessaire pour monter sur des routes inclinées.

Borda, officier de marine et membre de l'académie des sciences, ayant voulu mesurer la hauteur du Pic-de-Ténériffe, mit deux jours à monter ce pic. Durant la première journée il était à cheval avec tous ses officiers, et conduisait huit matelots à pied, chargés chacun de 7 à 8 kilogrammes. Ils s'élevèrent le premier jour à 2,923 mètres, en marchant depuis neuf heures du matin jusqu'à cinq heures et demie du soir; ce qui fait huit heures et demie. Mais il y eut trois quarts d'heure de halte pour déjeuner : donc ils marchèrent sept heures trois quarts durant leur première journée. On doit remarquer que les marins de Borda, comme la plupart des hommes de leur profession, n'étaient guère habitués à la marche. Cependant, arrivés au terme de leur journée, ils n'étaient pas exténués de fatigue, car ils purent encore descendre à 50 mètres, pour aller chercher du bois afin d'allumer du feu, puis remonter jusqu'au lieu de la halte.

Malheureusement on ne donne pas la longueur précise de l'espace parcouru par les voyageurs, ce qui, avec la connaissance de la quantité dont ils ont monté verticalement, aurait montré quelle était la pente du chemin qu'ils ont suivi. On dit seulement que l'espace parcouru surpassait 20,000 mètres en longueur horizontale, c'est-à-dire, que la base de la route était à la montée verticale presque : : 7 : 1, ou plus exactement comme 68 : 10. Cette pente, ainsi qu'il était naturel de le supposer, n'était propre à donner le *maximum* d'effet utile, ni pour les hommes ni pour les chevaux ; mais elle devait naturellement être une moyenne entre les deux *maximums*.

Quoi qu'il en soit, en estimant toujours le poids de l'homme à 70 kilogrammes, élevés, comme nous venons de le voir, à 2.923 mètres de hauteur verticale, ce résultat équivaut à 204,610 kilogrammes élevés à un mètre ou à peu près 205 kilogrammes élevés à un kilomètre. Ce qui est au-dessous de l'évaluation de Coulomb, pour la quantité d'action d'un homme montant librement sur un escalier commode.

Il me semble aussi que l'on aurait dû tenir compte des 7 à 8 kilogrammes d'objets portés par chaque homme. Alors, au lieu de 205 kilogrammes, on aurait eu 224 kilogrammes élevés à un kilomètre : quantité qui se rapproche beaucoup des 235 kilogrammes élevés en suivant un escalier commode, au lieu du chemin irrégulier et raboteux, par lequel les piétons à la suite de Borda gravissaient le Pic-de-Ténériffe.

Néanmoins, pour ne pas tomber dans le défaut d'évaluer trop haut l'action journalière des hommes de Borda, l'on se contente des 205 kilogrammes élevés à un kilomètre, ou 205,000 kilogrammes élevés à un mètre.

Une recherche très-belle et très intéressante, qui n'a pas encore été faite, est celle des hauteurs où peut s'élever en un jour, un homme qui marche sans fardeau, ou qui marche avec un fardeau sur une route plus ou moins inclinée: depuis la pente la plus faible jusqu'à la pente la plus considérable (1).

Il est évident que la pente qui correspond à la plus grande hauteur où peut ainsi s'élever un homme, en un jour, devrait être la pente à donner aux chemins de piéton, dans les pays de montagnes, si la route inclinée était assez longue pour fournir un jour de marche.

Il est cependant d'autres considérations qui peuvent faire varier cette pente : l'homme a besoin de repos dans sa marche. Est-il plus avantageux de conserver la pente constante et d'engager le piéton à faire des repos de plus en plus fréquents, à mesure qu'il approche du terme de sa route? Ou bien, pour diminuer la fatigue du marcheur, ne vaut-il pas mieux rendre la pente un peu trop rapide vers le bas et trop faible vers le haut de la montée?..... Par ce dernier moyen, le piéton consomme une plus grande quantité d'action pour produire le même effet, et il semble que des repos de plus en plus fréquents valent mieux que des variations dans la pente des routes.

---

(1) Nous avons présenté ces idées avec des développements et des recherches variées, dans nos *Applications de Géométrie*. 1 vol. in-4.

Lorsque l'homme parcourt un chemin horizontal, il pourrait, s'il le jugeait plus avantageux, forcer le pas en commençant sa journée, pour le ralentir vers la fin, et consommer moins de force dans le temps qu'elle est le plus épuisée.

Cependant l'expérience démontre que tel n'est pas le meilleur système de marche. Les hommes qui font les plus longues journées modèrent leur pas dès le commencement et le soutiennent avec régularité, en se reposant aussitôt qu'ils en éprouvent le besoin. Ils suivent ce système sur des routes horizontales et même sur des routes plus ou moins inclinées, tant que la pente ne dépasse par certaines limites.

Remarquons que, dans les courses, soit à pied, soit à cheval, on préfère se ménager dans le commencement, pour conserver plus de vitesse vers la fin de la course.

Aussi, presque toujours, dans les jeux décrits par les anciens, un prudent coureur qui ménage ses moyens dès le commencement, pour les déployer ensuite dans toute leur énergie, est-il celui qui remporte le prix.

Nous pouvons donc poser en principe que, dès l'instant où, pour s'élever à un point donné, il faut suivre des chemins inclinés, le plus court est le plus avantageux, tant qu'il ne dépasse pas la limite des pentes.

Si, maintenant, nous employons un porteur à monter des escaliers avec un fardeau, nous verrons qu'ici, comme pour les transports sur un chemin horizontal, la quantité d'action journalière est toujours moins considérable, et diminue à mesure que la charge augmente.

Un porteur n'a jamais pu, dans sa journée, monter plus de six voies de bois, à 12 mètres de hauteur. Il n'aurait pu continuer ce travail plusieurs jours de suite, et pour l'obtenir d'un homme un peu au-dessus de la force moyenne, on lui donnait un franc par voie; ce qui portait à 6 francs le prix de sa journée.

On doit regarder ce travail comme le *maximum* de l'action journalière de l'homme qui l'a entrepris.

Une voie de bois pèse 734 kilogrammes; par conséquent, six voies pèsent 4,404 kilogrammes, lesquels multipliés par 12, donnent 52,848 kilogrammes élevés à un mètre : c'est l'effet utile produit dans la journée.

Pour avoir la dépense totale des forces du porteur, ou la quantité d'action, il faut faire entrer en compte le poids des crochets et le poids même du porteur. Alors on trouve qu'il élève 109 kilogrammes à un kilomètre.

C'est un peu plus de la moitié des 205 kilogrammes qu'un homme qui ne porte rien, élève dans sa journée, d'après l'expérience fournie par les matelots de Borda. Mais, l'évaluation des 205 kilogrammes est trop faible, ainsi que nous l'avons vu. Par conséquent, on peut poser en principe qu'un homme qui monte, sans aucun chargement, produit une action journalière double de celui qui monte en portant un fardeau de 60 à 70 kilogrammes.

Dans ce calcul, on a négligé la quantité d'action employée à descendre les escaliers après chaque voyage. Il nous semble, néanmoins, que Coulomb l'évalue trop bas lorsqu'il l'estime sur le même pied qu'un chemin horizontal parcouru par un homme non chargé. Mais cette rectification n'altérerait pas sensiblement le résultat que nous venons d'indiquer, savoir : que la quantité d'action journalière d'un porteur chargé, et montant un escalier, est moitié de celle d'un homme montant sans fardeau le même escalier. L'effet utile produit par cet homme n'étant que de 52.848 kilogrammes élevés à un mètre, on arrive à ce résultat :

Un homme qui marchant librement s'élèverait à toute la hauteur où il peut atteindre en un jour, pourrait servir de contre-poids pour élever 205.000 kilogrammes à un mètre; c'est-à-dire, pourrait élever à la même hauteur quatre fois 52.848 kilogrammes, effet utile de l'ouvrier chargé.

Un des plus mauvais moyens d'employer l'homme est donc de lui faire monter des fardeaux à l'épaule, ou sur la tête, ou sur des crochets. Ce genre de travail, qu'on préfère souvent dans les villes, parce qu'il n'exige aucun appareil de machines, ne doit jamais être employé dans les ateliers où l'on veut exécuter avec économie et célérité des travaux continus.

Ici, nous apercevons clairement un grand avantage de l'effet des machines. Puisque l'homme peut fournir dans sa journée des quantités d'actions très-différentes, suivant qu'il agit à vide ou chargé, un appareil méchanique qui donne un certain effet, et transforme plus utilement l'emploi de la force de l'homme, peut produire de plus grands résultats, malgré les pertes inévitables qui naissent de tout emploi des moyens méchaniques. Car les moyens méchaniques ne donnent pas, ne créent pas de la force, ils ne peuvent qu'économiser et distribuer judicieusement, avantageusement les forces dont nous disposons : c'est ce que je ne me lasserai point de redire, et ce dont je montrerai la vérité sous vingt formes différentes. Par-là j'espère empêcher des hommes habiles, de se perdre en vains projets, et de fonder sur la méchanique, un espoir que cette science, malgré toutes ses ressources, est dans l'impuissance de réaliser.

Nous venons d'étudier l'effet utile des forces de l'homme employées dans la marche sur un plan horizontal et sur un plan incliné, en supposant que l'homme fût sans charge ou portât des fardeaux plus ou moins considérables. Appliquons, maintenant, la force humaine au mouvement des machines.

Le plus grand effet utile que l'homme puisse produire pour élever un fardeau à une hauteur donnée, est de monter lui-même sans charge, et d'employer son propre poids comme force motrice. On fait usage de ce moyen dans la roue à tambour et dans la roue à marches. Si l'on place un ou plusieurs hommes dans une roue à tambour, à mesure qu'ils marcheront, ils s'avanceront sur un plan incliné. S'ils se maintiennent ainsi sur le plan dont l'inclinaison est la plus avantageuse, ils produiront le plus grand effet possible; et cet effet peut aller jusqu'à 205 kilogrammes élevés à un kilomètre dans une journée. Il faut retrancher de ce travail, produit par l'homme, l'intérêt de l'argent qui représente la valeur de la roue à tambour dont on fait usage.

On peut encore employer la force des hommes avec les *roues à marches*, comme on le fait dans les prisons d'Angleterre. Ces roues offrent, sur leur contour extérieur, des planchettes saillantes comme les aubes des roues de moulins, sur lesquelles les travailleurs montent comme sur les marches d'escalier, en se tenant avec les mains à des tringles horizontales. Ils montent en cadence et très-lentement. Il y a aussi des roues à marches, mues par la force des femmes.

Le travail des ouvriers qui montent sur les roues à marches diffère beaucoup dans les diverses prisons, ainsi qu'on peut en juger par le tableau ci-joint, dont j'ai fait le calcul d'après des données officielles.

DÉSIGNATION DU LIEU DES PRISONS.	HOMMES JOURS D'ÉTÉ.			
	PAR MINUTE.		PAR JOUR.	
	Nombre de pas.	Hauteur du pas.	Hauteur parcourue.	Kilog. élevés à 1 mètre.
	nombre.	millim.	mètres.	kilogr.
Northampton (York), n°. 3.	35	199	2.229	143.643
Nottingham, n°s. 3 et 4.	36	237	2.730	174.360
Ancienne prison : Bedford.	40	212	3.053	195.379
Middlesex.	44	199	3.327	212.946
Shepton-Mallet (Somerset).	48	199	2.475	169.172
Devonshire.	48	199	3.057	195.625
Cambridge.	51	199	4.058	259.696
Warwick (1).	60	223	5.352	342.528
Idem. (2).	48	223	4.282	274.022
Idem. (3).	36	223	3.211	205.517
Boston.	70	232	4.392	281.104
Hants.	80	192	3.686	235.936
Newcastle sur le Tyne.	87	202	3.163	202.451

Ainsi, dans les prisons d'Angleterre, le travail journalier varie, depuis 143.643 kilog., jusqu'à 342.528 kilog. élevés à un mètre (1).

(1) Saussure a constaté que dans les Alpes et le Jura, une heure de chemin correspond à une ascension verticale de 400 mètres. Il employait avec confiance cette méthode approxi-

On emploie la force de l'homme à traîner des fardeaux, par le moyen de machines à roues, telles que les brouettes et les voitures. Avec une brouette, un homme peut transporter dans sa journée, 14$^{\text{mèt.}}$,5 cubes de terre, à 30 mètres de distance. Avec la brouette ordinaire, l'homme supporte une portion du poids de la brouette et du chargement, qui équivaut à 18 ou 20 kilogrammes. Lorsque la brouette est vide, il ne porte que 5 à 6 kilogrammes. Sur un terrain sec et uni, la force nécessaire pour pousser la brouette varie de 2 à 3 kilogrammes. Cette variation dépend des petits ressauts que la roue éprouve sur le terrain, et qui d'ailleurs, croît ou diminue avec l'adresse du travailleur, suivant qu'il parvient à se rendre plus ou moins maître de diriger sa brouette. La charge moyenne de la brouette est évaluée à 70 kilogrammes; le poids moyen des brouettes est de 30 kilogrammes. Si l'on multiplie 14 $\frac{1}{2}$ kilomètres par 70 kilogrammes, on

---

mative de nivellement qu'il avait reconnue suffisamment exacte. Les guides des voyageurs dans les Alpes soutiennent aisément une marche de plus de dix heures par jour, toujours en montant chargés de poids qui ne sont pas au-dessous de 12 kilogrammes. Ainsi, en ajoutant ce poids à celui de leur personne, le poids total qu'ils peuvent élever en un jour à la hauteur d'un mètre, serait 82^{k}. × 10.400 = 328000 k., ou 328 kilogrammes élevés à un kilomètre; ce qui se rapproche beaucoup des plus grands résultats obtenus dans les prisons d'Angleterre.

a pour l'effet utile produit par l'ouvrier qui pousse la brouette, 1.015 kilogrammes transportés à un kilomètre.

Nous avons vu qu'un homme peut porter sur son dos, par allée et venue, dans une journée, $692^{kilog.},4$ transportés à un kilomètre. Le rapport de ces deux nombres est celui de 147 à 100. Coulomb trouve, par une évaluation plus précise, le rapport de 148 à 100. Il en conclut qu'à peu de chose près, on peut regarder le travail opéré par cent hommes avec des brouettes, comme équivalent au travail opéré par cent cinquante hommes avec des hottes. Tel est l'avantage d'un genre de machines très-simple.

M. Guenyveau a calculé l'effet utile produit par un homme qui conduit une charrette. Il a trouvé pour résultat 2.300 kilogrammes transportés à un kilomètre. A ce compte, cent hommes employés à transporter des fardeaux avec des charrettes, produisent un effet utile équivalent à celui de 332 hommes employés à transporter des fardeaux sur leur dos avec des hottes ou des crochets, et à 225 hommes employés à transporter des fardeaux avec des brouettes ordinaires.

Il faut observer, au sujet des brouettes, qu'on pourrait en augmenter beaucoup l'effet utile en leur donnant plus de longueur et plaçant le centre de gravité du chargement à l'-

plomb de l'essieu, de manière que l'homme n'ait rien à supporter lorsqu'il roule la brouette. Mais il y aurait toujours un inconvénient, lorsque l'on cheminerait sur des pentes variables. Quand même l'on placerait le centre de gravité du chargement dans l'axe de l'essieu, il faudrait, sur tout chemin qui n'est pas horizontal, consommer une certaine force à balancer l'effet de la pesanteur du chargement.

Une des manières les moins avantageuses d'employer la force des hommes, c'est de leur faire tirer les cordes avec lesquelles on bat les pieux au moyen des sonnettes.

D'après le calcul de Coulomb, le travail journalier de l'homme employé de cette manière, n'équivaut qu'à $75^{kilog.},2$ élevés à un kilomètre. Par conséquent, cent hommes qui seraient employés, comme dans la roue à tambour, à monter durant toute la journée, suivant la pente la plus avantageuse, produiraient un effet utile équivalent à celui de deux cent soixante-onze hommes qui battraient des pieux, en faisant force sur les cordes attachées au mouton.

Lorsqu'on emploie des hommes à tourner des manivelles, en adoptant la valeur moyenne donnée par Coulomb, c'est-à-dire, en supposant que des hommes exercent une pression ordinaire de 7 kilogrammes sur la poignée d'une manivelle qui décrit une circonférence de 23 décimètres, les ouvriers faisant vingt tours par minute, et travaillant six heures effectives par jour, on trouve un total de 116 kilogrammes élevés à un kilomètre. Par conséquent, trois hommes employés à tourner avec des manivelles, peuvent élever un poids égal à celui qui représente l'effet utile de cinq hommes employés à battre des pieux en tirant à la corde. Aussi, dans tous les travaux conduits avec intelligence, les cordes auxquelles les hommes étaient appliqués comme des sonneurs, sont remplacées aujourd'hui par des manivelles et par un engrenage, afin d'élever le mouton jusqu'à une certaine hauteur, d'où il retombe ensuite par un méchanisme particulier.

Coulomb a calculé d'une manière ingénieuse l'effet utile que représente un ouvrier employé à bêcher la terre. L'homme pouvait labourer 181 mètres quarrés; il enfonçait sa bêche de 25 centimètres à chaque coup; puis, il élevait et retournait 6 kilogrammes de terre. En tenant compte du poids de la bêche, le travail total de l'ouvrier équivaut à 43 kilogrammes élevés à un kilomètre. En ne tenant compte que du poids de la terre, l'effet total est seulement de $34\frac{1}{3}$ kilogrammes élevés à un kilomètre; ce qui, comme on voit, n'est pas même le tiers de l'effet utile produit par un homme qui tourne la manivelle. Aussi, l'emploi des ouvriers pour remuer la terre avec la bêche est-il un des plus dispendieux ; il ne peut convenir qu'à des travaux très-soignés de culture, tels que ceux du jardinage, où l'énorme dépense de force humaine est compensée par l'intelligence avec laquelle le travail est appliqué et varié. On doit compter encore, afin de les ajouter à l'effet utile du bêcheur, les coups qu'il est obligé de donner avec son outil, pour casser les mottes et pour étaler la terre ; mais Coulomb n'évalue guère cet effet qu'à la vingtième partie du travail journalier, en y joignant l'évaluation de la force nécessaire pour donner le coup de bêche et pour enfoncer l'outil dans la terre. Il en conclut que la dépense totale des forces du bêcheur, est de 100 kilogrammes élevés à un kilomètre.

Le travail de la pioche me semble avoir beaucoup d'avantages sur celui de la bêche. Le coup donné dans la terre ne doit demander, dans les deux cas, que la même quantité de force, c'est-à-dire, un vingtième de la journée. Ainsi, l'action de l'homme pour détacher la terre est celle d'un levier, que ce soit la pioche ou la bêche. Le dernier mouvement de la pioche, celui qui fait avancer la terre ainsi détachée, pour la joindre avec celle qu'on a déjà piochée, s'effectue horizontalement. Il n'exige donc pas l'emploi d'une force évaluée à $34 \frac{2}{10}$ kilogrammes pour élever la terre avec la bêche à une hauteur que Coulomb évalue à 4 décimètres. Aussi, voyons-nous que les travaux de terrassement sont d'ordinaire exécutés avec des pioches et non pas avec des bêches.

Une des considérations les plus importantes dans l'emploi de la force des hommes, c'est le degré de vitesse avec lequel chaque homme doit exécuter les diverses espèces de mouvement. Il est une vélocité, passé laquelle, l'homme est incapable de produire aucun effet utile; parce que toute sa force musculaire est dépensée pour imprimer à ses membres un tel mouvement. A mesure qu'on ralentit le mouvement, l'homme devient susceptible d'un plus grand effet utile. On arrive de la sorte jusqu'au *maximum* de cet effet. Lorsqu'ensuite, l'homme diminue l'amplitude de ses mouvements, il peut produire sans doute de plus grandes pressions et de plus grands chocs; mais l'augmentation ne compense pas la diminution de vitesse. Voilà pourquoi la quantité totale de mouvement diminue au lieu de croître.

D'après des expériences faites par M. Schulze, il paraît que pour appliquer la force de l'homme sur un levier à manége ou sur une barre de cabestan, l'effet utile le plus avantageux est produit par une pression de $13^{kilog.},706$, avec une vîtesse de $0^{mèt.},737$ par seconde.

M. Robertson Buchanan a comparé l'action

de quatre hommes ; le premier qui tournait à la manivelle, le second qui ramait, le troisième qui faisait mouvoir le levier d'une pompe ordinaire, le quatrième qui sonnait, et tous travaillant pendant quatre secondes.

Le premier a élevé $12^{kilog.},648$ à $5^{mèt.},185$ de hauteur. Total de l'effet utile, $65^{kilog.},580$ élevés à un mètre.

Le second a fait parcourir $2^{mèt.},348$ à $44^{kilog.},394$. Effet total, $104^{kilog.},237$ élevés à un mètre.

Le troisième a élevé $30^{kilog.},351$ à $1^{mèt.},342$. Effet total, $40^{kilog.},731$ élevés à un mètre.

Le quatrième a élevé $32^{kilog.},618$ à la hauteur de $2^{mèt.},745$. Effet total, $89^{kilog.},536$ élevés à un mètre. Ce dernier résultat semble contrarier les calculs de Coulomb, relatifs à l'emploi de la force des hommes, pour tirer sur des cordes de sonnettes. Mais il faut observer que les résultats de M. Robertson Buchanan sont ceux d'un travail de quatre secondes seulement ; or, l'effet instantané des sonneurs peut être considérable, sans que l'effet total de leur travail journalier suive la même proportion.

Il n'y a que les professions des manouvriers pour lesquelles l'objet essentiel soit d'obtenir le *maximum* de force animale que l'homme peut dépenser dans sa journée. Dans les professions des artisans et à plus forte raison dans celles des artistes, le meilleur emploi des moyens de l'homme consiste plutôt dans une application intelligente faite, sans perte de temps, d'une partie plus ou moins grande de la force physique. Le perfectionnement de l'industrie accroît le nombre des professions dans lesquelles il faut faire un plus grand emploi des facultés intellectuelles, et une moindre consommation de la force physique. Au travail musculaire qui ressemble au travail du bœuf, de l'âne et du cheval, l'homme ajoute le travail de la vue, de l'ouïe, du toucher, de l'odorat et du goût, en guidant la perception de ces sens par toutes les facultés de son intelligence. S'il opère avec un esprit observateur, il se procure la connaissance d'un grand nombre de résultats qui deviennent pour lui des guides assurés : c'est ce qu'on appelle acquérir de l'expérience, acquisition si précieuse dans les arts.

Observons bien que l'expérience, obtenue par l'esprit d'observation et de comparaison, conservée par la mémoire, et mise à profit par le jugement, est un résultat de nos facultés intellectuelles et d'un judicieux exercice de nos sens. On peut se former une prompte et néanmoins solide expérience par un bon usage de ces moyens d'acquérir des connaissances. C'est un des objets les plus importants au progrès de l'industrie.

Dans tous les travaux où l'homme n'a besoin d'employer qu'une partie de sa force musculaire disponible, il doit, sans s'épuiser, donner à ses mouvements une vîtesse supérieure à celle qui correspond au plus grand effet utile, et, par ce moyen, rester moins au-dessous de ce plus grand effet. Cette règle ne souffre d'exception que pour les travaux qui demandent une extrême précision, et, par conséquent, des précautions multipliées jointes à beaucoup de circonspection. Alors il n'y a d'autre économie possible à produire, que la suppression de tout moment perdu. Nous développerons davantage ces diverses considérations dans la leçon suivante, consacrée spécialement aux moyens d'employer et d'accroître la force de l'homme.

Quelle que soit l'application qu'on veuille faire de la force de l'homme aux travaux des arts, il faut éviter, avec le plus grand soin, d'assujettir les ouvriers à des positions forcées qu'ils doivent garder long-temps. Ces positions finissent par causer des difformités, des maladies chroniques ou des infirmités.

Presque toujours, avec un peu de bienveillance et de talent, on trouvera possible de modifier les attitudes exigées des ouvriers, de manière à ce qu'ils se trouvent dans une position commode pour travailler. On peut être sûr que cette commodité même leur permettra de produire un plus grand effet utile. Ainsi tout en ne paraissant s'occuper que du bien-être des ouvriers, le chef d'atelier et de manufacture aura travaillé pour lui-même en servant l'humanité.

QUATRIÈME LEÇON.

De l'accroissement et de la meilleure application des forces de l'homme.

Examinons les moyens à mettre en usage pour accroître la force absolue que l'homme peut employer aux travaux de l'industrie, et pour donner à l'action de cette force, la constance, la vitesse et l'adresse les plus avantageuses. Montrons, ensuite, comment ces résultats peuvent être obtenus par une heureuse combinaison de la puissance intellectuelle avec la force physique, et quels bons résultats on a droit d'en attendre, dans l'un et l'autre sexe, pour augmenter le bien-être de l'espèce humaine, et pour rendre la classe ouvrière à la fois plus heureuse et plus morale.

Dès l'âge de cinq à six ans, les enfants sont employés aux travaux de l'industrie. On leur confie des occupations qui demandent un emploi très-restreint de la force physique, avec un usage modéré et peu compliqué des facultés intellectuelles. C'est ainsi que, dans les travaux de l'agriculture, les jeunes enfants sont employés à la garde des animaux domestiques les plus doux et les plus faciles à conduire. Dans les ateliers, ils sont employés à des opérations peu fatigantes et qui sont susceptibles d'être bien faites, avec très-peu d'habitude préliminaire.

Il y a sans doute un grand avantage à façonner les enfants au travail, dès leur âge le plus tendre; mais gardons-nous de l'excès cruel où sont tombés beaucoup de chefs d'ateliers et de manufactures, dans la Grande-Bretagne. Ces industriels obligeaient les jeunes apprentifs à travailler pendant un nombre d'heures si considérable, qu'il a fallu l'intervention du législateur pour renfermer la tâche exigée de l'enfant, dans des limites moins excessives, et qui pourtant auraient encore droit de nous alarmer, en considérant la fatigue accablante qu'une tâche pareille fait éprouver au premier âge.

Dans quelques manufactures dirigées par des chefs qui réunissent l'amour de l'humanité à l'élévation des pensées, une partie du temps qu'on a droit d'exiger des jeunes apprentifs est réservée pour leur faire acquérir, par l'étude, les connaissances désormais indispensables à tout homme qui voudra se distinguer dans les travaux de l'industrie. Ces manufacturiers font enseigner à leurs jeunes apprentifs la lecture, l'écriture et le calcul. Ils y joindront bientôt les applications de la géométrie et de la mécanique, telles que nous les enseignons dans notre cours (1). S'ils n'y joignent pas ce dernier enseignement, les jeunes gens, après avoir reçu les connaissances de l'écriture et du calcul, pourront, dès qu'ils deviendront hommes, suivre les cours gratuits de ces deux sciences qui, bientôt, seront établis dans toutes les villes industrieuses de la France.

Lorsque l'apprentissage n'est point dirigé de manière à ruiner la santé des jeunes gens par un excès de travail, il fait prendre un développement rapide et plus considérable aux forces musculaires du jeune ouvrier : surtout si l'on donne, à sa nourriture et à sa conduite, la régularité, sans laquelle il n'est pas de santé.

Les chefs des établissements d'industrie ont, jusqu'à ce jour, beaucoup trop peu considéré l'influence de la nourriture sur les ouvriers, quant à la quantité d'action que ces ouvriers peuvent produire, et quant aux résultats que l'augmentation du travail peut avoir sur le bien-être des ouvriers et sur la fortune de leur maître.

Lorsque l'on compare la manière dont les ouvriers français et les ouvriers anglais se nourrissent, on est frappé de la différence extrême que

---

(1) En France, l'illustre duc de Larochefoucault est le premier qui ait donné ce généreux exemple dans ses ateliers, pour les jeunes apprentifs dont il soigne l'adolescence avec les sentiments d'un père. C'est aux grands manufacturiers de France à s'empresser de suivre cet exemple admirable.

présentent les deux manières de vivre. Dans beaucoup de professions, les ouvriers français ne mangent pour ainsi dire pas de substances animales, durant la semaine; s'ils en consomment le dimanche, c'est seulement comme un objet de luxe. L'ouvrier anglais, au contraire, fait un usage habituel de la nourriture animale la plus substantielle.

J'ai calculé le poids total de la substance animale applicable à la nourriture de l'homme, soit en France, soit en Angleterre; et voici le résultat de ce calcul. Lorsqu'un Français mange 61 kilogrammes de viande, l'Anglais en mange plus de 178 kilogrammes, c'est-à-dire, environ trois fois autant. Cette différence dans la manière de vivre en apporte une très-sensible dans les forces physiques. La nourriture animale donne à l'homme une quantité de force physique, qu'il peut dépenser journellement, beaucoup plus considérable que la nourriture végétale. Voilà ce qui produit en partie la quantité supérieure de travail, exécutée par les ouvriers anglais comparés aux ouvriers français.

Il importerait beaucoup d'exciter l'ouvrier français à se nourrir d'une manière plus substantielle. Aujourd'hui, dans beaucoup de professions, l'ouvrier ne prend qu'une nourriture insuffisante pour réparer la perte journalière de ses forces. Il parvient à la fin de la semaine dans un état d'épuisement. Chaque dimanche il cherche à regagner sa force perdue, par une nourriture et par une boisson qui diffèrent entièrement, pour la nature et pour la quantité, de la nourriture qu'il a prise durant les jours ouvrables. Il lui arrive ce qu'on voit arriver à des hommes long-temps affamés qui, tout à coup, satisfont leur appétit. Ils éprouvent un malaise extrême, tandis qu'ils espéraient éprouver un bien-être nouveau; et le lundi les trouve plus incapables de travailler que le dimanche.

Telle est la raison première à laquelle il faut, ce me semble, attribuer la funeste coutume qu'ont la plupart des ouvriers des grandes villes, de ne pas travailler le lundi.

Le meilleur moyen de remédier à cet inconvénient serait d'amener peu à peu les artisans, par de sages conseils et par de bons exemples qu'on mettrait sous leurs yeux, à prendre habituellement une nourriture supérieure. On peut être certain qu'ils abandonneraient bientôt la coutume de ne plus travailler le lundi. Quand ils n'emploieraient à se mieux nourrir, durant les six jours ouvrables, que le prix du travail de cette journée, ce qui n'augmenterait en rien leur dépense, ils se trouveraient, par le fait, en état de produire, durant les cinq autres jours, une beaucoup plus grande quantité de travail, et par conséquent, d'exiger de leurs maîtres un salaire proportionné. Ils éviteraient les maladies fréquentes et la décrépitude hâtive, qui sont les compagnes inséparables d'une vie peu régulière. Ils prolongeraient de beaucoup le nombre des années durant lesquelles ils peuvent dépenser utilement une grande quantité de force musculaire. Ils diminueraient, par conséquent, le nombre des années qui deviennent pour eux des années de misère, s'ils n'ont pas la prudence d'épargner, dans leur jeune âge et dans leur maturité, de quoi satisfaire aux besoins toujours croissants de la vieillesse.

A cet égard, il importe beaucoup que les chefs des établissements d'industrie encouragent, par tous les moyens qui sont en leur pouvoir, ces caisses d'épargne et de secours où les ouvriers déposent, chaque jour, une faible portion de leur solde, pour subvenir à leurs besoins en cas de maladie, et lorsque le travail vient à chômer, et lorsque l'âge les rend incapables de travailler.

Nous venons d'indiquer les moyens d'accroître la quantité du travail des ouvriers; cette quantité, dans une ville telle que Paris, me paraît pouvoir être facilement accrue d'au moins un cinquième. Examinons quel effet aurait pour les chefs d'ateliers, une pareille augmentation.

Supposons qu'un établissement d'industrie représente un capital de 100,000 francs, dont l'entretien annuel exige des remplacements ou des réparations qu'on estime d'ordinaire au dixième du capital ; ce qui fera 10,000 francs. Supposons que cet établissement emploie, à 2 francs par jour, cent ouvriers qui travaillent cinq jours par semaine, c'est-à-dire, deux cent soixante jours par an ; le total de leur solde sera de 52,000 francs. Supposons, enfin, que les employés, comme surveillants et comme chefs, reçoivent une solde annuelle représentée par 10.000 francs : la dépense annuelle sera....

Capital fixe, matériel. . . . . 100.000 francs.
Entretien de ce capital. 10.000
Salariés à l'année. 10.000
Salaires des journaliers. 52.000
                                    ─────────
                       Total. 172.000

Lorsque l'établissement recevra pour prix de ses fabrications, une somme de 72,000 fr., l'établissement n'éprouvera ni perte ni bénéfice. Si l'on veut, ce qui est habituel dans les établissements qui prospèrent, un bénéfice de dix pour cent, il faut, par conséquent, que le produit des façons s'élève à 72,000 francs d'une part, à 17.200 francs de l'autre. Cela forme un total de 89.200 francs.

Supposons, maintenant, que les ouvriers travaillent six jours par semaine, au lieu de cinq, et, par conséquent, trois cent douze jours par an, au lieu de deux cent soixante. Supposons, en outre, qu'ils fassent chaque jour un cinquième de plus de travail, et reçoivent une paie proportionnelle ; ce qui portera leurs journées de 2 francs à 2 francs 40 centimes. La somme totale que les ouvriers gagneront, durant l'année, sera de 74,880 francs. Supposons, encore, que la dépense d'entretien du capital matériel, croisse comme la moitié de l'augmentation du travail, c'est-à-dire, coûte 12,220 francs au lieu de 10,000 francs ; il en résultera que les dépenses totales seront de

Capital fixe, matériel.	100.000 francs.
Entretien de ce capital.	12,220
Salariés à l'année.	10.000
Salaire de cent ouvriers.	74.880
TOTAL.	197.100

Dans cette somme, le capital fixe est de 100,000 francs, et les dépenses sont représentées par 97,100 francs. La quantité du travail étant augmentée dans le rapport de 5 à 6, plus $\frac{1}{6}$, c'est-à-dire de 100 à 144, la valeur totale des façons qui s'élevait, avons-nous dit, dans la première hypothèse, à

	89.200 francs,
va s'élever à.	128.448
Mais les dépenses sont de.	97.100
Il reste.	31.348

Voilà donc 31.348 francs qui représentent les profits destinés à payer l'intérêt d'un capital de 197.100 francs : ce qui donne un bénéfice de *seize* pour cent, au lieu de *dix* pour cent, bénéfice de la première hypothèse.

Tels sont donc les résultats obtenus par le nouveau système :

1°. Le même nombre d'ouvriers, au lieu de 52.000 francs, reçoit 74.880 francs ; par conséquent, leur bien-être se trouve augmenté de près de moitié ; 2°. l'industrie façonne une masse de produits, qui surpasse de moitié les résultats obtenus par les premiers ouvriers ; 3°. enfin, le propriétaire de la manufacture, au lieu d'obtenir seulement 10 pour cent de ses capitaux, obtient 16 pour cent de bénéfice.

Si l'on voulait que le consommateur profitât de ce meilleur état de choses, le propriétaire de la manufacture pourrait se contenter d'un gain de douze pour cent, et réduire de six pour cent le prix des façons.

On doit voir, à présent, quel immense avantage les maîtres de manufactures ont à prendre tous les moyens possibles, pour obtenir de leurs ouvriers une plus grande quantité de travail, dans un temps donné. Une foule d'entreprises d'industrie qui sont impossibles ou ruineuses aujourd'hui, deviendront avantageusement possibles, aussitôt que le travail journalier de l'ouvrier augmentera, sans diminuer en rien le prix de la journée de l'ouvrier ; les entreprises, qui déjà sont lucratives, le deviendront bien plus par le même changement. L'avantage n'est pas moins grand pour l'ouvrier. Il importe donc beaucoup que l'on fasse connaître à la classe des maîtres et à la classe des ouvriers, cet avantage commun, qui peut produire de si grands changements dans leur bien-être et leur fortune.

Le simple manouvrier a des moyens bornés d'augmenter le produit de son travail; moyens qui se réduisent à une nourriture mieux réglée, à la privation d'excès de toute espèce, enfin, à l'attention soutenue de ne perdre aucun moment des jours de travail.

Outre ces premiers moyens d'augmenter le produit de son labeur, l'ouvrier en possède beaucoup d'autres qu'il doit aux instruments dont il fait usage, ainsi qu'à l'intelligence avec laquelle il les manie. Des outils destinés au même genre d'opérations, suivant qu'ils ont une forme plus ou moins convenable, qu'ils sont d'une matière plus ou moins bonne, peuvent donner des résultats extrêmement différents. Tel ouvrier, par exemple, avec des limes d'une forme et d'une trempe parfaites, pourra faire le double du travail d'un ouvrier qui n'aura pas d'aussi bons outils de ce genre. Il en faut dire autant de la plupart des ciseaux, des vrilles, des tarières, des scies, etc.

En Angleterre on apprécie justement toute l'importance de posséder des outils qui permettent de faire, durant chaque journée, une grande quantité de travail. Dans beaucoup de professions industrielles peu relevées, un simple ouvrier anglais possède, en outils, une valeur de 1.000 à 1.200 francs; tandis que l'ouvrier français de la même profession possède à peine une quantité d'outils qui représente une valeur de 100 francs. Supposons qu'aidé de ses outils, l'ouvrier qui n'en possède que pour cent francs, puisse gagner par jour 3 francs; tandis que, s'il avait pour 1.000 francs d'outils d'une qualité supérieure et d'une variété de formes appropriée à tous les besoins, il puisse exécuter pour 4 francs de travail par jour, au lieu de 3 francs; ce qui, certes, est une hypothèse très-modérée. Il en résulte qu'en trois cents jours de travail, cet ouvrier gagnerait 300 francs de plus que s'il possédait seulement pour 100 francs d'outils.

Admettons que les 900 francs d'excédant d'outils entraînent un entretien annuel de 15 pour cent; ce sera 135 francs de dépense en outils, à retrancher des 300 francs de bénéfice : il reste encore une somme de 165 francs, produit réel d'un capital de mille francs d'outils.

Si l'ouvrier consacrait, sur cette somme de 165 francs, 65 francs pour améliorer sa vie journalière, et s'il réservait 100 francs pour capitaliser à la caisse d'épargne, au bout de vingt-huit ans, il aurait amassé 6.000 francs; il en aurait amassé 14.000, au bout de quarante-deux ans. L'artisan trouverait dans cette économie régulière un revenu suffisant pour vivre à l'aise durant les années de sa vieillesse. Il serait de la plus haute importance que les professeurs missent, avec détails, sous les yeux de leurs élèves, ces précieux résultats de l'accumulation des capitaux. Une leçon d'arithmétique, ainsi donnée, serait en même temps une leçon d'ordre social et de bonheur domestique.

L'augmentation de travail, qui résulte de l'amélioration des outils, produit aussi des effets avantageux pour le chef d'atelier et de manufacture : effets que nous avons examinés déjà, en supposant que ce fût pour toute autre cause que l'ouvrier pût augmenter la quantité journalière de son travail. Ainsi, les chefs d'ateliers et de manufactures ne sont pas moins intéressés que les simples ouvriers, à ce que ceux-ci possèdent les meilleurs outils et en aussi grand nombre que le réclame chaque espèce de travaux.

Quand les ouvriers et leurs chefs seront bien pénétrés de la vérité que nous exposons maintenant, les premiers ne voudront plus acheter que d'excellents instruments, en tout genre; des règles, des équerres, des compas d'une exactitude mathématique; des limes, des ciseaux, des tarières, des vis, etc., d'aussi bonne qualité et d'aussi bonne matière que l'industrie puisse les fabriquer. Les ouvriers et les chefs de manufactures devenant plus exigeants à cet égard, nos fabricants d'instruments de toute espèce seront obligés d'apporter plus de soins à leurs fabrications, ainsi qu'au choix et à la préparation des matières premières : les résultats les plus avantageux naîtront d'un pareil changement.

Lorsque les outils auront toutes les qualités désirables, lorsque l'ouvrier emploiera tous les moyens de bonne nourriture et de bonne conduite, qui peuvent accroître sa force physique, il lui restera des moyens d'accroître encore son travail par un habile emploi de ses outils, en acquérant de plus en plus d'adresse à les manier. Cette adresse doit beaucoup à l'intelligence même de l'ouvrier et à la force d'attention qu'il apporte à ses travaux. Lorsqu'un ouvrier est habituellement distrait, lorsqu'il ne porte pas un grand intérêt aux opérations qui lui sont confiées, il est difficile qu'il atteigne jamais un éminent degré de perfection et de rapidité.

Toutes choses égales d'ailleurs, on doit par conséquent, préférer les ouvriers qui s'occupent avec recueillement et silence, à ceux qui travaillent en faisant la conversation, en jouant, en se distrayant de mille manières. Sous ce point de vue, l'ouvrier français doit beaucoup acquérir, avant d'arriver au degré d'attention et de silence qui caractérise l'ouvrier anglais.

Après avoir examiné ce qui peut influer sur la quantité absolue du travail, il faut examiner en quoi le travail peut gagner ou perdre par une vîtesse plus ou moins grande imprimée aux mouvements de l'ouvrier.

Prenons pour exemple le transport des fardeaux exécuté par des porte-faix ou des colporteurs, tel que nous l'avons présenté dans la leçon précédente. Avec une charge qui, pour les hommes de force moyenne, ne va pas même à 200 kilogrammes, le porteur est incapable de faire aucun mouvement. Si l'on diminue par degrés cette charge, le porteur est susceptible de parcourir un espace qui augmente de plus en plus, à mesure que la charge diminue, jusqu'à l'instant où l'homme ne porte plus aucune charge. Alors il peut parcourir un espace qui, pour les hommes de force moyenne, ne dépasse pas 51 kilomètres par jour, quand il doit faire une route de longue haleine. Dans ces deux cas extrêmes, l'effet utile que mesure le poids du fardeau, multiplié par la distance parcourue, est égal à *zéro*. Voilà les limites extrêmes entre lesquelles on peut trouver une telle proportion de charge et de vîtesse, que le produit de la charge par la longueur du chemin que le porteur fait avec cette vitesse, soit le plus grand possible.

Dans toutes les espèces de travaux que l'homme peut exécuter avec son corps et ses membres, il est de même une certaine proportion de force et de vitesse, qui donne le plus grand effet utile, c'est-à-dire, qui fait parcourir à une résistance déterminée, un espace tel que le produit de la résistance par cet espace est un *maximum*.

C'est à l'ouvrier attentif, et surtout au chef d'atelier ou de manufacture à s'efforcer, dans tous les cas, d'apprécier cette vitesse et cet effort qui, bien combinés, doivent produire le plus grand effet utile ainsi mesuré.

Lorsque l'esprit des hommes adonnés à l'industrie sera tourné vers ce genre d'observations, on ne peut douter que, dans un grand nombre de travaux des arts, il ne s'établisse, entre les efforts et les vitesses, des proportions nouvelles et beaucoup plus avantageuses que les proportions fournies par la routine.

Un très-habile fabricant de machines, en Angleterre, M. Galloway, m'a plusieurs fois dit qu'un des perfectionnements les plus remarquables, dans le travail des métaux, et qui ont apporté le plus d'économie à la main-d'œuvre, pour le forage du fer coulé, c'est d'avoir diminué considérablement la vitesse du forêt. On a trouvé, par ce moyen, que la puissance, multipliée par l'espace parcouru, est beaucoup plus considérable pour une puissance donnée.

Il est d'autres genres d'industrie où, par une grande accélération de vitesse, on a produit, au contraire, des résultats d'un extrême avantage. Dans le second volume de ce cours, j'ai cité l'exemple des scies circulaires, où, pour une puissance donnée, on obtient le plus grand effet possible, en imprimant une vitesse considérable au mouvement de la scie.

La pénétration des corps par des balles, des boulets, des flèches, et, en général, par des corps quelconques, exige une bien moindre quantité de mouvement, quand la vitesse est considérable : de là l'emploi d'une force qui donne une très-grande vitesse aux projectiles employés dans les combats, et pour démolir les murailles. Il importerait beaucoup qu'on étudiât avec soin, pour chaque genre d'industrie, les différents degrés de vitesse les plus propres à chaque opération méchanique. Il faudrait qu'on publiât dans un recueil ces résultats précieux de la pratique, en les complétant par degrés et les perfectionnant au fur et à mesure que les arts feraient des progrès.

Indépendamment du plus grand effet utile qui résulte du rapport de la puissance avec la

QUATRIÈME LEÇON. 121

vitesse; cette vitesse a des avantages propres, qu'il est essentiel de considérer.

Supposons qu'un établissement d'industrie, pour une certaine branche de fabrication, nécessite un capital d'un million de francs; supposons que cette manufacture puisse mettre en œuvre pour 2.000.000 fr. de matières premières, durant une année, au moyen de cent ouvriers qui travaillent trois cent douze jours par an, et reçoivent 2 francs par jour. La dépense totale de la main-d'œuvre sera de 62.400 francs, auxquels il faut ajouter un intérêt de 6.240 francs et 100.000 fr. pour l'intérêt du million consacré à la manufacture. Il en résulte une dépense totale de 168.640 francs, lesquels représentent les frais de fabrication, durant une année, d'une valeur de matières premières égale à 2.000.000 francs. Ces matières mêmes représentant un intérêt de 10 pour cent au commerçant, il faut compter pour valeur de la marchandise ouvrée :

Matière première.	2.000.000 francs.
Intérêt de sa valeur.	200.000
Frais de fabrication.	168.640
DÉPENSE TOTALE. . .	2.368.640

Admettons, maintenant, qu'avec deux cents ouvriers, il faille deux cents jours pour exécuter le même travail, en payant, comme dans la première hypothèse, 2 francs à chaque ouvrier. Le total des frais de main-d'œuvre sera de 80.000 francs, au lieu de 62,400 francs; ce qui est une plus grande dépense.

312 jours de travail annuel, sont à 200 jours, comme 10 est à 6,41 qui représente l'intérêt de l'argent durant le temps de la nouvelle fabrication. Par conséquent, les dépenses de fabrication ne sont plus que de

Main-d'œuvre.	80,000 francs.
Entretien de la manufacture.	64.100
Total.	144.100

Multipliant ce nombre par 0,0641, il vient pour total 9.236 francs 81 centimes, lesquels, ajoutés à 144.100 francs, donnent un total de 153.336 francs 81 centimes.

Nous pouvons donc former le tableau suivant;

Frais de fabrication	153.336 fr. 81 c.	
Intérêt de la marchandise durant deux cents jours de travail.	128.200	
Prix total de la matière ouvrée dans le nouveau système de fabrication, c'est-à-dire, avec deux cents ouvriers travaillant deux cents jours.	2.281.536	
Tandis que, dans la première hypothèse, nous avions trouvé pour prix total de la main-d'œuvre.	2.368.640	
Retranchant.	2.281.536	81
Il reste à partager entre celui pour lequel on travaille la matière ouvrée et le fabricant, un bénéfice net de.	87.103	19

Et ce bénéfice est produit, malgré l'excédant de dépense, résultant d'une consommation de quarante mille journées d'ouvriers, au lieu de trente et un mille deux cents journées.

Cet exemple montre que, dans les manufactures dont le capital est très-considérable par rapport à la dépense de la main-d'œuvre, il importe d'employer tous les moyens possibles d'accélération du travail, lors même qu'on a dépassé la limite du plus grand effet utile qu'on puisse tirer des ouvriers et des machines.

A mesure que l'industrie d'un peuple s'avance, que ses capitaux deviennent plus considérables, la valeur du matériel des établissements d'industrie devient aussi plus considérable par rapport à la dépense de la main-d'œuvre. Par conséquent, il importe de plus en plus qu'on accélère la vitesse des fabrications.

Ainsi, *l'on doit regarder comme un principe mathématiquement démontré que, plus l'industrie d'un peuple se perfectionne, plus les opérations industrielles doivent acquérir de vitesse ; afin d'obtenir, dans tous les temps, le plus grand effet utile.*

On peut remarquer cette différence de vitesse, de la manière la plus sensible, en comparant l'industrie des peuples dans l'enfance avec l'industrie des peuples plus ou moins perfectionnés. Tous les travaux s'exécutent avec une extrême indolence chez les peuples encore peu avancés en industrie ; les transports, les voyages, se font chez eux avec une grande lenteur. Ainsi, l'on peut dire qu'en général la vitesse des travaux et des transports est moindre en Espagne, qu'en tout autre pays de l'Europe civilisée; elle est un peu moins lente en Italie; elle est plus accélérée en France, et plus encore dans la Grande-Bretagne.

Quand un homme est possesseur d'un capital considérable, qu'il fait valoir au moyen de son intelligence, le temps devient pour cet homme un objet d'une grande importance, puisque ses bénéfices se multiplient en raison du nombre d'opérations qu'il peut effectuer dans un temps donné. Les hommes doivent donc faire des sacrifices de plus en plus grands pour épargner leur temps et donner plus de vitesse à toutes leurs opérations, à mesure qu'ils acquièrent de plus grands capitaux. Au lieu de voyager à pied, ils aimeront mieux dépenser une somme assez considérable pour aller en voiture. Si la diligence ne les mène point avec assez de promptitude, ils préféreront un moyen de transport encore plus accéléré, tel que celui de la poste. Dans les cas importants, ils enverront des courriers dont la vîtesse sera plus grande encore. Enfin, la rapidité des communications qu'ils établiront, surpassera la rapidité des communications offertes aux frais du gouvernement. C'est une étude curieuse et pleine d'instruction que ce développement graduel d'accélération dans la vîtesse du transport des choses et des personnes, depuis quelques siècles: nous ne pouvons ici que l'indiquer.

Une bonne division du travail doit être mise au rang des moyens les plus puissants d'accélérer et de perfectionner les travaux de l'homme.

A mesure que les mouvements commandés à chaque ouvrier deviennent plus simples et moins différents les uns des autres, la répétition de ces mouvements devient plus facile, plus rapide et plus parfaite. De là les résultats étonnants de la division du travail.

En choisissant un exemple célèbre et souvent cité par les économistes, afin d'expliquer l'importance de la division du travail, je vais démontrer l'effet que je viens d'indiquer, effet qui, ce me semble, n'a pas encore été signalé : c'est que le grand avantage de la division du travail est uniquement un résultat de la nature de nos sens considérés comme instruments de mesure et comme répétiteurs de mouvements périodiques. Je veux parler de la fabrication des épingles. Un ouvrier qui ne serait pas fait à ce travail, et qui n'aurait pas l'habitude de manier les outils nécessaires à ce genre de fabrication, cet ouvrier, avec toute l'adresse qu'on peut lui supposer, ne confectionnerait qu'un fort-petit nombre d'épingles dans une journée; à peine en fabriquerait-il plus d'une douzaine. Avec le système de travail établi maintenant pour ce genre d'industrie, non-seulement l'ensemble des opérations forme un métier spécial; mais ces opérations sont divisées en un grand nombre d'occupations particulières qui, la plupart, constituent autant de professions distinctes. Un premier ouvrier tire à la bobille le fil métallique; un second le dresse; un troisième coupe la dressée; un quatrième empointe; un cinquième émoud le bout qui doit recevoir la tête, laquelle est elle-même l'objet de deux à trois opérations distinctes. Une opération séparée consiste à frapper cette tête, une autre à blanchir les épingles. C'est une opération pareillement distincte et séparée, que celle de piquer les papiers et d'y bouter les épingles. Enfin, la seule confection d'une épingle se divise à peu près en dix-huit opérations spéciales qui, dans les établissements les plus complets, sont exécutées par autant de mains différentes.

Adam Smith cite une petite fabrique de ce genre, qui n'employait que dix ouvriers et dans laquelle, par conséquent, plusieurs ouvriers devaient être chargés de deux à trois opérations. Cette fabrique, bien que pauvre et mal assortie en machines, parvenait cependant à produire 6 kilogrammes d'épingles par jour; dans ce poids, il se trouvait au delà de 48,000 épingles. Chaque ouvrier façonnant une dixième partie de ce produit, pouvait donc être considéré comme ayant produit dans sa journée 4,800 épingles. Si les ouvriers avaient travaillé séparément et s'ils n'avaient pas été formés à leur profession spéciale, chacun d'eux n'aurait pas fait vingt épingles; ce qui n'est pas la deux cent quarantième partie du résultat qu'une heureuse division du travail permet à chaque ouvrier d'obtenir. Par un examen attentif, vous cesserez d'être surpris de ce fait, qu'un ouvrier exécute un nombre de mouvements suffisant pour fabriquer 4,800 épingles dans sa journée. Supposons la journée de dix heures; ce qui n'égale pas la journée ordinaire du travail des manufactures. Dix heures contiennent six cents minutes ou trente-six mille secondes. Admettons, ce qui n'est pas trop, cinq mouvements par seconde. Nous aurons 180,000 mouvements exécutés en dix heures, et ce nombre divisé par 4,800 épingles donne $37\frac{1}{2}$ mouvements par épingle. Mais, si l'ouvrier coupe dix à dix ses épingles, s'il les aiguise dix à dix, s'il les dresse dix à dix, vous voyez que, par le fait, il aura dû consacrer à la fabrication d'une seule épingle, 375 mouvements. Ce nombre est assez considérable, en supposant qu'aucun mouvement ne soit perdu, pour exécuter un objet aussi simple qu'une épingle.

Un homme, avons-nous dit, qui ne serait pas habitué à la répétition de ces mouvements élémentaires, et qu'on chargerait de fabriquer l'une après l'autre, des épingles tout entières, n'en ferait pas vingt par jour. Ainsi, dans sa journée, il ne pourrait pas exécuter plus de 7,560 mouvements utiles. Il perdrait près des quatre cinquièmes de son temps : 1º. parce que les mouvements seraient plus lents ; 2º. parce qu'en passant, à chaque instant, d'une espèce de mouvement à une autre espèce, il n'aurait jamais de cadence et d'entraînement ; 3º. enfin, parce qu'il lui faudrait trop souvent déposer certains outils, pour en chercher et pour en prendre d'autres, et les déposer de même quelques momens après.

C'est un art précieux dans un chef d'ateliers et de manufactures, que de savoir décomposer les travaux en éléments aussi simples et néanmoins aussi peu nombreux que possible, pour confier chaque partie à des ouvriers séparés. Cet avantage peut être poussé beaucoup plus loin dans les grands établissements que dans les petits, parce qu'on a plus d'ouvriers à séparer en ateliers distincts. Lorsqu'on opère une telle division du travail, il faut mettre l'attention la plus scrupuleuse, à calculer la durée de chaque genre d'ouvrages, pour les proportionner au nombre particulier d'ouvriers qu'on y consacre.

Par ce moyen personne ne reste jamais oisif, et l'ensemble atteint le *maximum* de la rapidité.

La division des travaux opérés par l'homme a l'avantage de présenter une foule d'opérations simples, et si régulières, que la méchanique peut les produire avec une extrême facilité.

Ainsi, dans l'exemple que je viens de citer, on peut employer : des meules, pour aiguiser par poignées les épingles faites en fabrique ; des tourniquets, pour plier à la fois en grand nombre les viroles qui font les têtes d'épingles ; des ciseaux qui, d'un seul coup, taillent beaucoup de fils métalliques, à la longueur qui convient pour faire le corps des épingles. Au contraire, il serait très-dispendieux et très-difficile, de faire une seule machine qui prenant des fils au sortir de la filière, les travaillerait seule, jusqu'à ce qu'ils fussent convertis en épingles, par des mouvements divers et compliqués.

La division du travail a donc le double avantage de rendre plus rapides les travaux de l'homme, et plus aisée, ainsi que plus efficace, la combinaison de ces travaux avec ceux des machines.

La répétition des mêmes mouvements simples, avons-nous vu, finit par devenir si facile à nos organes, que nous y procédons sans que notre intelligence paraisse y prendre part. Ce défaut d'exercice de l'intelligence, a-t-on dit, est un inconvénient grave; il rapproche l'homme de la brute; il fait un fléau du perfectionnement des arts méchaniques.

« C'est un triste témoignage à se rendre, dit un auteur ingénieux, que celui de n'avoir jamais eu l'art de faire en sa vie que le dixième d'une épingle. » Voilà l'inconvénient inévitable du progrès des arts.

Mais, pour être juste envers l'industrie, il faut voir les choses autrement que par leurs détails, et considérer l'ensemble de la société. Comparons deux peuples différents; l'un, tel que le peuple romain, qui méprisait la méchanique; l'autre, tel que le peuple anglais, qui parfois a paru mettre trop d'empressement à remplacer le travail de l'homme par celui des machines. Voyons, sur un nombre égal d'individus, chez quel peuple nous en trouverons davantage qui fassent autre chose qu'un travail de brutes.

Chez les Romains, je vois d'abord un nombre prodigieux d'hommes employés à tourner la meule des moulins, pour moudre le blé, pour exprimer les huiles, pour élever de l'eau; parce que leurs maîtres ignoraient l'art d'employer les forces de la nature à délivrer l'homme de ces travaux dignes d'occuper des bêtes de somme et de trait. En Angleterre, ce labeur est opéré par la force de l'eau, du vent ou de la vapeur.

Dans les arts les plus grossiers, je vois de même une foule d'opérations pénibles et matérielles que des brutes à face humaine exécutaient chez les Romains, et que des machines exécutent aujourd'hui chez les peuples civilisés. Au lieu de ces chiourmes immenses qui, maniant la rame, faisaient avancer les galères si péniblement, qu'on dit d'un travail forcé que c'est un travail de galérien ou de forçat; au lieu, dis-je, de ces équipages de forçats, les modernes ont employé l'action du vent. A présent, ils mettent en usage l'action de la vapeur, pour épargner au matelot une foule d'opérations qui rendent encore le métier de la mer, malgré ses perfectionnements, un métier dur et pénible.

La seule différence que je puisse apercevoir entre les manouvriers de l'antiquité et les manouvriers des temps modernes, c'est que les premiers exécutaient des opérations machinales accablantes pour leurs forces, tandis que les derniers en exécutent de légères et de faciles; c'est que les uns tournaient la meule, tandis que les autres aiguisent des épingles; c'est que les uns maniaient une rame pesante, tandis que les autres n'ont qu'à tourner un robinet ou bien qu'à lever une soupape. Il n'y a pas là, ce me semble, de quoi s'affliger profondément, ni de quoi crier à la dégénération de l'espèce humaine.

L'industrie des modernes présente, pour développer l'intelligence, une foule d'occupations inconnues aux anciens. En même temps que les moulins à vent, à eau, à vapeur, épargnent à l'homme des opérations machinales accablantes, la construction même de ces moulins, de ces machines, exige un grand nombre d'ouvriers intelligents et qui aient des connaissances très-variées en méchanique, en physique, en chimie. La construction des métiers de toute espèce, la fabrication des montres, des instruments de mathématiques, d'astronomie, d'optique, etc., exigent des artistes dont l'esprit soit encore plus exercé, dont les connaissances soient plus variées encore. Le nombre des arts que nous possédons et que les anciens ignoraient est très-considérable. Chacun de ces arts exige sans doute quelques manouvriers, quelques hommes-machines; mais tous exigent aussi, pour la direction générale et pour les opérations principales, des artistes dont l'esprit soit très-exercé.

Je puis donc conclure, en m'appuyant sur des faits positifs, que, malgré la division du travail et malgré l'industrie purement machinale où sont descendues, en se perfectionnant, les fabrications de plusieurs arts, par l'ensemble des progrès de ces arts, et surtout par les conquêtes de la méchanique, la proportion des ouvriers qui ont besoin d'une intelligence fort-développée pour exercer leur profession, est aujourd'hui dans un rapport plus grand et plus avantageux qu'il ne l'était chez des peuples où l'industrie restait dans l'enfance.

J'ai pensé qu'il était utile de repousser les objections inconsidérées et superficielles qu'on a cru devoir faire contre l'emploi des machines et la division du travail; division que rend si avantageuse la propension de nos sens à répéter avec une régularité, une rapidité de plus en plus grandes, des mouvements simples et pareils.

On doit voir maintenant combien il existe de sources variées et puissantes, pour tirer un grand résultat des forces humaines réparties suivant les divisions essentielles aux travaux de l'industrie; en faisant usage de meilleurs outils, de meilleurs instruments, de meilleures machines; en donnant aux opérations une vitesse proportionnée à la valeur du matériel, à l'importance, à l'urgence des besoins commerciaux; en ajoutant toutes les ressources du savoir et de l'adresse, pour tirer parti des données qui seront fournies par l'observation.

Il importe beaucoup d'examiner l'apprentissage même des hommes consacrés à l'industrie; apprentissage que l'on fait, non-seulement par rapport aux mouvements des membres et du corps, mais par rapport au perfectionnement des sens, comme nous l'avons indiqué dans les deux premières leçons, et par rapport au perfectionnement de l'intelligence et à l'étude de la lecture, de l'écriture, du calcul, de la géométrie et de la méchanique appliquées aux arts.

Quand on combinera tous ces moyens, pour donner à la force de l'homme, le plus grand effet qu'elle puisse produire, on sera surpris de voir quels résultats plus variés, plus parfaits, plus nombreux, seront obtenus, avec une population donnée. A mesure qu'on augmentera les moyens de s'instruire, et l'habitude d'observer, chez les hommes adonnés à l'industrie, les perfectionnements de détail, qui produisent à la longue les grands résultats d'ensemble, se multiplieront dans tous les genres de travaux; les inventions deviendront plus nombreuses, et parmi elles, il s'en présentera nécessairement de très-importantes. Ainsi l'industrie s'avancera par une marche de plus en plus rapide.

Je n'ai rien dit encore au sujet du travail manuel opéré par le sexe féminin. Il importe d'arrêter notre attention sur cet objet important. Les femmes ont une force musculaire beaucoup moindre que celle des hommes; elles sont sujettes à des maladies plus fréquentes. Lorsqu'elles nous portent dans leur sein, elles deviennent moins capables encore d'un travail physique, et l'on peut regarder les derniers temps de leur grossesse, celui de leurs couches, avec les premiers temps qui suivent, comme perdus pour l'industrie. Enfin, tant que durent l'allaitement et les soins si multipliés qu'elles doivent donner à leurs nourrissons, elles ne peuvent consacrer qu'une partie peu considérable de leur temps et de leur force aux travaux des arts.

Il importe beaucoup d'appliquer les femmes à des ouvrages où leur intelligence ait plus d'exercice à produire que leur force physique. Les femmes sont douées d'un esprit d'observation plein de finesse ; elles sont susceptibles d'une attention prolongée, pourvu qu'elle n'exige pas des combinaisons trop profondes, et une tension d'esprit trop forte à chaque instant.

Il est évident que le progrès de l'industrie doit multiplier les occupations propres au sexe féminin. Une femme, incapable d'exécuter de grands travaux de force, peut surveiller la marche d'une machine puissante ; elle peut arrêter ou donner le mouvement à cette machine, par le jeu d'un simple levier ou d'un léger cordon, et le faire avec autant d'à-propos que l'homme le plus robuste.

C'est aux chefs d'ateliers et de manufactures à diviser leurs travaux de manière à ce que les personnes du sexe féminin trouvent un emploi avantageux. Ils pourront, par ce moyen, être obligés de payer moins cher le travail des hommes, et, néanmoins, donner aux familles laborieuses une solde totale plus considérable.

Ce que je dis ici des femmes, je puis également le dire des enfants, en recommandant toujours de ne point abuser de leurs forces naissantes pour ruiner leur santé, et de leur laisser un temps suffisant pour développer leur intelligence par une première instruction. Voyez les *Discours et leçons sur l'industrie*, 2 vol. in-8°., 9°. discours.

Une autre attention fort-importante est relative à la moralité de la classe industrielle. Il faut habituer peu à peu les personnes de cette classe à se respecter elles-mêmes, à connaître les douceurs d'une vie domestique bien réglée, à devenir de plus en plus sensibles à l'honneur qui résulte, dans un état bien policé, d'une conduite régulière chez les deux sexes, et d'un ménage qui présente l'aspect de la concorde et du bonheur. A mesure que l'aisance deviendra le résultat d'une industrie plus perfectionnée; à mesure que les travaux purement physiques seront exécutés par des machines, et que le travail des ouvriers demandera plus de savoir, de réflexion, de mémoire et de jugement, on peut être certain que cette amélioration dans la nature des travaux aura pour effet de produire une amélioration correspondante dans les mœurs; il en résultera plus d'éléments de prospérité nationale.

CINQUIÈME LEÇON.

Force des animaux.

Au milieu de l'état si perfectionné de nos sciences et de nos arts, nous admirons, à juste titre, le pouvoir de notre intelligence, qui nous fait employer les forces aveugles d'une matière inanimée, pour produire des effets réguliers, certains, et d'une mesure non moins précise dans leur étendue, que dans leur durée et dans leur intensité.

Combien plus grande encore ne devrait donc pas être notre admiration pour les hommes qui, dès l'enfance de la société, ont découvert le moyen de dompter des êtres doués d'une volonté très-puissante; et de changer ce qui paraît le moins susceptible d'être changé, le naturel même des familles et des espèces; de remplacer en elles un amour inné d'indépendance et de liberté, par des sentiments d'obligation, d'amitié, de respect et d'obéissance, imprimés en faveur de l'homme dans le caractère des animaux !

Voilà, pourtant, l'une des premières conquêtes du génie de l'espèce humaine.

Mais l'habitude émousse en nous les sentiments que devraient faire naître, et rendre durables, les effets les plus dignes de frapper notre pensée et de conquérir nos suffrages.

Nous regardons à peine, aujourd'hui, comme un mérite, de dompter, d'apprivoiser, d'instruire des animaux depuis long-temps domestiques, et de faire servir à nos besoins des familles dont tous les individus nous semblent nos esclaves légitimes, ou nos compagnons naturels. Cependant, si nous comparions ces individus à ceux des mêmes familles qui, depuis plusieurs générations, vivent loin des sociétés humaines, nous sentirions bientôt de quelle adresse, de quelle patience et de quel courage notre faible espèce eut besoin de s'armer, pour placer sous son joug un si grand nombre d'êtres animés qui nous surpassent par la vîtesse, ou par la force, ou par la férocité.

Parmi les animaux rendus domestiques, il n'existe que peu d'espèces dont nous puissions employer l'action pour nous aider dans nos travaux.

La plupart des espèces servent à nos besoins alimentaires; quelques-unes à nos plaisirs, comme les oiseaux chanteurs ou les animaux imitateurs. D'autres animaux plus caressants obtiennent une part dans notre intimité; ils deviennent nos compagnons et nos amis; et comme ils n'ont aucune idée de la fortune, si leur servilité ne s'accroît pas avec nos grandeurs et notre opulence, elle ne décroît pas avec notre richesse et notre pouvoir. Voilà pourquoi, trop souvent, le malheureux qui devient tout-à-fait indigent ne garde plus qu'un ami : c'est son chien.

Sans nous arrêter aux espèces qui contribuent au charme de notre existence, nous devons ici nous borner à considérer celles dont la force peut servir à produire d'utiles résultats méchaniques.

Les espèces importantes diffèrent entr'elles, et par les formes extérieures, et par l'organisation intérieure. Ces différences dont l'étude est l'objet de l'anatomie comparée et de la physiologie, en produisent de très-grandes, non-seulement dans la force absolue des animaux, mais dans le mode d'application de leurs forces, et dans la durée du travail dont ils sont susceptibles. Nous ne pouvons pas entrer à cet égard dans des détails qui tiennent à d'autres sciences ; mais nous pouvons du moins, par quelques exemples simples et familiers, acquérir une idée de ces grandes différences d'action et de conformation.

Considérons cet animal aux formes à la fois élégantes et robustes, qui lève avec fierté son col flexible et sa tête embellie par l'expression de l'ardeur et du courage; son corps svelte et souple se prête à des mouvements prompts et variés; ses jambes fines et son pied sûr, reçoivent et transmettent une foule d'impulsions diverses, depuis la marche la plus posée, jusqu'à la course la plus rapide. Il excelle à parcourir de grands espaces, à franchir d'un saut de larges cavités ou des obstacles élevés. C'est lui surtout que nous avons pu mettre en usage, pour suppléer à la lenteur, au peu d'étendue de nos mouvements. A cette description, incomplète sans doute, mais fidèle, vous devez reconnaître le coursier, que l'intelligence humaine a su dresser pour les marches et pour les combats.

Dans un autre animal, l'élégance des formes est remplacée par la solidité de la charpente; sa tête massive et pesante, rattachée au tronc par des muscles d'une énorme épaisseur, présente un large front dont la force impulsive est d'une grande puissance. Comme il est court sur ses jambes et peu flexible dans ses articulations, il chemine avec lenteur. Mais il a toute la constance que donne une force pour ainsi dire inépuisable; et dans les jours les plus longs, il peut, avec quelques heures de repos, depuis l'aube matinale jusqu'au crépuscule du soir, creuser son sillon dans le sol le plus tenace. Tel est le bœuf, qu'on doit employer à produire lentement des efforts considérables.

C'est une étude pleine d'intérêt et de charme

que celle des habitudes, des allures, du caractère, et je dirais presque du moral des animaux : elle est loin d'être étrangère au sujet qui nous occupe. Mais, comme nous avons à parcourir un cercle très-étendu de connaissances qui sont d'un rapport plus immédiat avec notre sujet, il faut nous contenter de rappeler à votre souvenir les admirables peintures que Buffon a tracées. Elles sont aujourd'hui son plus beau titre de gloire, et ce titre est indestructible, comme le naturel des êtres qu'il a décrits avec une éloquence à la fois si fidèle et si majestueuse.

J'indiquerai pareillement, comme un digne sujet de vos méditations, un savant traité de Borelli sur la force des animaux, et les leçons d'anatomie comparée de M. Cuvier, recueillies et publiées par M. Duméril, membre de l'Académie des sciences. Dans ces leçons, vous trouverez, sur la station et sur les mouvements des animaux, des observations profondes et des vues ingénieuses, dont vous pourrez tirer un grand parti, lorsque vous devrez appliquer à l'industrie la force des animaux.

Il serait à désirer qu'on publiât un ouvrage complet sur l'éducation de ces êtres utiles. Dans cet ouvrage on expliquerait les moyens divers employés pour les habituer à faire volontairement, les travaux qui nous conviennent. Si l'on éclairait ce magnifique sujet par toutes les lumières que pourraient fournir la géométrie et la méchanique, l'anatomie et la physiologie, et si l'on soumettait, grâces à leurs secours, les pratiques enracinées par la routine, à l'examen et aux conséquences d'une sage théorie, je ne doute pas qu'on n'obtînt des ressources nouvelles et précieuses, sur les moyens d'appliquer avec le plus d'avantages les facultés et les forces des animaux, aux opérations de nos arts.

L'homme est secondé dans ses travaux : par la renne dans le nord; par le cheval, l'âne, le mulet, le bœuf, le buffle et le chien, dans les zones tempérées; par le zèbre, l'éléphant, le chameau, le dromadaire, etc., dans les climats chauds. Nous ne ferons pas l'examen des forces que l'industrie peut emprunter aux animaux élevés sous d'autres climats que le nôtre.

Nous nous contenterons d'étudier avec soin, la principale espèce d'animaux travailleurs qui tous, comme on voit, sont des quadrupèdes; parce que les quadrupèdes offrent en général le moins d'indocilité naturelle et le plus de force disponible.

Le cheval est au premier rang par son aptitude à porter et à traîner, à prendre des vitesses extrêmement différentes, et à faire de longues marches journalières.

Mais toutes les espèces de chevaux n'ont pas

une égale aptitude à toutes sortes de mouvements. Les chevaux les plus massifs sont les plus propres à traîner de lourds fardeaux; ceux dont les formes sont sveltes, et dont la taille est élevée, sont les plus propres à la course.

L'habitude rend aussi les chevaux plus ou moins aptes à certains genres de travaux. Ainsi, les chevaux habitués à marcher dans les pays de montagne, montent et descendent sur des routes d'une pente donnée, avec beaucoup moins de fatigue que des chevaux accoutumés seulement à marcher en plaine.

Enfin, parmi les chevaux de chaque espèce, il en est de plus ou moins hauts, de plus ou moins massifs, de plus ou moins forts, de plus ou moins agiles. C'est d'après ces diverses qualités qu'on les emploie, soit pour le luxe soit pour l'utilité, comme bêtes de somme ou comme bêtes de trait, pour des marches lentes ou pour des courses plus ou moins rapides.

Nous avons en France quelques espèces de chevaux qui sont belles et qui remplissent bien les conditions essentielles à ces divers modes d'action. Mais ces espèces comptent malheureusement trop peu d'individus : le plus grand nombre de nos chevaux est d'une espèce petite et faible. Les dernières guerres ont enlevé successivement l'élite de ces précieux animaux, et nous avons besoin des soins les plus actifs et de la persévérance la plus éclairée, pour nous relever des pertes que notre industrie a faites en ce genre.

Un bon cheval chargé de son cavalier et de l'équipage indispensable à l'un et à l'autre, ce qui fait au moins 90 kilogrammes, peut parcourir journellement, en sept ou huit heures, 40 kilomètres : il en résulte l'effet utile de 3.600 kilogrammes transportés à un kilomètre.

La charge ordinaire du cheval, considéré comme bête de somme, varie de 100 à 150 kilogrammes, et l'on estime que l'effet utile peut être de 4.000 kilogrammes transportés à un kilomètre, sur un chemin à peu près horizontal.

Nous avons vu que l'effet utile journalier du colporteur, est une charge de 44 kilogrammes transportés à 20 kilomètres ; ce qui donne 880 kilogrammes transportés à un kilomètre. Ce n'est guère que le cinquième de l'effet journalier du cheval employé comme bête de somme. Ainsi le même poids peut en un jour être porté à la même distance par vingt chevaux ou par cent hommes. Lorsqu'on évalue, comme on le fait ordinairement, la force d'un cheval de bât, à celle de trois hommes, portant des fardeaux sur le dos, on se trompe d'au moins 40 pour cent.

La manière la plus avantageuse d'employer le cheval n'est pas de s'en servir comme d'une bête de somme ; il vaut beaucoup mieux l'employer comme bête de trait. D'après les calculs des maisons de roulage, qui sont nécessairement fondés sur la force moyenne des chevaux de roulier, un cheval peut traîner 700 à 750 kilogrammes par jour, sans y comprendre le poids de la voiture. Avec cette charge il peut, sur un bon chemin, sensiblement horizontal, parcourir 38 kilomètres par jour. Il produit donc alors un effet utile égal à 38 fois 700 ou 750 kilogrammes transportés à un kilomètre, c'est-à-dire, égal à 26.600 kilogrammes dans le premier cas, et 28.500 kilogrammes transportés à un kilomètre dans le second cas.

On voit ici tout l'avantage des machines. Par l'usage de cette machine si simple, la charrette à deux roues, le même animal qui produisait un effet utile de 4.000 kilogrammes transportés à un kilomètre lorsqu'il portait sur son dos, produit un effet utile 7 fois plus considérable, lorsqu'il est employé à tirer cette machine.

Si l'on compare l'effet utile produit par un cheval de roulage à celui que produit un colporteur, on voit que le premier est 32 fois plus grand que le second. Ainsi, *trente-deux colporteurs ne portent que la charge traînée par un cheval de roulier*. Ce résultat est extrêmement digne de remarque.

Les chevaux des rouliers vont constamment au pas, ralentissant un peu, mais assez peu leur vîtesse dans les montées, et l'accélérant un peu dans les descentes : ce pas correspond, à peu de chose près, au pas accéléré des troupes françaises. Il est de 4 à 5 kilomètres par heure.

Considérons l'action des chevaux employés à traîner des voitures, d'un pas plus rapide.

Les diligences sont ordinairement conduites par des chevaux qui vont toujours au trot et qui font poste à l'heure : c'est-à-dire, 8 kilomètres. Ces chevaux parcourent de 34 à 38 kilomètres par jour. Chacun d'eux transporte, en général, trois personnes et leurs effets. D'ordinaire on passe 15 kilogrammes d'effets à chaque voyageur et, presque toujours, il en a le double avec lui; sans compter les paquets par commission, dont la diligence ne manque pas de se charger. On peut donc hardiment supposer qu'il y a 50 kilogrammes d'effets et de ballots par voyageur; ce qui, joint à 70 kilogrammes, poids du voyageur, fait 120 kilogrammes par personne, et 360 kilogrammes pour le poids que chaque cheval doit tirer. Ce nombre multiplié par 36 kilomètres, espace moyen parcouru dans la journée, donne pour effet utile 12,960 kilogrammes transportés à un kilomètre.

Je prends une partie des données de ces calculs dans l'*Essai sur la science des machines*, par M. Guenyveau; mais les résultats qu'il déduit des mêmes données m'ont paru demander quelques rectifications.

Nous trouvons 12.960 kilogrammes transportés à un kilomètre pour l'effet utile d'un cheval allant deux fois aussi vite que le cheval du roulier, dont l'effet utile est de 28.500 kilogrammes transportés à un kilomètre. Par conséquent, lorsqu'on n'envisage que le poids des objets à transporter et la distance à parcourir, sans égard au temps, il doit être une fois plus économique d'employer le roulage que la diligence.

Pour le transport des effets et des personnes, de Paris à Calais, la diligence prend un prix moyen de 25 cent. par kilog.; le roulage, 9 cent.

Le rapport des effets utiles de la journée des chevaux de diligence et de roulage est celui de. . . . . 100 : 220, tandis que le rapport des prix de transport est de. . . . . 278 : 100.

Ainsi la journée du cheval de diligence est payée à peu près un quart plus cher que l'effet utile du cheval de roulage.

Mais ce prix est nécessaire pour indemniser les maîtres de poste du rapide usé des chevaux, et les entrepreneurs de diligence, du prix de leurs voitures, beaucoup plus élevé proportionnellement que celui des voitures de roulage.

Ce rapprochement suffit pour montrer que notre évaluation des rapports qui existent entre les effets utiles de la diligence et du roulage, ne peut guère être éloigné de la vraie valeur moyenne ; car c'est seulement à des approximations qu'il est possible d'atteindre dans ce genre de recherches.

Si l'on ne consultait que l'économie de la quantité d'action et du prix des transports, nous venons de prouver qu'il ne faudrait rien transporter autrement que par les rouliers.

Les premières diligences qui furent établies n'ayant pas une plus grande vîtesse que celle des rouliers, pouvaient être extrêmement économiques et convenaient à des pays où l'industrie était encore dans l'enfance. Mais, ainsi que nous l'avons fait remarquer dans la leçon précédente, à mesure que les arts et le commerce s'étendent et se perfectionnent, il se trouve un plus grand nombre d'hommes qui, dirigeant des travaux fort-importants, donnent à leur temps une très-grande valeur ; il faut que ces personnes soient transportées avec beaucoup de rapidité, même en payant davantage. Voilà les raisons qui, par degrés, ont fait accroître la vîtesse des diligences. Aussi les pays où le commerce a le plus d'étendue et l'industrie le plus d'activité, sont-ils ceux où l'on transporte les personnes avec le plus de rapidité. En Italie, on voyage généralement par des voitures qui ne vont guère que moitié plus vîte que les rouliers; en France, les diligences vont une à deux fois aussi vîte que les rouliers; en Angleterre, elles vont trois à quatre fois aussi vîte. En Angleterre, sur beaucoup de routes, les chevaux de diligence parcourent 12 kilomètres par heure, et font par jour 40 et jusqu'à 48 kilomètres.

Quatre chevaux anglais traînent 4 personnes en dedans.
9 en dessus.
2 sur le siège du cocher.
_____
Total 15 personnes.

Ainsi, chaque cheval anglais traîne trois personnes et $\frac{3}{4}$. C'est plus que les chevaux français. Mais les voitures sont plus légères, et il n'y a pas de postillon sur un cheval dont la force est aux deux tiers absorbée par-là.

Si nous estimons, en Angleterre comme en France, le poids du voyageur et de ses effets, à 120 kilogrammes, nous verrons que le cheval anglais transporte 450 kilogrammes à 40 kilomètres de distance; ce qui fait 18,000 kilogrammes transportés à un kilomètre de distance (1).

Ainsi, l'effet utile d'un cheval anglais traînant la diligence surpasserait environ d'un tiers l'effet du cheval français.

Un écrivain irlandais a voulu comparer notre

_____
(1) Observons qu'en Angleterre les voyageurs portent beaucoup moins d'effets; et que les diligences ne se chargent pas, comme en France, au delà de toute mesure.

industrie à celle de l'Angleterre. Il ne se contente pas de placer ses compatriotes beaucoup au-dessus de nous; il faut aussi que les chevaux de son pays aient une supériorité prodigieuse. A cet égard, il fait de tels calculs, qu'il arrive à prouver que la force d'un cheval employé pour les malles-postes, en Angleterre, est à la force de notre cheval de diligence comme 9 : 4; tandis que le véritable rapport, quand on évalue le poids des charges et des voitures, ne s'élève pas à 6 : 4.

Tout en signalant l'erreur de semblables calculs, nous ne devons pas moins faire observer que c'est un immense avantage pour un peuple, d'avoir des chevaux un tiers ou seulement un quart plus forts que ceux de ses voisins; puisqu'avec le même nombre de ces animaux, et à peu près la même quantité de vivres, on produit un résultat du tiers ou du quart plus grand. Mais, en Angleterre, le nombre des chevaux employés à toute espèce de travaux industriels et surtout au tirage des voitures publiques, est beaucoup plus considérable qu'en France. Il y a donc en Angleterre bien plus de mouvement et de transport dans la population.

Dans mes recherches sur la force de la Grande-Bretagne, je me suis occupé de comparer les ressources qu'offre cet État, sous le point de vue de la population humaine et de la population animale. Ce travail présente, avec des comparaisons du même genre que j'ai faites pour la France, des rapprochements qui méritent d'arrêter l'attention.

Commençons d'abord par comparer le nombre des individus de chaque espèce : il y en a

Dans	la France,	la Gr.-Bretag.	Rapports
Espèce humaine.	31.300.000	15.000.000	2086 : 1000
Chevaux.	2.122.617	1.790.000	1186 : 1000
Bœufs, vaches, etc.	6.972.973	5.500.000	1267 : 1000
Bêtes à laine.	35,188.910	26.148.463	1346 : 1000

Actuellement nous allons comparer la population animale avec la population humaine, en calculant le nombre des animaux proportionnel à 10.000 habitants; on trouve pour ce nombre :

Dans	la France,	la Gr.-Bretag.	Rapports.
Chevaux.	678	1.193	10.000 : 17.596
Bœufs, vaches, etc.	2.227	3.666	10.000 : 16.461
Bêtes à laines.	11.242	17.432	10.000 : 15.506

Si l'on prend pour terme de comparaison la force moyenne de l'homme, les nombres suivants représenteront d'une manière assez approchée les forces fournies :

	à la France,	à la Gr.-Bretagne.
Par l'espèce humaine.	11.000.000	5.000.000
Par les chevaux.	11.000.000	10.000.000
Par les bœufs, etc.	21.000.000	16.500.000
Total des forces vivantes.	43.000.000	31.500.000

Par conséquent, en France, le total des forces humaines est au total des forces animales comme *dix* est à *vingt-neuf*.

Dans la Grande-Bretagne, le total des forces humaines est au total des forces animales, comme *dix* est à *cinquante-trois*.

Pour l'agriculture, à laquelle la majeure partie des forces animales est appliquée, le travail humain, nécessaire au complément de la force animale, n'est que le tiers du travail de la population humaine, dans la Grande-Bretagne; tandis qu'en France, l'agriculture absorbe les deux tiers de la population humaine. Par conséquent, dans la Grande-Bretagne, les deux tiers du nombre des habitants sont disponibles pour tous les travaux d'industrie, tandis qu'en France, un tiers seulement est disponible. Cela seul nous montre une source immense de supériorité industrielle et commerciale, que la Grande-Bretagne tire du secours de la force animale ajoutée à la force humaine.

Les animaux mêmes qui servent aux travaux de l'agriculture et des arts, fournissent à l'industrie, des matières premières extrêmement précieuses. Dans la Grande-Bretagne, l'industrie trouve, pour chaque homme, une quantité presque double de matières premières essentielles aux fabrications, en peaux, poils, cornes, os, boyaux, etc. La proportion est plus grande encore pour les toisons et les peaux qui sont fournies par les bêtes à laine. Ainsi, l'industrie a, proportion gardée, un nombre double de personnes pour exécuter ses travaux. Les animaux que l'homme fait servir à le seconder dans son labeur, fournissent encore, en matière première, une quantité presque double de produits dans la Grande-Bretagne, comparée à la France. Les animaux de la Grande-Bretagne étant généralement d'un plus grand poids que ceux de la France, la proportion de nourriture qu'ils fournissent à l'homme est à peu près dans le rapport de 1 à 3. Enfin, cette nourriture animale, trois fois aussi considérable, donne aux ouvriers britanniques une force musculaire plus grande et la capacité de résister à des fatigues plus dures et plus prolongées.

Je n'étendrai pas plus loin ces considérations, auxquelles je donnerai tout le développement qu'exige l'importance du sujet, en publiant la partie de mes *Voyages dans la Grande-Bretagne*, qui traite de la FORCE PRODUCTIVE.

On calcule qu'en Angleterre, il y a 100.000 chevaux de trait attelés à des chars et à des voitures de rouliers travaillant trois cents jours par an, et traînant chacun 800 kilogrammes à 40 kilomètres de distance dans une journée; ce qui fait en tout 960.000.000.000 kilogrammes transportés à un kilomètre de distance, pendant une année. Ajoutez, en outre, le travail au moins décuple opéré par les chevaux de diligence, de poste, de manége et de charrue, et vous aurez une idée de l'immense quantité de forces que les chevaux fournissent à l'homme sur le territoire si peu étendu de l'Angleterre. Observez, maintenant, que les machines à vapeur représentent une force totale bien plus grande que celle des chevaux de roulage et de luxe réunis. Calculez, ensuite, les forces de l'eau dans les machines hydrauliques, les forces de l'eau et de l'homme combinées pour la navigation sur les fleuves, les canaux et les côtes. Alors, vous concevrez comment un des pays les moins étendus de l'Europe, est cependant un de ceux où la force absolue, c'est-à-dire, la somme des forces physiques en action, est au total le plus considérable.

Les Anglais ne se sont pas contentés de multiplier le nombre des animaux qu'ils emploient; ils se sont occupés, avec plus de soins encore, d'en améliorer les races. Ils sont parvenus à former des chevaux excellents, non pas seulement pour le luxe et la course, mais aussi pour les charrois et le labour. Il paraît même que leurs succès pour ces deux dernières espèces ont été plus marqués encore que pour la première. Mais, comme la grande majorité des hommes se laisse prendre aux objets d'apparat et de luxe, les courses de chevaux, si brillantes en Angleterre, ont rendu célèbres les coursiers de ce pays; tandis qu'on parle à peine de ses bêtes de trait, aussi remarquables pour leur force que pour la durée et la vîtesse de leur marche.

En comparant le travail des chevaux de diligence, en France et en Angleterre, nous avons vu que les chevaux de diligence produisent un effet utile qui ne va pas à 50 pour cent de plus, dans la seconde contrée que dans la première. Les chevaux de rouliers paraissent avoir une force à peu près d'un quart plus grande en Angleterre qu'en France.

Voilà, certes, une infériorité qu'il importe infiniment au gouvernement, au commerce et à l'industrie, de faire disparaître. Je crois devoir appeler sur elle la sollicitude et le patriotisme de tous les bons citoyens. Nous avons à produire sur cet objet de très-grands et de très-beaux résultats. Il nous importe extrêmement, je le dis encore, de mieux soigner les races de nos chevaux; n'épargnons rien pour donner aux espèces, des qualités supérieures. Au lieu de courir ou plutôt de traîner la poste avec de mauvais petits coursiers rabougris. écrasés par de lourds postillons, faisons conduire avec des rênes par des cochers, ou faisons monter par des jockeys jeunes et légers, de grands chevaux bien élancés dont on entretienne l'ardeur par une nourriture sagement ménagée, et la santé par des soins de tous les jours et de tous les moments. Nous pouvons de la sorte, en peu d'années, produire un changement prodigieux et de la plus heureuse influence sur la richesse nationale et sur la force publique.

Dans les travaux des arts, on emploie souvent les chevaux, pour tourner au manége et pour transporter des fardeaux en des lieux plus ou moins éloignés. Dans tous ces cas, à moins que des circonstances spéciales ne nous commandent impérieusement, il faut que le cheval marche au pas pour produire le *maximum* d'effet utile : on devra seulement rendre ce pas le plus allongé possible d'après la constitution de l'animal.

On s'est occupé de comparer l'effet utile produit par un cheval et par des hommes employés à traîner. Les Français estiment qu'un cheval fait le travail de sept hommes.

D'après un calcul que nous avons rapporté dans la IIIe. leçon, un ouvrier qui traîne une charrette, transporte dans un jour 2.300 kilogrammes à un kilomètre. Mais le cheval du roulier transporte par jour 28.500 kilogrammes à un kilomètre. Donc le labeur du cheval de roulier équivaut à celui de douze hommes et demi.

En évaluant à un franc 50 cent. le prix de la journée du manouvrier, $12\frac{1}{2}$ journées coûteront 18 francs 75 cent. La journée du cheval qui produit le même effet utile, ne peut être guère évaluée à plus de 4 francs. Il faut y joindre le salaire du charretier, qu'on évalue à 2 francs, le travail opéré par la force du cheval, coûtera donc 6 francs; tandis qu'un travail équivalent, opéré par des hommes, coûtera 18 francs 75 cent. Si l'on emploie une voiture à six chevaux avec un conducteur que l'on paie trois francs, la journée effective du cheval sera seulement de 4 francs 50 centimes; ce qui n'est pas le quart du prix auquel revient le travail équivalent opéré par des hommes.

Actuellement nous allons parler de la force des chevaux pour traîner des fardeaux. Mais il faut, avant tout, offrir la description d'un instrument propre à donner une mesure exacte du tirage. Tel est le *dynamomètre*.

M. Régnier, ancien conservateur du musée central d'artillerie, est inventeur du dynamomètre. Il a fait cet instrument à la demande de Guénaud de Montbelliard et du célèbre Buffon, qui pressentaient toute l'utilité d'un moyen exact de mesurer des efforts méchaniques. Déjà Graham avait inventé une machine afin de remplir cet objet; mais elle était compliquée et demandait un grand bâtis en charpente pour être installée. On en trouve la description dans la physique de Désaguiliers.

M. Leroy, membre de l'ancienne académie des sciences, avait construit un dynamomètre composé d'un tube de métal de 3 à 4 décimètres de longueur, posé verticalement sur un pied pareil à celui d'un flambeau, et contenant un ressort à boudin, surmonté d'une tige graduée portant un globe. Cette tige pouvait, en la pressant avec un doigt, s'enfoncer plus ou moins dans le tube; alors l'échelle graduée indiquait la valeur de la pression, et par conséquent la force de la personne qui appuyait son doigt ou sa main sur le globe. Ce moyen, assez ingénieux, n'était pas aussi propre à mesurer toutes sortes d'actions que celui de M. Régnier.

M. Régnier emploie un ressort allongé et fermé, sur lequel on peut agir de deux manières : 1°. pour produire de faibles efforts en le comprimant dans sa largeur; 2°. pour produire de grands efforts, en le comprimant dans sa longueur. Ce ressort fait mouvoir une aiguille sur un cadran gradué : une première graduation en kilogrammes marque les petits efforts; une deuxième graduation en myriagrammes marque les plus grands efforts.

Quand on considère seulement la force de traction des chevaux, on peut se demander d'évaluer ou leur force momentanée, ou leur force totale journalière. La force momentanée est proportionnellement beaucoup plus considérable.

En employant le dynamomètre de M. Régnier, on voit que les chevaux peuvent exercer pendant quelques instants une tension équivalente à celle d'une corde à laquelle on suspendrait un poids qui varie depuis 300 jusqu'à 500 kilogrammes : de sorte que 400 kilogrammes paraît être la valeur de la tension moyenne.

Comme les chevaux qui produisent la plus grande tension momentanée sont aussi ceux qui généralement font le plus grand travail journalier, M. Régnier propose d'estimer la valeur des chevaux de trait, d'après l'épreuve de son dynamomètre : c'est du moins un genre d'épreuve qu'il serait toujours prudent à l'acheteur de tenter avant de conclure son marché.

Lorsque le cheval opère un travail continu, pendant une journée, il exerce une traction qui varie de 60 à 90 kilogrammes.

Si donc on suppose que la force de traction du cheval équivaut à celle de sept hommes, il faudrait en conclure que l'homme travaillant pendant une journée, n'exerce qu'une traction de 8 à 13 kilogrammes. Ce qui est bien au-dessous du poids qu'il peut porter en parcourant la même distance qu'un cheval.

Observons de même que la tension de 50 à 70 kilogrammes, exercée par un cheval qui tire horizontalement, est bien au-dessous de ce qu'il peut porter comme bête de somme : ce n'en est guère que la moitié.

Deux chevaux attelés à la charrue exercent

chacun un effort de 72 kilogrammes et parcourent 26 kilomètres ; ce qui équivaut, pour la quantité totale de traction dans leur journée, à 1.872 kilogrammes élevés à un kilomètre.

En Angleterre, on estime qu'un cheval, lorsqu'il travaille pendant huit heures, et parcourt 4 kilomètres par heure, peut tirer avec une force de 90 kilogrammes, effet utile équivalant à $4 \times 8 \times 90 = 2.880$ kilogrammes élevés à un kilomètre ; c'est à peu près le dixième du poids qu'un cheval peut transporter en tirant un chariot.

Il en résulterait donc que l'usage des voitures rend dix fois aussi facile le transport horizontal, qu'une traction sans machines : on n'estime ordinairement qu'à huit fois cette augmentation de facilité.

M. de Rumford a fait des expériences très-curieuses pour déterminer le rapport des poids transportés sur des voitures, avec la force de traction. La voiture qui contenait trois personnes pesait 1.060 kilogrammes.

Sur le pavé.
- Au petit pas, le moindre tirage était de 20 à 22 kilogr.
- Au grand pas. . . . . 24 à 28
- Au petit trot. . . . . 42 à 47
- Au grand trot. . . . . 60 à 65

Ces différences nous semblent à peu près proportionnelles à la vîtesse des chevaux : de sorte que le même espace parcouru représenterait la même quantité d'action dépensée, en multipliant la tension ou force par le temps,.....

Sur la terre.	Au petit pas. Tirage.	38 à 42 kilogr.
	Au grand pas.....	40 à 42
	Au petit trot......	40 à 44
	Au grand trot. ...	42 à 50
Sur une route très-sablonneuse.	Au pas.........	80 à 90
	Au trot.........	80 à 90

Sur la chaussée, en empierrement, de Saint-Cloud,.....

Tirage. ...	Au pas.........	36 à 40 kilogr.
	Au trot.........	40 à 42

D'après ces expériences on voit qu'avec la voiture de M. de Rumford, allant au petit pas sur le pavé, la force de traction est au poids total transporté : : 1 : 25.

Mais, si l'on ne prend que les trois personnes placées dans la voiture, on voit que l'effet utile est de transporter un poids égal au décuple de la moindre traction. Il faut observer ensuite que, dans les diligences, les objets transportés pèsent plus proportionnellement au poids de la voiture. Ainsi, quoique les chevaux allant au trot éprouvent plus de résistance qu'au pas, quand ils vont sur le pavé, on peut sans erreur sensible regarder la force de traction des chevaux de diligence comme égale au dixième du poids utile qu'ils transportent.

M. de Rumford voyageant en Italie dans les années 1793 et 1794, a fait des expériences très-intéressantes pour savoir s'il ne vaudrait pas mieux voyager sans cesse au pas, comme les *vetturini*, qui partent à la pointe du jour et marchent au pas toute la journée, que de voyager pendant quatre à cinq heures chaque jour, en cheminant plus vite et reposant plus longtemps. Il a vu, par ses propres expériences, que ses chevaux étaient en beaucoup meilleur état après une marche de quinze jours, à huit ou dix lieues par jour au trot, qu'après avoir parcouru le même chemin, dans le même nombre de jours, en allant au pas. Ce fait est extrêmement remarquable; il tient nécessairement à ce que la traction exercée par les chevaux du savant observateur, était de beaucoup au-dessous de la limite qu'elle peut atteindre.

Il est probable que M. de Rumford voyageait sur une route construite par empierrement, souvent sur la terre et non pas sur une route pavée.

La dépense de forces due à la traction peut être à chaque instant représentée par la tension. Si donc la tension de 40 kilogrammes, *au pas*, sur la terre, est prise pour représenter la quantité de forces dépensées pendant le temps nécessaire pour parcourir un kilomètre au pas, la tension de 46 kilogrammes éprouvée par le cheval allant au trot, c'est-à-dire, avec une vitesse double et dans un temps moitié moindre, donnera seulement 23 pour dépense de forces; et il restera tout le temps économisé pour réparer la force perdue.

Ce fait nous explique aussi pourquoi les Italiens, en parcourant une montée un peu rapide, lancent leurs chevaux au grand trot; c'est que la quantité totale de force animale, consommée pour arriver en haut, est moins considérable en allant vîte qu'en allant doucement. D'où il suit qu'en laissant un peu reprendre haleine aux chevaux, ils se trouvent moins fatigués qu'en arrivant avec lenteur au sommet de la route.

En Angleterre, à moins que les montées ne soient très-roides, les diligences les franchissent au trot, avec une vîtesse un 5e. ou un 6e. moindre qu'en plaine; c'est une observation que j'ai faite montre en main, sur beaucoup de routes.

Jusqu'à ces dernières années, nous avions le défaut de charger si énormement nos diligences, et souvent aussi, passez-moi la trivialité du terme en faveur de la vérité, d'employer de telles rosses pour conduire une quantité donnée de voyageurs et de paquets, qu'à l'instant où l'on rencontrait une montée un peu rapide ou un peu longue, il fallait : 1°. prier les voyageurs de mettre pied à terre; 2°. faire prendre aux chevaux un pas quatre fois plus petit que le trot, ce qui est le plus mauvais système imaginable. En général, tout ce qui regarde le service des voitures publiques, a long-temps été conduit en France avec une avidité, une ignorance et une impertinence également remarquables. Il n'y a que le temps, la faculté de tout dire et de tout imprimer, et la libre concurrence des entrepreneurs, qui aient pu amener en partie ce résultat bien simple : Donner au public des voitures qui soient un peu adaptées, aux facultés, aux besoins et aux aises du public.

Je ne m'étendrai pas davantage en considérations générales sur la force des chevaux. C'est la plus importante, et dans les travaux des machines on n'emploie presque pas d'autre force animale. Aussi, malgré tout l'intérêt que pourrait présenter l'examen comparatif des forces des autres espèces d'animaux, nous n'entrerons à cet égard dans aucun genre de détails.

Nous terminerons par quelques considérations sur le traitement qu'il importe de faire éprouver aux animaux : c'est un objet de la plus haute importance, en le considérant sous le double point de vue de la richesse et de la morale publiques.

On cite avec éloge une loi d'Athènes qui punissait de la peine de mort les cruautés exercées gratuitement envers les animaux. On pensait que ces cruautés doivent nous inspirer des sentiments féroces envers l'espèce humaine, et la loi prévenait dans sa source, un des fléaux les plus redoutables : celui qui rend un peuple insensible à la pitié.

Mais il ne suffit pas de parler à la morale, il faut parler à l'intérêt. Heureusement pour les animaux et pour les hommes, un même langage et les mêmes raisons nous montrent comme le terme de nos efforts, un double but d'utilité et de philanthropie.

Lorsqu'on observe des animaux de même espèce, des chevaux, par exemple, conduits par des hommes d'un caractère différent, ces animaux eux-mêmes semblent avoir changé de caractère. Le calme, la sérénité, je dirais presque la joie, brillent sur la face et dans les regards de l'un. La santé l'embellit, comme elle embellit tous les êtres ; parce qu'elle donne un développement complet et juste de proportions à ses formes diverses. Son poil fin et brillant a tout le luxe de la propreté. Ses mouvements, libres sans emportement, modérés par la sécurité, sont toujours utiles et jamais dangereux. Ayant un maître soigneux et bon, il le suit comme un bienfaiteur; il l'écoute à tout instant; et, s'il n'a pas l'organe de la parole, pour exprimer sa réponse; un langage d'action d'une extrême énergie anime à la fois les muscles de son corps et ceux de sa face. Ses yeux, ses lèvres, ses narines, le hennissement de sa voix, le frémissement de sa crinière, les battements de sa queue et ses piétinements, tout répond aux ordres, aux reproches, aux caresses d'un maître chéri. Tel est le tableau touchant que présente, à chaque instant, au milieu des déserts de l'Égypte et de l'Asie, le cheval de l'Arabe; le plus puissant et le plus doux des animaux de son espèce, parce qu'il est le plus aimé, le plus soigné de tous.

Regardez au contraire, cet autre animal de la même famille, s'avançant la tête baissée, le col tors et le regard en dessous d'un esclave; sa fourrure est hideuse de saleté; ses membres décharnés sont couverts d'une peau presque pelée que sillonnent les traces multipliées d'un fouet ensanglanté. Au moindre geste du maître, il tressaille, il tremble de tous ses membres, il ressaute brusquement, pour éviter des blessures douloureuses qu'il redoute à tout instant, ou pour rendre enfin à l'oppresseur quelque coup imprévu qui délivre la victime de son bourreau.

Je ne cherche nullement à faire ici des peintures exagérées, pour produire un vain effet sur les imaginations. Arrêtez-vous dans la première rue passagère; examinez avec attention nos chevaux et leurs conducteurs, et voyez si vous ne trouverez pas cent copies du portrait, malheureusement si fidèle, que je viens de tracer.

Il est trop vrai de le dire, dans beaucoup de

nos villes, les voituriers et les cochers sont en général durs et cruels avec les animaux qu'ils conduisent; ils les chargent outre mesure. Quand les pauvres bêtes ne peuvent plus traîner le fardeau qui les accable, leur féroce conducteur les frappe à coups redoublés sur les parties les plus sensibles, sur le col, sur la tête, sur le nez, et même sur les yeux. Le sang des victimes ruisselle sous la corde ou sous le manche du fouet, ou sous des bâtons et des bûches s'il s'en trouve à la portée du furieux qui les assomme. Voilà comment en peu d'années l'on ruine les bons chevaux et l'on crève les médiocres.

Dans les travaux que vous aurez à diriger, exigez que les conducteurs de vos chevaux soient doux et bienveillants envers ces animaux, qui vivent plus longs-temps, conservent mieux leurs forces et travaillent bien davantage, quand ils travaillent avec sécurité, quand ils sont parfaitement traités, quand jamais ils ne sont attristés ni par la peur ni par la douleur. L'intérêt même, l'intérêt, je le répète, nous fait une loi d'être bons envers les animaux. Mais quand l'intérêt ne le prescrirait pas, l'humanité ne nous en fait-elle pas un devoir impérieux? L'humanité ne consiste pas seulement dans la bonté de l'homme envers l'homme, mais dans la bonté de l'homme envers tout ce qui respire. Cette sympathie magnanime envers les affections de tous les êtres qui sentent, est le propre de l'homme; cette étendue, cette universalité d'affections généreuses, l'élève au-dessus des autres créatures; et ce serait nous ravaler parmi les brutes, parmi les espèces féroces, que de fermer nos cœurs à cette vaste et douce pitié.

Non, je ne veux pas me justifier devant mes auditeurs, de leur parler parfois un autre langage, que celui des strictes lois de l'équilibre et du mouvement. N'est-ce pas au contraire un devoir à tout homme chargé par la patrie du ministère sacré de cultiver les facultés de la jeunesse, que le soin de développer à la fois les affections et les facultés du cœur et de l'esprit? Embellissons s'il se peut nos discours et nos actions, comme nos pensées et nos écrits, par ce sentiment moral, qui, loin de se borner à résoudre pour la cupidité le grand problème de l'égoïsme: *Comment irai-je le plus vîte au but qui m'est le plus avantageux?* résout cette autre question bien plus utile à la société: *Comment arriverai-je au but qui m'est le plus avantageux, en répandant le plus de bien sur mon passage?*

Nous venons d'étudier dans leur ensemble les forces vivantes que l'homme fait servir aux travaux des arts; nous allons maintenant parler des deux grandes forces inanimées dont l'industrie emprunte le secours: ce sont les forces de la pesanteur et de la chaleur.

SIXIÈME LEÇON.

Force de la pesanteur considérée principalement dans l'équilibre et la pression des eaux : presses hydrauliques.

Nous ne ferons pas une leçon spéciale sur les applications de la force que fournit à l'industrie la pesanteur des solides. Le second volume de notre cours présente, avec de grands détails, les applications les plus essentielles de cette espèce de force. Nous allons immédiatement considérer l'action de la pesanteur sur les liquides, et les secours que cette action peut prêter aux arts.

Nous donnons le nom générique de *Fluides*, aux corps dont on peut séparer les moindres molécules sans éprouver de résistance sensible; nous appelons *Fluides imparfaits*, ceux dont les molécules ne peuvent être séparées qu'en faisant un effort petit, il est vrai, mais sensible.

Les fluides tels que l'eau ne changent pas sensiblement de volume, lorsqu'on leur fait supporter des pressions très-différentes. Quand ces pressions diminuent et que la surface extérieure du fluide est libre, une partie du fluide se réduit, en vapeur, comme nous aurons soin de l'expliquer par la suite. Les molécules des fluides ont donc une tendance à s'éloigner les unes des autres. C'est un effet que l'on comprendra lorsque nous parlerons de la chaleur.

Nous ne connaissons aucun fluide qui, dans tous les instants, ne soit soumis à quelque force. La pesanteur qui agit sur tous les corps, et sur toutes les molécules de chaque corps, tend à rapprocher du centre de la terre, chacune des molécules dont les fluides se composent; or, cette tendance influe perpétuellement sur l'état d'équilibre ou de mouvement des fluides. Commençons par examiner l'état d'équilibre.

Supposons que l'on pose sur un plan horizontal une grande quantité de fluide libre; rien ne s'opposant à l'action de la pesanteur sur chaque molécule en particulier, toutes ces molécules vont descendre vers le plan, jusqu'à ce qu'elles aient formé une couche aussi étendue, aussi mince que possible, et partout également épaisse. Le dessus de cette couche a tous ses points à la même hauteur.

L'on verse le fluide sur une surface courbe, par exemple, sur la surface de la terre; alors le problème change de face. Sa solution va nous apprendre un résultat très-important : c'est l'état d'équilibre des vastes amas d'eau qui forment les marais, les lacs et les mers.

SIXIÈME LEÇON.

Si l'eau répandue sur le globe est versée dans quelqu'endroit plus éloigné du centre de la terre que les points environnants et contigus, rien n'empêchant les molécules du fluide de se diviser pour obéir à l'action de la pesanteur, elles vont descendre l'une sur l'autre et sur la surface de la terre, comme sur des plans inclinés : elles se rendront jusqu'aux parties les plus basses, c'est-à-dire, les plus rapprochées du centre du globe.

Après avoir ainsi couvert le fond des parties les moins élevées du sol, il faudra que les molécules du fluide se mettent en équilibre ; ce qui n'aura lieu que quand aucune d'elles ne pourra descendre davantage. Il faudra donc que la surface supérieure du fluide soit partout dirigée suivant un plan horizontal. En effet, sans cela, les molécules les plus élevées glisseraient sur les autres, comme sur un plan incliné ; donc il n'y aurait pas équilibre.

C'est ainsi que les eaux versées sur la terre par les pluies, les rosées, les neiges et les glaces fondues, descendent des lieux les plus hauts vers les lieux les plus bas. Elles forment des ruisseaux, des rivières, des fleuves, et sont reçues dans les réservoirs naturels des marais, des lacs, des mers, dont les bords étant partout plus élevés que la surface du fluide, empêchent qu'il se répande plus loin, et l'obligent à conserver son équilibre, tant que des forces perturbatrices ne viennent pas déranger le niveau parfait de sa surface supérieure.

Ainsi les mouvements du plus important des fluides, sur la terre, sont dus à l'action constante de la pesanteur, et à la tendance de ce fluide à chercher la position qui convient à l'équilibre.

Lorsqu'on navigue sur la mer, on est frappé du résultat de cette tendance.

De toutes parts le fluide se présente à la vue comme une vaste surface plane dont les limites, appelées *horizon*, sont dans un plan qui tire son nom du niveau même de l'horizon ; c'est le plan *horizontal*. A mesure qu'on s'avance sur la mer, l'horizon chemine avec le voyageur. Comme la terre est sphérique, cet horizon baisse toujours du côté vers lequel on chemine et s'élève du côté dont on s'éloigne ; de sorte qu'on paraît monter sur l'horizon, à mesure qu'on avance. De là vient l'expression de naviguer vers la haute-mer, de s'élever en haute-mer.

Si la terre était parfaitement sphérique et homogène, toutes les verticales seraient perpendiculaires à la surface du globe, et la surface des eaux ne pourrrait, en tous lieux, être perpendiculaire à la verticale, sans former une sphère parfaite.

Mais la terre, au lieu d'être sphérique en tout

sens, est simplement un sphéroïde aplati : elle n'est ronde que dans la direction des parallèles; c'est pour cela que la surface des eaux tranquilles n'a la forme circulaire que suivant le sens des parallèles de la terre.

On fait dans les arts un grand usage de cette propriété : qu'en chaque lieu, la surface libre des fluides est parfaitement horizontale, lorsqu'ils sont en repos. Le niveau d'eau est formé d'un tube creux ABC, fig. 1, à branches relevées, et rempli d'eau ou de tout autre liquide, jusqu'à une certaine hauteur. En A et C le tube est composé d'une matière transparente telle que le verre ou le cristal. Si l'on se place derrière la surface du fluide, en A, et qu'on vise avec l'œil la surface apparente du fluide, en C, le rayon visuel sera nécessairement horizontal.

Ce moyen comporte une précision beaucoup plus grande que la méthode employée pour déterminer la position de la verticale ou de l'horizontale avec le fil à plomb : aussi se sert-on du niveau d'eau pour les opérations qui demandent à la fois de l'étendue et de la précision.

Les résultats qu'on vient de présenter, sur l'équilibre d'un fluide, sont indépendants de la forme des surfaces ou vases qui reçoivent le fluide.

Ainsi, dans les fig. 2, 3, 4, la surface supérieure du fluide est toujours dans un même plan horizontal AB.

Il est un cas particulier qui mérite une mention spéciale. Supposons le vase MKN, fig. 5, rempli d'eau, et le tube recourbé OPQR creux et rempli de fluide; puis, mis en communication, par le bout O, avec le fluide contenu dans MKN. Alors l'état d'équilibre exige que le niveau du fluide soit le même dans le vase, en MN, et dans le tube, en X (1).

Une conséquence très-remarquable du niveau que prennent des fluides en repos, c'est que si on les disposait de toute autre manière dans le vase qui les contient, le centre de gravité serait plus élevé que dans la position d'équilibre; conséquence que nous aurions pu déduire immédiatement de la théorie des forces parallèles. En effet supposons, qu'en une partie quelconque de la surface du fluide, le plan tangent à la surface libre du fluide cessant d'être horizontal en *abe*, fig. 6, prenne tout à coup la position inclinée *cbd*. Le centre de gravité du fluide changera de position. Soit M, la masse du fluide, G la position du centre de gravité de cette masse, lorsque la surface supérieure est horizontale, et G' la position de ce centre, quand le fluide est terminé par le plan *cbd*. Soit i, le centre de gravité de tout le fluide *abc*, au-dessus du plan *ac*, et f le centre de gravité de tout le fluide *cbd*, au-dessous du plan *ac*. Nous aurons : 1°. masse *abc* = masse *cbd*; 2°. G'g, iI, fF, étant perpendiculaires à l'ho-

---

(1) Plusieurs phénomènes naturels des sources et des cours d'eau sont expliqués par cette propriété des syphons.

Les Turcs emploient les syphons pour conduire les eaux......

rizontale IgGF, prise pour axe des moments, nous aurons M $\times$ G'g = masse de abc $\times$ Ii, moins masse de $ebd \times f$F. Donc le moment total sera masse de abc ou son égale masse de bcd multipliée par I$i - f$F. Ainsi le centre de gravité G montera en G' précisément d'une quantité = masse $abc \times (ii' + ff')$ divisée par la masse totale du fluide.

Donc, dans la position d'équilibre de M, c'est-à-dire, dans la position où la couche supérieure est horizontale, le centre de gravité de la masse fluide est le plus bas possible.

Nous aurions pu partir de ce principe général : quand un système quelconque de molécules n'obéit à nulle autre force qu'à la pesanteur, son centre de gravité est le plus bas possible dans l'état d'équilibre. Nous aurions également démontré que cette condition, du centre de gravité descendu le plus bas possible, ne peut être remplie, sans que le niveau du fluide soit plan et horizontal.

Il faut actuellement déterminer la pression que chaque molécule de fluide éprouve de la part des autres molécules, et la pression que ces molécules font éprouver aux parois de la surface ou du vase qui contient le fluide. Concevons d'abord un vase AB, fig. 7, infiniment étroit, vertical, et ne contenant qu'une seule file de molécules posées d'aplomb les unes sur les autres. Chacune d'elles supporte évidemment le poids de toutes les molécules supérieures. Par conséquent la pression qu'elle éprouve est représentée par le poids de la colonne de fluide qui se trouve au-dessus de cette molécule.

A présent, considérons un vase de grandeur et de forme quelconque, rempli de fluide jusqu'en MN, fig. 8, et cherchons quelles pressions éprouve la molécule B. D'abord il faut que ces pressions soient égales dans tous les sens; sans cela, cette molécule s'échapperait du côté qui lui présenterait la moindre pression.

Supposons ensuite que la masse entière du fluide se solidifie tout à coup, excepté la colonne verticale infiniment étroite BA, à l'aplomb de B. Alors la pression supportée en B égale le poids de la colonne AB, comme nous venons de le démontrer pour une colonne infiniment étroite. Mais cette pression n'est en rien changée par la supposition que nous venons de faire, en solidifiant une partie du fluide.

Donc il faut que, dans tous les sens, la molécule B éprouve une pression égale au poids de la colonne BA.

Au lieu de supposer que B soit infiniment petite, supposons qu'il y ait une infinité de molécules B, B', B'', à la même hauteur; chacune d'elles supportera le même poids, et la somme de ces poids sera la colonne totale de fluide, à l'aplomb de la surface totale représentée par $B + B' + B'' + \ldots$

Si je me place en une partie BB', fig. 9, des

parois du vase, qui soit horizontale, toutes les molécules du fluide en contact avec le vase, dans l'étendue de BB′, supporteront la même pression; et cette pression sera représentée par la colonne verticale A′ABB′ dont le volume = surface BB′ $\times$ la hauteur AB. Ainsi le fond horizontal d'un vase rempli d'eau, supporte une pression égale au poids d'un cylindre vertical de ce fluide ayant ce fond pour base et de plus ayant pour hauteur, la hauteur même de l'eau contenue dans le vase.

Considérons, maintenant, la partie inclinée BB′, fig. 10, de la paroi du vase. La pression qu'elle supporte est égale au poids du fluide contenu dans le tronc de cylindre AA′B′B. Si la surface BB′ est très-petite par rapport à la hauteur BA, il suffit de prendre b au milieu de BB′, et de multiplier la base supérieure AA′ du cylindre, par la hauteur moyenne ab. Or, surface AA′ : surface BB′ : : AA′ : BB′.

Donc on a pour pression totale

$$\text{Hauteur } ab \times \text{surface BB}' \times \frac{AA'}{BB'}.$$

Cette expression est essentielle à retenir; elle peut servir dans les constructions hydrauliques et dans l'exécution des machines, des vases, etc.

Les lois de la pression des fluides, que nous venons de faire connaître, sont fécondes en conséquences importantes.

Supposons, par exemple, que nous soyons chargés de construire un bâtardeau AB, fig. 11, pour retenir une grande masse d'eau à une certaine hauteur. Si nous voulons construire ce bâtardeau avec la plus grande économie possible, nous ne lui donnerons pas la même force en haut qu'en bas. Nous ferons en sorte que cette force augmente par degrés égaux, depuis le point B jusqu'au point A, afin qu'elle s'oppose partout dans un même rapport à la pression de l'eau : pression qui s'accroît par degrés égaux, lorsqu'on descend de B vers A.

Si je substitue, au bâtardeau AB, des portes ou vantaux d'écluse, il faudra de même que je rende ces portes de plus en plus résistantes, depuis le haut jusqu'en bas. C'est ce qu'on fait en rapprochant les poutres horizontales qu'on emploie pour former la charpente de ces portes.

Lorsqu'il est question de bâtir des réservoirs pour contenir des fluides, il faut de même que les murs ou les charpentes, ou les parois de toute autre matière, soient construits de manière à présenter des résistances proportionnelles aux profondeurs du fluide dans son état naturel.

Considérons maintenant les fluides contenus dans des vases. Supposons que ce vase ait la forme d'une bouteille AEFD, et demandons-nous d'évaluer la pression qu'éprouve le fond horizontal, EBCF. Pour cela, formons, par la pensée le cylindre vertical ABCD. Il est évident que la pression supportée par la base BC égale le produit de la base BC par la hauteur AB.

Mais la pression en BC est la même que sur tous les points de EF, placés à la même hauteur; car sans cela il ne saurait y avoir équilibre. Donc la base entière EF éprouve une pression égale à surface EF × hauteur AB; c'est-à-dire que cette pression égale le poids du volume d'eau représenté par le cylindre vertical GHFE, ayant EF pour base et AB pour hauteur.

Il est évident que les volumes des deux cylindres GHFE, ADBC, sont entr'eux comme les surfaces de leurs bases, puisqu'ils ont même hauteur. Donc les pressions sur BC et EF sont entr'elles : : surface BC : surface EF.

De là résulte ce paradoxe hydrostatique. *Avec un fluide renfermé dans un vase, on peut produire sur la base EF de ce vase, une pression beaucoup plus grande que le poids total du fluide exerçant cette pression.*

Ainsi, par exemple, le petit vase *am*EF*nd*, fig. 13., étant rempli de fluide, la base EF éprouve une pression égale au poids de toute la quantité de même fluide qui serait contenue dans le grand cylindre GEFH.

C'est ainsi qu'en ajustant sur le fond MN, d'un tonneau, fig. 14, le tube très-étroit et très-haut *amnd*, qu'un verre d'eau peut remplir, la pression exercée par ce verre d'eau sur le fond EF devient si forte, qu'elle suffit pour défoncer le tonneau, en brisant le fond EF.

Supposons qu'au lieu du verre d'eau, j'aie posé sur *mn* un poids égal au poids de l'eau contenue dans le verre d'eau, la pression de toutes les parties du fluide n'aurait pas varié, et pourtant j'aurais augmenté la pression sur le fond EF autant de fois que surface *mn* est contenue dans surface EF.

Actuellement, soit p le poids placé sur *mn*, et q le poids de la colonne de fluide *mn*BC; on aura $p+q=$ la pression exercée sur BC. Donc la pression exercée sur la base entière EF, sera

$$(p+q)\times\frac{EF}{mn}.$$

Supposons, par exemple, que $p+q$ égale seulement un kilogramme, et que EF représente le diamètre d'un cercle ayant un mètre de rayon, tandis que *mn* est le diamètre d'un cercle qui n'a qu'un centimètre de rayon.

On aura surface EF : surface *mn* : : 100 fois 100, c'est-à-dire 10,000 : 1. Donc la pression exercée sur EF égalera 10,000 kilogrammes; ce qui est à peu près le poids de 150 hommes. Ainsi, dans cette expérience, on agit avec 10,000 fois la force qu'on emploie pour produire une pression directe.

SIXIÈME LEÇON. 181

Le principe (1) que nous venons d'exposer est celui de la *presse hydrostatique*, ou, comme on l'appelle ordinairement, de la *presse hydraulique*.

Pascal a rendu sensible ce principe et ses avantages, en ajustant, au fond supérieur d'un tonneau, tenu debout, un cylindre vertical très-long et très-étroit. En remplissant le tonneau, puis le cylindre, la simple addition d'un ou deux litres d'eau que peut contenir le cylindre, produit le même effet que si le tonneau, partout de même diamètre, s'élevait jusqu'à la base supérieure de ce cylindre. Ainsi le surcroît de poids d'un ou deux kilogrammes suffit pour rompre le fond de la barrique, en augmentant immensément la pression. Maintenant, supposons qu'on retire l'eau du cylindre étroit, et qu'on la remplace par un poids solide, équivalent, et ayant la forme d'un piston. Il est visible que les pressions devront partout rester les mêmes. Supposons que le poids du piston soit multiplié par l'effort d'un bras de levier agissant sur sa tige, la pression sera d'autant multipliée. On pourra, de la sorte, avec très-peu de force primitive, produire sur le fond du ton-

---

(1) La première démonstration de ce principe est due au célèbre Stewin, mathématicien du prince de Nassau, inventeur du calcul des décimales.

neau une pression équivalente à des poids énormes.

Bramah, méchanicien très-habile, en saisissant cette idée théorique, en a fait aux arts utiles les applications des plus heureuses. Il a d'abord imaginé des presses hydrauliques pour copier des lettres; ensuite pour produire de plus grands efforts et des résultats plus importants. On emploie aujourd'hui cet agent, pour exprimer des huiles; pour comprimer la matière du papier; pour rendre plus compactes et moins volumineux tous les objets d'encombrement qu'il s'agit d'embarquer à bord des navires; pour presser le tabac en feuilles, et le foin que les Anglais réduisent en masses presque solides qui se conservent parfaitement, etc. Enfin Bramah a fait l'application de ses presses à la fabrication de la poudre ainsi qu'à la confection des affûts.

Les presses hydrauliques, malgré les grands efforts qu'elles produisent, n'exigent pas des édifices d'une solidité extraordinaire; elles peuvent être établies sur de petits chariots, et transportées partout où elles sont nécessaires. Un de leurs avantages est de pouvoir produire leur action à la plus grande distance de la force motrice, par le moyen de tuyaux de conduite.

Passons à la description d'une presse. La fig. 15, représenté la section verticale transversale de la presse. — La fig. 16 en représente une élévation verticale longitudinale. — *aaaa*, charpente de la presse, solidement assemblée par des boulons en fer forgé, avec des écrous. — *b*, cylindre travaillant, que l'on visse sur un fond de fer coulé. — *c*, piston travaillant, dont le mouvement alternatif, suivant une ligne verticale, produit l'action de la presse. — *dd*, plateau support en fer coulé, sur lequel sont placés les objets soumis à la presse. — *e*, épaulement tourné dans le cylindre travaillant, pour recevoir un double cuir *x*, *x*, *x*, tendu par un anneau de métal ; ce qui rend tout-à-fait hermétique la jonction du piston travaillant avec son cylindre. — *f*, noix forée et vissée dans le haut du cylindre. Le piston glisse à travers cette noix qui retient le double cuir avec son anneau extenseur. Dans la partie supérieure de la noix, le canal est évasé circulairement et rempli d'étoupe ou de toute autre garniture également douce, imprégnée d'huile et retenue par un mince rebord. Cette garniture sert à la fois à fournir d'huile le cylindre, et à prévenir l'introduction d'aucune substance qui pourrait endommager la surface du piston. — *g*, tube conducteur, qui forme la communication entre le cylindre travaillant et le cylindre d'injection. Le bout *g'* de ce tube est vissé fortement à une ouverture conique au bas de la paroi du cylindre travaillant. A l'autre bout *g''* du même tube est un renfort pressé, par le moyen d'une noix forée, contre un épaulement quarré, dans la paroi de la pompe d'injection, et rendu étanche par l'interposition d'un collier de cuir. — *h*, une *valve* ou soupape, dont le clapet ne tient à rien, et a la forme d'un clou à tête ronde et plate, ouvre et ferme la communication entre le cylindre injectant et le cylindre travaillant. Au-dessus de cette valve est une petite vis qui sert à régler l'élévation du clapet. En détournant cette vis, on peut retirer le clapet toutes les fois qu'on le juge nécessaire. — i, citerne ou réservoir rempli d'eau. — k, bouchon conique fermant l'entrée du réservoir. En ôtant ce bouchon, l'eau peut être sucée extérieurement, à l'aide d'un petit tube ou syphon. Avec un tube ou un entonnoir, on remplit ce réservoir avec la même facilité. — l, valve contenue dans une noix vissée au fond du cylindre injecteur : la montée du clapet de cette valve est réglée par une petite clavette qui en traverse la queue. — n, piston injectant, dont le bas est solide et tourné en cylindre parfaitement circulaire. La tige de ce piston présente à son milieu une longue mortaise $n'n''$, traversée par l'essieu d'un levier p, fixe d'un bout, et de l'autre offrant une poignée pour y appliquer la main motrice. L'extrémité supérieure n''' de la tige de piston, est un cylindre en relief qui traverse un cylindre creux de même diamètre, dont le support est fixé à la traverse supérieure de la charpente. L'ascension du piston est réglée par un renfort à la base du cylindre en relief, et par une noix vissée à la partie supérieure de ce cylindre. — o, noix forée que traverse le piston injectant, et qui, en se vissant, fait joindre les deux cuirs avec l'anneau métallique posé entr'eux et le bas d'un épaulement pratiqué dans le corps du cylindre d'injection : on rend de la sorte hermétique la jonction entre le cylindre et le piston injectant. La partie supérieure de cette noix est évasée circulairement pour servir de réservoir à l'huile. — p, levier moteur, ou manche de la pompe. — q, robinet de décharge. C'est un cylindre creux vissé contre la base de la charpente. Un manche r est fixé au bout du cylindre en relief; l'autre bout est à vis, terminé en cône et se vissant dans un épaulement conique, à travers la paroi de la pompe d'injection. Lorsque cette vis ne serre pas, elle ouvre la communication entre le cylindre travaillant et le réservoir ; mais si la vis est tournée et rendue à son point, elle ferme exactement le passage. On tourne le robinet q, à droite pour fermer, et à gauche pour ouvrir.

Il est facile d'entendre l'action de la presse. Supposons que le cylindre travaillant et le cylindre injectant soient remplis d'eau, ainsi que le tuyau conducteur qui les réunit ; supposons, en outre, qu'une eau supplémentaire soit introduite dans le réservoir. Si l'on élève le piston injectant, l'eau monte du réservoir dans le cylindre d'injection à travers la valve l. Quand le piston descend, la valve l se ferme ; l'eau soulève le clapet h ; elle passe, par le tuyau g qui la conduit dans le cylindre travaillant, dont elle élève le piston avec la charge qu'il supporte, et cela proportionnellement à la quantité du fluide injecté. Quand le piston d'injection remonte, le clapet h se ferme et prévient le retour du fluide accumulé dans le cylindre travaillant. On empêche ainsi le piston travaillant de redescendre avant qu'on donne un nouveau coup de piston d'injection, et l'opération se répète comme elle vient d'être décrite (1).

---

(1) Il faut entretenir la presse dans une extrême propreté, remplir le réservoir avec de l'eau pure, enfin oindre le piston travaillant avec la meilleure huile douce. Par la simplicité de sa structure, la presse est fort peu sujette à se déranger. Mais,

Lorsque l'effort complet de la presse est produit sur les objets soumis à son action, on ouvre le robinet de décharge, le piston travaillant redescend par son propre poids, et l'eau repasse dans le réservoir par l'ouverture de ce robinet.

On calcule ainsi la force de la pompe : deux colonnes de fluide étant en communication, tout effort exercé sur l'une d'elles, se transmet en raison des surfaces pressantes ; l'effort méchanique exercé sur le piston d'injection est donc transmis au piston travaillant par le moyen du fluide, en raison de la surface des deux pistons (1). Telle est la multiplication de forces

si quelque corps étranger s'attache à l'une des valves, le jeu de cette valve sera nécessairement interrompu, jusqu'à ce que le corps étranger soit enlevé. On peut en tout temps examiner la valve h, en retirant la vis qui la recouvre. On peut également examiner la valve de décharge q, en dévissant. Pour inspecter la valve i, la pompe doit être entièrement démontée ; mais cela ne peut être que rarement nécessaire.

(1) Supposons, par exemple, le diamètre du piston travaillant $= 3$ centimètres ; celui du piston d'injection $= 9$ centimètres ; le petit bras de levier $= 10$ centimètres, et le grand bras $= 60$ centimètres. Les surfaces des deux pistons sont proportionnelles aux quarrés de leurs diamètres, ce qui donne $(\frac{3}{9})^2 = (\frac{1}{3})^2 = \frac{1}{9}$; ce rapport constitue le pouvoir hydraulique de la presse. La puissance méchanique du levier est de $\frac{10}{60} = \frac{1}{6}$; conséquemment, le rapport composé de la puissance à la résistance de la presse est égal à $\frac{1}{9} \times \frac{1}{6} = \frac{1}{54}$. Si donc nous supposons le piston d'injection mû avec une force égale à 100 kilogrammes, les objets soumis à l'action de la presse soutiendront un effort de 54 fois 100 kilogrammes ou 5.400 kilog.

que Bramah appelait le pouvoir hydrostatique de la presse.

Il y a des presses hydrauliques dans lesquelles le plateau poussé par le piston travaillant, agit en descendant, au lieu d'opérer de bas en haut. Il y a d'autres presses dans lesquelles le châssis qui entoure le piston travaillant, se meut en même temps que ce piston, pour hâter ainsi le rapprochement de ces deux parties qui opèrent la pression. On trouvera des détails intéressants à ce sujet dans le *Traité complet de méchanique appliquée aux arts*, par M. Borgnis, sixième traité : *Des machines employées dans les diverses fabrications*, pages 100 et 227.

Maintenant que nous avons expliqué, avec détails, le jeu d'une presse hydraulique, nous croyons utile de présenter l'application de cette presse à des travaux essentiels pour quelques arts.

Presses hydrauliques pour emballage. En visitant les beaux magasins de l'arsenal de Woolwich, au bord de la Tamise, j'ai vu une presse hydraulique établie sur le plancher d'un premier étage, ou plutôt sous ce plancher. Cette presse est employée pour comprimer et réduire au moindre volume possible les ballots de toute espèce, habits, harnois, etc., envoyés de l'arsenal central aux parcs d'entrepôt ou aux armées.

Une grande et une petite pompe d'injection (1), mues à la main par un levier, fournissent leur eau par le moyen d'un petit canal qui va jusqu'au fond d'un fort tube de fer, tenu solidement sous le plancher par des tirants de même métal. Le piston travaillant, logé dans ce cylindre, porte une plate-forme métallique; le dessus présente un encadrement assez profond, où l'on empile de petits madriers de bois, pour transmettre la pression avec quelque élasticité. Un bâtis de charpente contient une poutre horizontale entre laquelle et la plate-forme s'exercent les pressions; lorsque la plate-forme est baissée, elle ferme avec précision un trou quarré pratiqué dans le plancher dont elle semble faire partie.

Presse hydraulique appliquée à l'aplanissement des bois. L'usage le plus remarquable que, jusqu'à ce jour, on ait fait de la presse hydraulique, est celui de la machine employée pour aplanir les bois. (*Planning machine.*) Nous avons donné les plans détaillés de cette belle machine, dans la première partie de nos Voyages dans la Grande-Bretagne; Force militaire.

Il fallait vaincre une foule de difficultés et remplir un grand nombre de conditions

---

(1) La petite est employée pour comprimer les ballots qui exigent de plus grands efforts; l'autre, qui produit son effet en moins de temps, parce que cet effet est moins puissant, sert aux objets qui n'exigent pas une pression considérable.

essentielles, pour bien combiner cette machine; c'est à quoi Bramah est parvenu de la manière la plus heureuse.

Une roue horizontale en fer, et d'environ 3 mètres de diamètre, est fortement liée avec son axe, par des traverses et par quatre tirants en fer, inclinés à 45 degrés. Cette roue travaillante est divisée en 32 parties égales. A chaque point de division se trouve une mortaise traversée par la tige d'un tranchant. Les tranchants sont courbés en demi-cylindres circulaires, dont l'axe fait un angle d'environ 30 degrés avec l'horizon. Ce sont des gouges obliques très-fortes.

De chaque côté de l'axe de la roue travaillante on a mis un chariot allongé, dont les flasques parallèles supportent horizontalement la pièce de bois que l'on veut aplanir : cette pièce est solidement fixée aux flasques, par des vis de pression.

Toutes les gouges ne sont pas disposées de manière à faire dans le bois une rainure de même profondeur. Il faut les concevoir comme groupées 5 à 5 ou 6 à 6; de manière que la première des 5 ou des 6, qui est la plus éloignée de l'axe de rotation, fait l'entaille la moins profonde; la seconde, qui est un peu plus rapprochée de cet axe, fait une entaille qui approfondit un peu plus; la troisième plus encore, et ainsi de suite. Cette disposition a l'avantage de pouvoir enlever, au besoin, jusqu'à deux centimètres de bois, dans les parties les plus saillantes de la surface qu'il s'agit d'aplanir.

Lorsque les 32 gouges ont fait leur révolution, les 32 sillons, qu'elles ont marqués sur le bois à rendre plan, ont en somme pour largeur un espace égal à la quantité dont le chariot s'est avancé pendant un tour de roue. Si donc le mouvement de la roue est très-rapide et celui du chariot très-lent, les 32 sillons se trouveront resserrés dans un fort-petit espace : ils présenteront l'apparence d'une surface à peu près plane.

Pour l'aplanir et lui donner le poli qui doit la finir, un rabot est fixé sur la circonférence de la roue travaillante. Quand toutes les gouges ont tracé leurs sillons très-étroits, les prééminences des sillons les plus bas sont toutes enlevées d'un coup de rabot. Cet effet est sensible à la vue; chaque tranchant courbe, lorsqu'il passe sur le bois, projette, par l'effet de la force centrifuge, un éventail de poussière et de petits copeaux; les rayures du bois se multiplient de plus en plus; puis survient le rabot, qui les fait disparaître, en un clin d'œil, et n'offre qu'une surface unie avec une perfection géométrique.

Si la roue travaillante, qui a trois mètres de diamètre, n'avait pas un mouvement d'une extrême précision, les rabots devraient tantôt creuser plus profondément que les tranchants, et souffrir une résistance énorme, tantôt passer par-dessus les sillons et ne pas en faire disparaître les aspérités. Ainsi la pièce de bois, après avoir été travaillée, présenterait encore des cavités, et des reliefs tout rayés; il faudrait donc l'aplanir par les moyens ordinaires.

L'axe de la roue travaillante tourne dans deux cylindres creux, fixés invariablement, l'un dans le sol, et l'autre sous le plancher de l'édifice. Cet axe s'élève un peu au-dessus de l'emboîtement supérieur; sa tête est chargée d'un levier ayant son point d'appui d'un côté, et de l'autre portant un poids pour produire sur cet axe une pression déterminée. Les tranchants sont ainsi chargés d'un poids capable de leur faire vaincre la résistance du bois qu'ils sillonnent. Or, la profondeur des sillons étant le résultat d'un équilibre entre la pression constante des tranchants et la résistance variable de la surface brute du bois, cette profondeur peut être un peu moindre au premier passage des tranchants qui achèvent, à leur retour, de tailler les parties trop saillantes ou trop dures; on évite, par-là, de briser les tranchants ou de les ébrécher (1).

---

(1) C'est pour cette raison que les tranchants des trente-deux gouges, au lieu de ne former qu'une série régulière, passant par une dégradation insensible, depuis la position la plus haute et la plus éloignée de l'axe, jusqu'à la plus basse et la plus rapprochée de cet axe, forment cinq à six séries distinctes dont les unes achèvent ce que les autres n'ont pu qu'ébaucher.

Souvent il faut aplanir des bois dont les épaisseurs sont très-différentes, tandis que la hauteur du chariot, ainsi que la position des coulisses dans lesquelles il glisse, est constante; il faut donc que le plan des tranchants s'approche ou s'éloigne du plan supérieur du chariot, d'une distance égale à l'épaisseur de chaque pièce à travailler; cet effet est produit par la presse hydraulique.

L'axe de la roue armée de tranchants tourne dans un trou conique sur la tête d'un piston, qui lui-même est dans le cylindre d'une presse hydraulique. Lorsqu'on fait entrer de l'eau dans ce cylindre, il élève l'axe de la roue, et avec elle, le plan horizontal des tranchants dont elle est armée : l'effet contraire a lieu lorsqu'on laisse écouler cette eau. Un indicateur glissant le long d'une échelle graduée, sur l'un des poteaux montants auprès de la roue, marque les épaisseurs de la pièce à travailler, qui résulteront des élévations diverses de la roue. Par conséquent, si l'on ouvre et si l'on ferme à propos le robinet qui donne entrée ou bien issue à l'eau de la presse hydraulique, on peut amener la roue dans la position qu'elle doit avoir pour le travail qu'il s'agit d'exécuter.

J'ai dit qu'il y a deux chariots pareils, un de chaque côté de l'axe. Ils s'avancent en sens contraires. Quand les chariots travaillent ensemble, ils ne peuvent servir que pour les pièces de même épaisseur : à moins qu'on ne mette des supports sous les moins épaisses. Mais on a coutume d'aplanir simultanément les pièces pareilles des affûts d'un même calibre. Les pièces de bois à travailler sont tenues sur les chariots par des vis de pression.

Non-seulement la hauteur de la roue travaillante est fixée par le moyen d'une presse hydraulique, mais le mouvement progressif et rétrograde des chariots est exécuté par l'effort d'une semblable presse. Une chaîne sans fin passe dans les deux coulisses où glissent les chariots; traverse un de leurs flasques où elle peut être serrée par une mâchoire de fer que l'on ferme ou que l'on ouvre, au moyen d'une vis dont la tête sort en dehors du flasque et sur son côté. Quand les deux chariots doivent à la fois être tirés par la chaîne sans fin, les deux mâchoires les unissent à cette chaîne; lorsqu'on ne veut plus faire marcher qu'un seul chariot, on ouvre la mâchoire qui fixe l'autre à la chaîne. Cette chaîne fait d'un côté retour sur une grande roue horizontale qui porte, sur son axe, une roue deux ou trois fois plus petite et dentée (1).

---

(1) Comme la chaîne sans fin pourrait devenir plus ou moins lâche, s'allonger par l'usure ou par l'effet de la chaleur, etc., et qu'alors elle ne pourrait plus faire aller les chariots, il est nécessaire de la tenir dans une tension suffisante et toujours la

Le piston travaillant d'une presse hydraulique est armé d'une tige droite et dentée qu'on établit dans un plan horizontal, et qui s'engrène dans la petite roue dentée dont nous venons de parler. Lorsqu'on introduit de l'eau dans le cylindre travaillant, elle pousse le piston. La tige dentée fait tourner la roue qui porte la chaîne sans fin; et les deux chariots avancent d'un mouvement égal, l'un pour s'éloigner, l'autre pour s'approcher de la presse.

La tige dentée porte à son extrémité opposée au piston et au cylindre, un second piston engagé dans un second cylindre, dont l'action contraire fait rétrograder le chariot. Le second cylindre est d'un diamètre moindre que le premier. Il en résulte, toutes choses égales d'ailleurs, que la rétrogradation des chariots est beaucoup plus rapide que leur mouvement progressif; cela doit être, puisque, dans le mouvement rétrograde, les tranchants ne travaillant pas, on n'a que des frottements à vaincre.

La vitesse de la roue armée de tranchants

---

même, à l'extrémité des coulisses où marchent les chariots, du côté opposé au rouage qui fait avancer la chaîne. Elle passe sur la gorge de trois rouets, un placé dans l'alignement de chaque coulisse, et le troisième au milieu. Les deux premiers ont leur axe immobile, mais celui du troisième est mobile et poussé plus ou moins par l'effet d'une vis de rappel. Cette jolie combinaison devient extrêmement simple à la seule inspection de la figure.
Voyez FORCE MILITAIRE, VOYAGES DANS LA GRANDE-BRETAGNE.

étant supposée constante, les tranchants auront d'autant plus à travailler que les pièces de bois qu'on veut aplanir seront plus larges, plus dures, et qu'il s'agira de réduire davantage leur épaisseur en les aplanissant. Pour rendre constant l'effort des tranchants, il faut donc rendre la marche des chariots plus ou moins rapide, suivant les dimensions et la nature du bois qu'on doit aplanir.

Un robinet de décharge donne issue à une quantité d'eau plus ou moins grande, dans le cylindre des presses hydrauliques. Ce qui fait varier d'autant la vitesse des chariots, dans leurs mouvements progressifs. La poignée de chaque robinet a la forme d'une aiguille, et tourne sur un cercle gradué. Lorsque le robinet est complètement fermé, toute l'eau aspirée par la pompe d'injection sert à faire avancer ou reculer les chariots; ce qui produit le *maximum* de vîtesse. Lorsque le robinet est tout-à-fait ouvert, l'eau élevée par la pompe s'écoule en entier dans le réservoir, et la vîtesse est zéro. Un robinet, une aiguille, un cadran semblables sont adaptés au tuyau de conduite qui fournit l'eau nécessaire au recul des chariots.

Le moteur primordial de tout le système, est une machine à vapeur du pouvoir de six chevaux.

Contre le mur qui sépare les espaces occupés par la machine à vapeur et par la machine à planir les bois, une tige de fer horizontale, qui présente d'un bout un trou circulaire, emboîte sur un cercle en relief et de même diamètre. Ce cercle est fixé d'une manière excentrique, sur l'axe horizontal immédiatement mû par la pompe à feu. L'autre extrémité de la tige est unie par un bouton à un premier bras de levier coudé dont le second bras fait mouvoir le piston d'une pompe aspirante et foulante. Pour parler plus exactement, il y a deux pompes mues simultanément par ce mouvement, la plus forte servant aux mouvements horizontaux du chariot, l'autre aux mouvements verticaux de la roue armée de tranchants. Telles sont les pompes d'injection des presses hydrauliques.

On doit voir par cet exposé, que chaque révolution de l'axe horizontal produit une révolution de l'axe vertical, en supposant égales les roues d'angle qui transmettent à l'un d'eux le mouvement de l'autre. Dans le même temps, la tige horizontale lève et baisse une fois le piston d'injection qui fait mouvoir les chariots. La quantité d'eau injectée dans la presse hydraulique, est donc proportionnelle à l'espace parcouru par les tranchants de la roue travaillante. Ainsi, quelle que soit la vitesse de la machine à vapeur qui fournit la force motrice, les sillons tracés par les tranchants ont la même largeur, tant que l'aiguille qui fixe la marche des chariots, reste au même point sur le cadran.

La machine que nous venons de décrire n'a rien que de simple et d'un facile entretien dans chacune de ses parties. Un petit coin ou une vis suffisent pour retirer et remettre chaque outil tranchant, qu'on peut aiguiser ou changer indépendamment des autres. Il n'y a que deux engrenages très-simples et qui ne fatiguent pas extrêmement. Il faut pourtant avoir soin, lorsqu'on veut faire travailler la roue armée de tranchants, de commencer à la mettre en mouvement à la main, avant d'engrener, avec la roue d'angle que son axe porte, celle de l'axe moteur horizontal ; parce que la roue armée de tranchants ayant une grande force d'inertie, si elle venait tout à coup à recevoir le mouvement très-rapide donné par la machine à vapeur, les dents de l'engrenage auraient à supporter dans le premier moment une énorme résistance, et bientôt elles seraient détruites par un si violent effort. C'est pourquoi l'on a soin de mettre en mouvement, à la main et avec douceur, la roue armée de tranchants, afin qu'au moment de l'engrenage elle reçoive un accroissement de vîtesse moins subit et moins grand.

Cette machine est sans doute dispendieuse, quant à son premier achat ; mais, si l'on considère le peu d'entretien qu'elle exige, et la rapidité singulière avec laquelle elle exécute les plus longs travaux, on concevra qu'il est encore économique de l'employer. On doit produire, dans un moment de besoin, d'immenses résultats, par le secours d'un instrument qui peut aplanir avec la dernière perfection, en une ou deux minutes, chaque flasque d'un affût du plus gros calibre : le flasque étant supposé brut et tel qu'il sort de l'atelier du sciage.

Presse hydraulique pour le forage des métaux. Dans l'arsenal de Woolwich, une petite presse hydraulique sert à forer les métaux. Une machine à vapeur met en mouvement le foret tenu verticalement et tourné vers le bas. D'une main, l'ouvrier place sous le foret et sur le plateau-support de la presse hydraulique, la pièce de métal dans laquelle il veut percer un trou plus ou moins profond ; ensuite, avec l'autre main, il agit sur le levier de la pompe d'injection de la presse, et il règle le mouvement de manière que la pièce de métal s'approche du foret au fur et à mesure que cet instrument travaille.

Presse hydraulique appliquée à la fabrication des poudres. On sait que le mélange chimique dont est formée la poudre à tirer, exige une très-grande compression pour rendre cette poudre plus dense et plus forte. L'invention de Bramah trouvait donc ici l'application la plus naturelle, et j'ajouterai la plus avantageuse. Le méchanisme de la nouvelle presse est au fond le même que celui des fig. 15 et 16. Mais la pompe d'injection près de laquelle on place les ouvriers qui opèrent la compression de la poudre, est séparée du cylindre travaillant, et du plateau sur lequel la poudre est pressée, par un mur épais qui, dans le cas où la poudre prendrait feu, peut garantir les hommes employés à la pompe. Le tuyau de conduite qui amène l'eau de la pompe d'injection, dans le cylindre travaillant, passe dessous ce mur qui est plan, et que je proposerais de faire suivant la forme d'un cylindre, ayant pour axe, l'axe même de la pompe d'injection.

La matière brute de la poudre qu'on doit comprimer est versée dans une caisse de bois rectangulaire, doublée en plomb, dans l'intérieur, et consolidée par des ferrures de cuivre: le dessus est amovible. Le long côté vertical formant le devant de la caisse, s'ôte et se replace à volonté; il est tenu par des traverses et des clavettes en cuivre.

La caisse peut contenir environ 150 kilogrammes de poudre. Au lieu de presser la poudre en masse, les Anglais, d'après les Français, la divisent en couches assez minces, qu'ils séparent avec des feuilles de cuivre posées horizontalement. Par ce moyen la compression est plus facile et plus complète; et la poudre, une fois comprimée, se brise et s'égrène plus facilement et plus également. Lorsqu'on veut placer la caisse sur le plateau de la presse, on approche de ce plateau un petit échafaudage présentant une plate-forme élevée à la hauteur du plateau, qui est alors aussi bas que possible : de chaque côté, sur cette plate-forme, se trouve une rainure en relief, assez semblable aux ornières des routes en fer; les deux rainures se prolongent jusque sur le plateau de la presse. Sous la caisse, deux rainures en creux ou des roulettes à gorge concave, emboîtent les rainures en relief. La caisse étant placée vide sur la plate-forme, on la charge, on pose son couvercle rectangulaire, puis on la pousse jusque sur le plateau. Alors on retire l'échafaudage qui porte la plate-forme. La traverse supérieure de la charpente de la presse, présente en dessous un massif de bois, en relief, un peu moins large que le couvercle de la caisse.

Lorsqu'on fait agir la pompe d'injection, le plateau s'élève, il force la caisse à s'élever aussi; bientôt le couvercle de la caisse vient toucher au massif immobile. Alors ce couvercle devient également immobile. Pour que la caisse, toujours poussée par le plateau, puisse continuer à monter, il faut que le couvercle s'enfonce, et presse la poudre qu'il recouvre, en la réduisant à un volume de moins en moins considérable;

SEPTIÈME LEÇON.

Équilibre des corps flottants ; pesanteurs spécifiques ; écoulement des fluides.

Lorsque des corps solides sont posés sur un fluide, les uns restent à la surface, en partie immergés, en partie émergés ; d'autres gardent une position intermédiaire, sans descendre jusqu'au fond, ni venir à la surface du fluide ; d'autres enfin descendent jusqu'au fond. Il faut examiner à quoi sont dues ces diverses positions d'équilibre.

Nous allons d'abord traiter le premier cas, qui est le plus important.

Supposons une masse de fluide en repos dans un réservoir ABCD, fig. 1, pl. II. Si nous imaginons qu'une partie quelconque *mnpq* de ce fluide, se congèle tout à coup, sans augmenter ni diminuer de poids ni de volume, rien ne sera changé dans l'état d'équilibre. De plus, d'après l'égalité qui subsiste toujours entre l'action et la réaction, la partie restée fluide pressera de bas en haut la partie solidifiée, avec une force égale au poids même de cette partie *mnpq* solidifiée.

Maintenant, remplaçons *mnpq* par un corps

solide ayant même forme extérieure et même poids que *mnpq*, et demandons-nous la condition nécessaire pour que ce corps reste en équilibre dans sa position.

Soit G, le centre de gravité du fluide déplacé par le corps flottant. Si le centre de gravité du corps substitué au fluide *mnpq*, avait aussi son centre de gravité en G, il est évident que les pressions verticales du fluide extérieur feraient également équilibre au poids du fluide *mnpq* avant son déplacement, et au poids du corps *mnpq* qui remplace le fluide *mnpq*.

Si le centre de gravité du corps solide *mnpq*, au lieu de rester en G, montait ou descendait à l'aplomb du point G, centre de *mnpq*, il est évident que la répulsion de bas en haut du fluide extérieur, se trouverait toujours sur la même verticale, et directement opposée au poids du corps : il y aurait donc toujours équilibre.

De là nous tirons cette première conséquence. Un corps flottant, sur un fluide ou dans un fluide, s'y trouve en équilibre : 1º. quand le poids du corps est égal au poids du fluide qu'il déplace ; 2º. quand le centre de gravité du solide et le centre de gravité de l'eau que déplace le solide sont situés sur une même verticale.

Actuellement, supposons que le poids du corps soit précisément égal au poids d'un volume de fluide égal au sien. On pourra plonger le corps dans ce fluide, de manière à ce que son point le plus élevé rase le niveau du fluide, ou bien l'enfoncer à diverses profondeurs. Dès qu'on aura rendu le repos à ce corps et au fluide qui l'environne, on pourra laisser le corps à lui-même; il restera flottant entre deux eaux dans la position qu'il aura prise.

Mais, si le corps est plus léger qu'un volume de fluide égal au sien, la pression de l'eau qui l'environne le poussera de bas en haut avec une force égale à la différence de poids du fluide déplacé et du corps solide. Ce corps montera donc et une partie sortira du fluide, jusqu'à ce que le volume de la partie immergée représente un poids de fluide égal au poids de ce corps.

Passons enfin au troisième cas, c'est-à-dire, à celui où le corps solide est plus pesant qu'un volume égal de fluide. Dans ce cas, même en supposant le corps plongé tout entier dans le fluide, la pression qu'il exerce de haut en bas, en vertu de sa pesanteur, est plus grande que la réaction exercée de bas en haut par le fluide; par conséquent le corps doit obéir à l'action prédominante de sa propre pesanteur, et descendre jusqu'au fond du fluide, si ce fluide est partout de la même pesanteur.

Ces premiers résultats sont féconds en conséquences. Lorsqu'on jette dans un fluide, dans l'eau, par exemple, des corps très-légers, la force d'impulsion peut bien, pendant quelques instants, faire enfoncer ces corps au-dessous de la surface de l'eau; mais, bientôt après, la répulsion de l'eau l'emporte; ces corps reviennent à la surface du fluide, et surnagent. Alors il ne reste sous l'eau qu'une partie dont le volume rempli d'eau représenterait rigoureusement leur propre poids.

Quand les corps ont exactement, ou du moins ont à très-peu près, le même poids que le volume d'eau qu'ils déplacent, ils restent entre deux eaux : comme certains bois flottés qui ne sont ni assez légers pour s'émerger en partie, ni assez pesants pour descendre et s'arrêter au fond des eaux. Enfin, quand les corps sont sensiblement plus pesants que l'eau, ils descendent d'eux-mêmes jusqu'au fond du fluide; c'est ce qu'on observe en laissant tomber dans l'eau une balle de fer ou de plomb.

Par conséquent un corps dont le poids serait constant, mais qui jouirait de la propriété de grossir ou de diminuer son volume, pourrait à volonté rester entre deux eaux, venir à la surface ou descendre jusqu'au fond; en rendant ce volume tel, que la quantité de fluide qu'il déplace pèse autant, ou pèse moins, ou pèse plus que ce corps même.

Telle est la propriété dont jouissent les poissons. La nature leur a fourni les moyens de vivre dans l'eau, à toutes les profondeurs, et de s'y transporter avec facilité. Elle leur a donné un réservoir d'air entouré d'une membrane élastique qui, tantôt se dilatant, et tantôt se resserrant, augmente ou diminue le volume du poisson. Quand cet animal veut s'élever, il se contente de relâcher les muscles qui compriment sa vessie; aussitôt il augmente de volume sans augmenter de poids, et le seul effet de la réaction du fluide environnant le porte vers la surface des eaux. Au contraire, quand le poisson veut aller vers le fond, il fait agir les muscles qui compriment sa vessie, diminue lui-même de volume et descend par l'effet de son propre poids; enfin, lorsqu'il arrive à la profondeur qu'il juge convenable à sa sécurité et à ses fonctions animales, il gonfle assez sa vessie pour acquérir un poids précisément égal à celui de l'eau qu'il déplace, et reste en repos.

Supposons, maintenant, qu'on demande de construire un navire insubmersible. Il faudra que toutes les parties de ce navire où l'eau peut pénétrer, étant supposées remplies d'eau, il surnage encore. C'est ce qu'on peut faire, par exemple, en construisant ce navire avec des matériaux très-légers, tels que certains bois blancs, et surtout du liége : de manière que, si l'on remplissait d'eau tout l'espace occupé par les matériaux employés, cette eau présentât un poids plus grand que celui du navire. Alors il est évident qu'on remplirait vainement avec de l'eau l'intérieur du navire. Comme cette eau ne pèserait pas plus que celle qu'elle déplace, il resterait toujours la différence supposée, entre le poids des substances légères dont le navire est construit, et le poids d'un pareil volume d'eau. Par conséquent, le navire surnagerait, encore il serait réellement insubmersible. C'est d'après ce principe qu'on a construit des bateaux dits *de sauvetage*, pour aller sauver les équipages des vaisseaux qui font naufrage à la proximité des ports. Malheureusement ce genre de construction ne saurait convenir aux vaisseaux destinés à porter beaucoup d'hommes, d'armes et de marchandises peu volumineuses et très pesantes : il faut donc avoir recours à d'autres moyens pour les garantir des principaux accidents des naufrages.

Une des plus belles applications que le génie humain ait pu faire de la propriété qu'ont les fluides de supporter les corps solides que l'on pose sur leur surface, est celle des bateaux et des vaisseaux employés sur les cours d'eau, sur les lacs et sur les mers, pour transporter l'homme et les produits de l'industrie à des distances très-grandes, dans un temps très-court, avec l'emploi d'un petit nombre de bras.

Les navires sont des corps solides et creux, dont le poids total est moindre que leur volume supposé tout entier occupé par l'eau. Par conséquent, en posant un navire sur la surface de l'eau, il doit surnager.

Nous appelons *carène*, la partie du vaisseau qui se trouve au-dessous du plan horizontal du niveau de l'eau; ce plan lui-même s'appelle *plan de flottaison*; enfin, nous appelons *ligne de flottaison*, le contour marqué sur la surface extérieure du vaisseau, par le plan de flottaison, ou le niveau de l'eau.

D'après les principes que nous venons d'exposer relativement à l'équilibre des corps flottants, un vaisseau qui flotte sur l'eau, n'y peut rester en équilibre, à moins que les conditions suivantes ne soient remplies :

1°. La carène, dont le volume représente le volume de l'eau déplacée par le fluide, doit être telle que le poids d'un pareil volume d'eau soit exactement égal au poids total du vaisseau.

2°. Le centre de gravité de la carène, supposée toute entière occupée par le fluide, et le centre de gravité du vaisseau, doivent être placés sur la même verticale.

Il ne suffit pas que le vaisseau qui doit naviguer, mis dans une position unique, sur une eau parfaitement tranquille, s'y trouve momentanément en équilibre; mille causes accidentelles viendront, à chaque instant, déranger cet état. Les hommes qui monteront le navire, et qui serviront à le diriger dans sa marche, passeront souvent d'un bord à l'autre, et de l'avant à l'arrière ; or, chacun de leurs mouvements détruira l'état d'équilibre primitif. Le moindre vent qui troublera le niveau parfait du fluide, et qui soufflera contre la partie surnageante du vaisseau, présentera d'autres causes perturbatrices.

Donc il faut, non-seulement que le vaisseau soit susceptible d'une certaine position d'équilibre sur le fluide, mais qu'en supposant cette direction un peu dérangée par une cause accidentelle quelconque, il se trouve encore en équilibre, ou du moins tende à reprendre, et reprenne sa position primitive.

Soit donc, fig. 2, le vaisseau qui, dans sa position primitive d'équilibre, est en repos sur le fluide MN. Soit C le centre de gravité de la carène MON, et G le centre de gravité du vaisseau. Les deux centres doivent être sur la même verticale CG, pour que le vaisseau reste en équilibre sur le fluide. Supposons qu'il s'incline un peu, de manière que A'D', fig. 3, soit la flottaison, au lieu de AD, flottaison primitive. Il est visible que la carène aura gagné le volume DBD' d'un côté de CGB, et perdu A'BA de l'autre côté de cette même droite. Ainsi le centre de carène se trouve, par ce changement, transporté du côté de BDD', en un certain point C'.

Élevons la verticale C'M jusqu'en M où elle rencontre la droite CGB. Ce point M est ce qu'on appelle le *métacentre du vaisseau*.

Si le centre G du vaisseau est placé précisément au point M, il y a encore équilibre, et le vaisseau reste en équilibre dans sa nouvelle position comme il y restait dans l'ancienne.

Mais si, le centre G de gravité du vaisseau est en dessous du point M, alors on a deux forces : l'une égale au poids du vaisseau, laquelle agit en G de haut en bas ; l'autre égale à ce poids ou au poids de l'eau déplacée et agissant de bas en haut. Ces deux forces agissent donc ensemble pour faire tourner le corps flottant de gauche à droite, s'il se trouve incliné de droite à gauche, et réciproquement ; c'est-à-dire, qu'alors l'opposition des deux forces tend à ramener le vaisseau vers sa position primitive.

Ainsi, dans ce cas, l'équilibre est *stable*, et l'on peut se placer sur le vaisseau, sans craindre d'être submergé par suite du moindre dérangement dans la position primitive d'équilibre.

Mais, si le centre G, fig. 4, était au-dessus du point M, alors les deux forces de la gravité du navire et de la répulsion du fluide agiraient pour faire tourner le corps dans le même sens que l'inclinaison déjà donnée, c'est-à-dire, que plus on inclinerait le vaisseau d'un côté, plus il tendrait à s'incliner de ce côté. Par conséquent, à moins de dispositions particulières dont nous ne pouvons parler, le vaisseau tournerait jusqu'à ce qu'il fût renversé : c'est ce qu'on appelle *chavirer*. Dans ce cas l'équilibre est *instable*.

Avant que la théorie eût éclairé les ingénieurs constructeurs, sur les moyens de donner aux vaisseaux une stabilité suffisante, il était assez fréquent de voir des bâtiments manquer tout-à-fait de cette qualité indispensable. On en voyait d'autres tendre à revenir vers leur position primitive, lorsqu'ils n'éprouvaient qu'un faible dérangement; mais, aussitôt que la force perturbatrice passait une certaine limite, le vaisseau, qui paraissait stable dans le port, ne l'était plus au milieu des mers et sous l'effort de vents impétueux; il chavirait au fort de la tempête, et le navire ainsi que les hommes qui le montaient étaient engloutis sous les ondes. Aujourd'hui la science a donné des moyens certains pour prévenir de semblables malheurs.

Il est beau de voir la théorie venir au secours de l'homme et le garantir des dangers que toute l'expérience pratique ne peut apprendre à prévoir, en employant pour rendre un tel service, quelques mesures bien choisies et quelques calculs d'applications.

L'abondance des matières nous empêche d'offrir ici de plus grands développements sur la théorie de la stabilité des vaisseaux; cette théorie, considérée dans son ensemble, appartient à la géométrie transcendante; et nous devons en laisser l'étude spéciale aux officiers de la marine et aux constructeurs de vaisseaux. Ils trouveront cette théorie développée dans nos *Applications de géométrie et de méchanique*, un vol. in-4°.

Après avoir considéré les variations du volume des corps flottants, il convient de considérer la constance ou la variation du volume des fluides, où nagent ces corps flottants.

Il y a des fluides tels que l'eau, le vin, les huiles, le mercure, qui, malgré l'effort des pressions les plus puissantes, ne diminuent pas de volume d'une quantité sensible : on les appelle pour cette raison des fluides *incompressibles*. Cependant ces fluides, qui semblent se refuser à l'action des forces que l'homme peut employer pour augmenter ou diminuer leur volume, cèdent à la force qui agit sur tous les corps de la nature, et qu'on appelle *calorique*.

A mesure que les fluides augmentent de chaleur, ils augmentent de volume. Si l'on place dans un même lieu plusieurs fluides de nature différente, et qu'on les soumette aux mêmes variations de chaleur, les variations de leurs volumes changent suivant des rapports qui sont à peu près constants. Si, par exemple, une colonne d'eau augmente ou diminue de longueur comme 1 et comme 2, par l'effet de deux échauffements ou de deux refroidissemens différens, le volume d'une autre colonne de mercure, d'huile, d'esprit-de-vin, etc., augmentera ou diminuera, dans ces deux cas, de quantités qui seront à très-peu près entr'elles :: 1 : 2.

Il suffit donc d'observer dans un lieu quelconque, les variations que la température fait éprouver à un seul fluide, pour connaître le rapport de variations que la même température fait éprouver à tous les autres fluides.

Cette régularité dans le changement de volume des fluides n'a lieu qu'entre certaines limites, en deçà ou au delà desquelles ces corps changent de nature.

Lorsqu'on refroidit les liquides jusqu'à un certain degré, ils deviennent des solides. Ainsi quand le froid devient rigoureux, l'eau se change en glace. Il faut beaucoup moins de froid pour solidifier l'huile, ou comme on dit, pour la figer : aussi voyons-nous sur nos tables, qu'en hyver, l'huile est figée dans l'huilier, malgré la chaleur de l'appartement; tandis que l'eau n'est pas gelée dans la carafe.

L'esprit-de-vin et le mercure sont encore

plus difficiles à congeler que les huiles et l'eau pure. Par conséquent, chaque fluide a son degré de congélation particulier, mais qui reste toujours le même. Au delà de ce degré, le corps cesse de suivre les lois de la fluidité, et devient un solide.

Au lieu de refroidir les fluides, si nous les échauffons, et si nous élevons de plus en plus leur température, ils atteindront bientôt un terme où les molécules se séparant les unes des autres, passeront à l'état de vapeur ou de gaz, et deviendront des corps tels que l'air : ils seront des fluides aériformes.

C'est, par exemple, ce qui a lieu quand on chauffe de l'eau jusqu'au point de la faire bouillir. L'ébullition n'est autre chose que l'accroissement subit de volume des molécules d'eau qui passent de l'état liquide à l'état gazeux. Cet accroissement est tel, que l'eau occupe dix-sept cents fois plus d'espace lorsqu'elle est réduite à l'état de vapeur ou de gaz, que quand elle est à l'état de liquide.

On peut de même faire passer à l'état de vapeur ou de gaz, les autres fluides, mais avec un degré de chaleur particulier. Il faut moins de chaleur pour vaporiser de l'éther et de l'esprit-de-vin que pour vaporiser de l'eau; mais il en faut beaucoup plus pour vaporiser le mercure.

Néanmoins pour faire passer un même fluide

à l'état de vapeur, il faut toujours le même degré de chaleur.

Puisqu'entre ces deux états de congélation et de vaporisation, les fluides éprouvent des variations à très-peu près proportionnelles, et que le degré de chaleur qui produit la congélation ou la vaporisation d'un même fluide est invariable, on peut donc prendre la différence de chaleur entre la congélation et la vaporisation d'un fluide quelconque, de l'eau, par exemple, la diviser en un certain nombre de parties égales, et prendre ces parties pour unité représentative de la chaleur.

Voilà ce qu'a fait Réaumur, il a divisé en *quatre-vingts* degrés égaux les variations de la chaleur, depuis la congélation de l'eau jusqu'à sa vaporisation.

Aujourd'hui, pour adopter une division plus commode, on divise le même intervalle en *cent* degrés égaux : c'est ce qu'on appelle la division centigrade.

La physique et les arts industriels doivent une partie de leurs progrès à cette idée, si simple, de chercher pour la chaleur, une unité de mesure. Si les anciens avaient connu le moyen de mesurer la chaleur, ils nous auraient transmis les connaissances les plus précieuses sur la température du globe et sur une foule de phénomènes de la nature. Cet exemple est un de ceux qui montrent, de la manière la plus frappante, combien il importe de se créer des moyens de mesurer avec exactitude chacune des forces de la nature.

Revenons à l'équilibre des fluides proprement dits : une masse de fluide dont toutes les parties ont un même degré de chaleur, présente, en chaque point, un même poids pour un même volume. Elle a partout la même densité.

Quand on compare entr'eux différents corps de même volume, leurs densités sont évidemment proportionnelles à leurs poids.

Maintenant, supposons que je prenne un kilogramme d'eau à 5° de chaleur, 1 à 10°, 1 à 20°, 1 à 30°, 1 à 60°, etc. : tous ont bien le même poids ; mais le premier a moins de volume que le second ; le second moins que le troisième ; le troisième moins que le quatrième, etc.

Pour comparer ces densités, on mesure, dans ces divers états, le volume du kilogramme d'eau. Quand la température est abaissée au point que ce volume est le plus petit possible (1), ce volume d'eau qui égale un décimètre cube, est précisément la mesure que nous appe-

---

(1) Ce n'est pas à *zéro*, ou à la température de la glace fondante que le volume de l'eau est le moindre possible, mais à 3° et quelque chose au-dessus de *zéro*.

lons *litre*. On appelle *eau comparable*, l'eau distillée réduite à son moindre volume.

Il est important de trouver des moyens pour comparer, à la densité de l'eau prise pour unité, celle de tous les autres corps.

Nous avons dit que les densités de deux corps ayant même volume, sont proportionnelles au poids de ces corps; on appelle *pesanteurs spécifiques* les pesanteurs comparées de ces corps de même volume.

C'est la pesanteur de l'eau réduite à son moindre volume qu'on prend pour unité des pesanteurs spécifiques.

Donc, quand on nous dit que la pesanteur spécifique de telle pierre ou de tel métal est représentée par les nombres 2, ou 3, ou 4, cela signifie simplement que le poids d'un décimètre cube de ce corps égale deux fois, ou trois fois, ou quatre fois, le poids de ce décimètre cube d'eau pris pour unité des pesanteurs spécifiques.

L'équilibre des corps flottants va nous fournir le moyen le plus simple et le plus avantageux de tous ceux qu'on peut employer pour déterminer des pesanteurs spécifiques.

Remarquons, d'abord, qu'à moins de faire usage de l'équilibre des corps flottants, on ne peut déterminer de pesanteurs spécifiques sans faire les opérations suivantes : 1°. mesurer avec une exactitude parfaite le volume V

SEPTIÈME LEÇON.

d'un corps dont on demande la pesanteur spécifique; 2°. le poids P de ce corps estimé dans le vide. Soit donc V $=n$ litres, P $=m$ kilogrammes; $\frac{m}{n}$ sera le nombre qui représente la pesanteur spécifique.

Mais, quand les corps ont des formes compliquées ou irrégulières, il est très-difficile et souvent impossible de mesurer géométriquement leur volume; par conséquent, on ne peut espérer de connaître avec exactitude ni ce volume, ni la pesanteur spécifique des corps.

Si le corps P, fig. 5, plongé tout entier dans le fluide ABC, réduit à son moindre volume, y reste suspendu, c'est que son poids égale le poids du volume d'eau qu'il déplace. Donc, alors, son poids est à son volume comme le poids de l'eau déplacée est au volume de cette même eau déplacée. Dans ce cas, la pesanteur spécifique du corps est précisément égale à celle de l'eau, et se trouve représentée par le nombre 1.

Si le corps P, fig. 6, posé sans mouvement au milieu du fluide, a besoin d'être soutenu par une force F, pour ne pas tomber au fond de l'eau, c'est qu'à volume égal il pèse plus que l'eau qu'il déplace. Donc, alors, sa pesanteur spécifique est plus grande que 1.

Il est facile de déterminer la valeur absolue de cette pesanteur spécifique.

Représentons par V litres, le nombre de litres d'eau comparable, déplacés par le corps P, c'est-à-dire, le volume de ce corps; V kilogrammes sera le poids de l'eau déplacée.

Soit à présent F la force qu'il faut employer pour empêcher le corps P d'aller à fond.

Déjà ce corps a perdu, par la répulsion de l'eau, une partie de son poids égale à celui de l'eau déplacée $=$ V kilogrammes; donc le poids de ce corps, diminué de V, est encore égal à F : le poids total du corps pesé dans le vide est donc égal à V $+$ F kilogrammes.

Enfin, la pesanteur spécifique de ce corps est égale à $\frac{V+F}{V}$.

S'il fallait, au lieu de tirer le corps P de bas en haut avec la force F, pour l'empêcher d'aller à fond, le pousser avec la force f, pour l'empêcher de monter à la surface de l'eau, le poids réel du corps serait V $- f$ kilogrammes, et sa pesanteur spécifique serait égale à $\frac{V-f}{V}$.

Pour mesurer la force F, on emploie un instrument ingénieux appelé *balance hydrostatique*, fig. 7.

C'est une balance à bras égaux ordinaires, avec deux petits bassins, dont un seul sert à recevoir des poids.

Au-dessous de chaque bassin est un petit crochet auquel on fixe le bout d'un crin, dont l'autre bout peut s'attacher aux corps dont on veut déterminer la pesanteur spécifique.

Les couteaux du fléau portent sur deux appuis qui sont unis à la verge verticale d'un petit cric. Suivant que l'on tourne à droite ou à gauche la manivelle de ce petit cric, on fait descendre ou monter la verge, et avec elle les points de suspension de la balance. On peut donc par ce moyen, faire descendre un corps p dans un vase plein d'eau réduite à son *minimum* de volume, et voir quel poids F il faut placer dans le plateau de droite, où dans le plateau de gauche, pour faire équilibre au corps p que l'on plonge dans l'eau.

Si c'est dans le bassin auquel est attaché le corps, qu'il faut mettre un poids F, ce corps est plus léger que l'eau qu'il déplace. Il est au contraire plus pesant, si c'est dans le bassin opposé que l'on doit placer ce poids.

Actuellement, pesons le cops p dans le vide, et appelons V le nombre de kilogrammes qu'il pèse, nous aurons immédiatement : pesanteur spécifique du corps pesé $= \frac{V+F}{V}$ ou $\frac{V-F}{V}$, suivant le bassin de la balance où nous aurons placé le poids F.

Comme il importe de faire ces opérations avec une extrême exactitude, une graduation POQ, et une aiguille CO indiquent si la balance est dans son équilibre naturel avant et après chaque pesée. Enfin, pour assurer l'aplomb de tout le système, la balance est supportée par la pointe de trois vis de rappel qui servent à rehausser les côtés trop bas, jusqu'à ce que la pointe d'un plomb pendu par un fil, vienne juste sur un point marqué au centre de la base que les vis de rappel servent à mettre de niveau.

Il y a des corps, tels que les substances salines, qui se dissolvent dans l'eau dès qu'ils sont en contact avec elle; il en est d'autres qui l'absorbent en abondance. Alors la force F, nécessaire pour le tenir en équilibre dans l'eau, est augmentée de tout le poids de l'eau absorbée, et diminuée de toute la substance dissoute et emportée par l'eau environnante.

Il faut en pareil cas, peser les corps dans un autre fluide dont la pesanteur spécifique soit connue, et qui, comme l'huile, ou l'alcool, ou le mercure, n'ait pas d'affinité pour le solide dont on veut connaître la pesanteur spécifique.

On emploie, pour mesurer la pesanteur spécifique des petits corps, un instrument ingénieux qu'on doit à Nicholson.

A, fig. 8, est un cylindre de fer-blanc; B est un bassin qui tient au-dessus du cylindre par une petite tige; S est un seau dont l'anse est accrochée sous le cylindre A.

Pour déterminer avec cet instrument la pesanteur spécifique d'un corps C : 1°. on le place sur le bassin B, et on y joint assez de poids F, pour que le tout plongé dans l'*eau comparable*, descende de manière que la marque T soit à la surface de l'eau.

On a mesuré d'avance combien il faut mettre de poids V (sans le corps C), pour faire descendre l'instrument de manière que la marque T soit au raz de l'eau.

On a donc $V = P + F$, et $P = V - F$, P étant le poids du corps C.

Ensuite on place le corps C dans le petit seau S que l'on plonge dans l'eau; on charge de poids le petit bassin, jusqu'à ce que l'instrument descende assez pour que T soit au niveau du fluide.

Désignons par F' le total de ces nouveaux poids, nous aurons $V - F'$ égale le poids du volume d'eau déplacée par le corps C; par conséquent, $\frac{V - F}{V - F'} = $ la pesanteur spécifique du solide C.

Voyons à présent comment nous déterminerons la pesanteur spécifique des fluides. Prenons un cube de métal qui ait, par exemple, un décimètre de côté; attachons-le sous un plateau de la balance hydrostatique : 1°. si nous plongeons le cube dans l'*eau comparable*, le corps perdra juste un kilogramme de son poids; donc, il faudra qu'on mette un kilogramme sur le plateau qui porte le cube métallique pour replacer la balance hydrostatique dans l'état d'équilibre où nous l'avons supposée avant l'immersion.

Retirons le cube qui se trouve dans l'eau, et plongeons-le dans un autre fluide; dans de l'huile ou de l'esprit-de-vin, par exemple. Ces corps étant plus légers que l'eau, la quantité déplacée a toujours le même volume, mais n'a plus le même poids. Soit donc Q le nouveau poids qu'il faut placer dans la balance pour rétablir, après l'immersion, l'équilibre qui subsistait avant l'immersion. On aura cette proportion.....

Le poids d'un décimètre cube d'eau comparable : au poids d'un décimètre cube de nouveau fluide :: 1 *kilogramme* : Q *kilogrammes.*

Donc Q représentera précisément la pesanteur spécifique de ce nouveau fluide.

Supposons qu'au lieu d'un cube de métal, qui déplace précisément un litre d'eau, l'on emploie un cube qui ne déplace qu'un litre; ou $\frac{1}{3}$, ou $\frac{1}{4}$ de litre, le poids perdu par le cube dans l'*eau comparable*, sera, suivant ces cas, de $\frac{1}{2}$, ou $\frac{1}{3}$, ou $\frac{1}{4}$ kilogramme, et en général m kilogrammes. Si le poids perdu dans le nouveau fluide est exprimé par Q kilogrammes, on aura simplement $\frac{Q}{m}$ pour pesanteur spécifique cherchée; c'est-à-dire, qu'il suffira de diviser le poids perdu dans le nouveau fluide par le poids perdu dans l'eau, pour avoir la pesanteur spécifique de ce nouveau fluide.

On emploie par fois un moyen assez singulier pour déterminer les pesanteurs spécifiques de deux fluides. On verse d'abord une certaine quantité de mercure ACB, fig. 9, dans le fond d'un tube recourbé. Ensuite on verse dans la première branche AD un poids quelconque P du premier fluide dont on veut connaître la pesanteur spécifique ; puis un poids Q du second fluide dans la branche BE, jusqu'à ce que le mercure soit de niveau dans les deux branches.

Alors il est évident que la pression exercée par le poids P sur la partie CA du mercure, égale la pression exercée par le poids Q sur la partie CB du mercure; donc $P = Q$. Maintenant si le tube est bien calibré, les volumes des deux fluides qui s'élèvent, l'un de A en D, l'autre de B en E, sont entr'eux comme ces hauteurs AD : BE. Donc, les pesanteurs spécifiques de ces corps sont entr'elles comme les rapports $\frac{P}{AD}$ et $\frac{P}{BE}$. Ainsi, les pesanteurs spécifiques de ces corps sont en raison inverse des hauteurs AD et BE.

Des raisons particulières rendent dans la pratique un tel moyen très-défectueux : d'abord l'extrême difficulté d'avoir deux branches d'un tube qui soient partout de même diamètre ; ensuite l'adhésion plus ou moins grande des parois du tube avec les fluides ; ce qui diminue l'effet de la pesanteur de ces fluides.

Un moyen beaucoup meilleur et très-fréquemment employé dans les arts, est celui que fournit l'instrument qu'on appelle *aréomètre*.

Qu'on imagine une première boule de verre B, fig. 10, qui est vide, et une plus petite S, en partie pleine de plomb ou de mercure, fixée au-dessous de la grande. Soit un tube CA, fixé au-dessus de celle-ci, et gradué par divisions égales. Supposons que cet aréomètre plongé dans l'eau comparable, s'y enfonce jusqu'en E; il s'enfoncera moins lorsqu'on le plongera dans les fluides moins légers, et plus lorsqu'on le plongera dans les fluides plus légers que l'eau. Des marques particulières pourront donc indiquer jusqu'où l'aréomètre doit s'enfoncer lorsqu'on le plonge dans une substance d'une pesanteur spécifique donnée, comme l'eau-de-vie, ou des dissolutions salines d'un certain degré de force. Alors, en essayant une liqueur donnée, on verra de suite si elle est d'une pesanteur spécifique égale, ou moindre, ou plus grande que celle qui lui appartient naturellement : connaissance d'une extrême importance dans un grand nombre d'arts.

L'aréomètre de Farenheit, fig. 11, est beaucoup plus satisfaisant que celui dont nous venons de donner la description.

Il en diffère en ce que la grosse boule est allongée et le tube changé en une tige courte, très-mince et surmontée d'un petit bassin. On pèse cet aréomètre avec la plus grande exactitude, et l'on grave son poids sur le bassin, pour ne pas l'oublier. Cela fait, on plonge l'instrument dans de l'eau comparable; puis on charge le bassin avec de petits poids p, jusqu'à ce que l'instrument s'enfonce dans l'eau précisément à la marque A. On le retire, on le plonge ensuite dans le fluide dont on veut connaître la pesanteur spécifique; enfin, on charge de nouveau le bassin avec de petits poids q, jusqu'à ce que la marque A vienne au niveau du fluide.

Maintenant, si l'on appelle P le poids de l'aréomètre pesé dans le vide, on a, pour le poids du fluide déplacé lors de la première immersion, $P+p$; et, pour le poids du fluide déplacé lors de la seconde immersion, $P+q$. De plus, les volumes des deux masses du fluide déplacé sont égaux; donc, enfin $\frac{P+q}{P+p}$ est le rapport de leurs pesanteurs, c'est-à-dire, leur pesanteur spécifique.

Le naturaliste fait usage des pesanteurs spécifiques pour distinguer des corps semblables de forme ou de couleur et qui pourtant sont de nature différente. Le joaillier les emploie pareillement pour s'assurer si les substances qu'on lui présente sont des pierres précieuses. La chimie et la médecine ont recours à la même connaissance pour se mettre en garde contre la fraude des charlatans de toute espèce qui débitent des produits chimiques ou des médicaments altérés dans leur nature.

Je puis citer un exemple remarquable de l'utilité des instruments qui servent à mesurer avec précision la pesanteur spécifique des liquides.

Les eaux-de-vie, suivant leur degré de concentration plus ou moins grande, ont une pesanteur spécifique pareillement plus ou moins grande. Les Français qui, les premiers, ont mesuré par des pèse-liqueurs ces degrés de concentration, ont eu le très-grand avantage de pouvoir aussi, les premiers, fabriquer des eaux-de-vie au degré précis qu'exigeaient les besoins du consommateur.

Les Espagnols, dont les vins liquoreux sont très-propres à la distillation, voulurent entrer en concurrence avec nous pour la fabrication des eaux-de-vie. Mais, comme ils ne savaient pas mesurer le degré de la concentration par des pèse-liqueurs, ils se contentaient de laisser tomber d'une certaine hauteur une goutte d'huile sur leur eau-de-vie. Suivant que cette goutte s'enfonçait plus ou moins profondément, ils en concluaient que leur eau-de-vie était plus ou moins forte. Ce moyen grossier les induisait à chaque instant en erreur. Ils fournissaient donc à l'étranger des eaux-de-vie fort-inégales; ce qui donnait à leurs produits la plus mauvaise réputation. Ils étaient réduits à nous les vendre à bas prix. Alors, avec nos instruments, nous les réduisions aisément au degré précis de force convenable; et nous les vendions aussi cher que nos propres eaux-de-vie. Ce commerce, dans le nord de l'Europe, seulement, nous faisait gagner quatre millions de francs par année, avant la révolution.

Aujourd'hui les Espagnols connaissent l'usage des pèse-liqueurs, et ne nous laissent plus cet énorme bénéfice.

On voit par-là combien les plus simples instruments, fournis par la méchanique, peuvent avoir des conséquences importantes pour le commerce et pour la richesse des peuples : tel est l'avantage de cette science.

Après avoir expliqué ce qui concerne les pressions et l'équilibre des fluides, il faut parler de l'effet qui se produit lorsqu'on ouvre tout à coup passage à ces fluides, renfermés dans un vase ou dans un réservoir. On appelle *orifice*, l'ouverture pratiquée dans le fond ou les parois latérales de ces vases ou de ces réservoirs.

Supposons d'abord, pour plus de simplicité, que l'orifice soit percé dans le fond du vase, et que ce fond soit horizontal. La partie du fond qui occupait la place de l'orifice, supportait une pression représentée par la colonne d'eau dont cet orifice est la base, cette colonne s'élevant jusqu'au niveau supérieur du fluide. Tel est donc le poids qui presse les molécules d'eau placées au niveau du fond. Voici comment on détermine la vîtesse que le fluide doit prendre en vertu de cette pression. Supposons qu'on ajuste à l'orifice un tube recourbé qui s'élève au moins aussi haut que le niveau supérieur du fluide. Par l'effet de la pesanteur, le fluide sera poussé dans le tube avec une force qui, se renouvelant à chaque instant avec la même intensité, est une force accélératrice constante. Le fluide sera donc poussé de bas en haut, avec cette force, jusqu'à ce qu'il s'élève à la hauteur même du niveau supérieur : alors il y aura équilibre, et le fluide restera en repos. Par conséquent, la vîtesse que le fluide aura prise depuis le moment où il commence à remonter du niveau de l'orifice inférieur jusqu'au niveau supérieur, est précisément celle qu'il aurait acquise en tombant du niveau supérieur au niveau inférieur, lorsqu'il arrive à ce dernier niveau. Or, la vîtesse d'un corps qui tombe librement est proportionnelle à la racine quarrée de la hauteur de la chute. Ainsi, règle générale, la vîtesse avec laquelle l'eau doit sortir d'un orifice, est proportionnelle à la racine quarrée de la hauteur de la colonne d'eau qui se trouve au-dessus de cet orifice.

Les *jets d'eau* sont construits d'après le principe qui nous a servi pour arriver à ce résultat. Un tube recourbé part d'un réservoir élevé, et l'eau qui jaillit de ce tube s'élève verticalement jusqu'à une hauteur qui serait précisément celle du niveau supérieur du fluide, sans la résistance de l'air. On observe aussi, lorsqu'on regarde un jet d'eau, que la vitesse de l'eau, très-considérable au sortir de l'orifice, diminue de plus en plus, à mesure que le fluide s'élève, et devient nulle au point le plus élevé du jet d'eau, d'où elle retombe ensuite par un mouvement accéléré, en prenant successivement les mêmes degrés de vitesse qu'elle avait en montant à des hauteurs correspondantes.

Les eaux qui s'enfoncent dans la terre tendent à remonter au niveau des réservoirs d'où elles partent; ce qui produit une foule de phénomènes et donne naissance aux sources, aux fontaines, etc.

Lorsque l'eau s'écoule d'un vase par un orifice, toutes choses égales d'ailleurs, la quantité d'eau qui s'écoule dans un temps donné est proportionnelle à la vitesse du fluide et à la surface de l'orifice. Cependant, à cause de la résistance que le fluide éprouve contre les bords de l'orifice, résistance qui n'est que double pour un orifice quadruple en surface, qui n'est que triple pour un orifice ayant neuf fois autant de surface, etc.; cette résistance est plus considérable quand le fluide sort par de petits orifices, que par des grands.

Une autre cause diminue la quantité d'eau qui sort par les orifices, c'est ce qu'on appelle la *contraction de la veine fluide*. Non-seulement la colonne de fluide perpendiculaire au plan de l'orifice tend à s'échapper directement par cet orifice ; toutes les molécules fluides qui environnent cette colonne et qui avoisinent l'orifice, étant pressées contre cette colonne, tendent à s'échapper aussi par l'orifice. Il en résulte des pressions latérales qui tendent à contracter la colonne ou, comme on dit, la veine fluide, lorsqu'elle s'échappe de l'orifice. Cette contraction est la plus grande possible lorsque l'orifice présente des bords très-minces ; elle diminue lorsqu'on ajuste un tuyau à l'orifice et que l'on allonge par degrés ce tuyau, jusqu'à un certain terme. Je dis jusqu'à un certain terme : car, au delà de cette limite, le frottement du fluide contre les bords intérieurs du tuyau diminue la vitesse du fluide et finit par la détruire presque entièrement, si le tuyau est horizontal et d'une grande longueur.

On est donc obligé, quand on veut conduire les eaux par des tuyaux très-longs, de leur donner une pente qui suffise pour que le poids de l'eau détruise à chaque instant le ralentissement occasionné par le frottement de cette eau contre les parois du tube.

La figure de l'orifice n'est pas indifférente. Pour des orifices de même surface, celui dont la forme est le plus irrégulière laisse passer, dans un temps donné, la moindre quantité d'eau. Pour des figures d'un même nombre de côtés, la figure régulière est celle qui livre passage à la plus grande quantité d'eau, et, parmi tous les polygones réguliers qui peuvent servir d'orifices, le cercle est la figure qui livre passage à la plus grande quantité possible de fluide. De manière que les tuyaux circulaires sont ceux qui présentent le moins de résistance au mouvement des fluides que l'on fait courir dans leur intérieur.

La vîtesse avec laquelle l'eau s'écoule par un orifice avec ou sans tuyau, reste constante quand le réservoir qui fournit cette eau est entretenu constamment à la même hauteur. Mais, si la hauteur du fluide diminue dans le réservoir, toutes choses égales d'ailleurs, ainsi que nous l'avons vu, la vîtesse du fluide et, par conséquent aussi, la quantité d'eau écoulée, dans un temps donné, diminuent comme la racine quarrée de la hauteur de l'eau au-dessus de l'orifice. Ainsi, quand la hauteur de l'eau diminue dans le rapport de 1 à 4, la vîtesse de l'eau diminue dans le rapport de 1 à 2. Quand la hauteur de la colonne d'eau diminue dans le rapport de 1 à 9, la vîtesse de l'eau qui s'écoule diminue dans le rapport de 1 à 3, et ainsi de suite.

On a fait des expériences nombreuses pour connaître, dans les cas principaux, les déperditions de force qui résultent des différentes figures des orifices avec ou sans tuyau, pour des masses d'eau entretenues ou non à la même hauteur. Nous renvoyons, à cet égard, à l'excellent *Traité d'hydrodynamique* de Bossut. La connaissance de ces expériences est indispensable pour régler d'une manière éclairée la conduite des eaux et leur distribution, au moyen d'aquéducs et de tuyaux de conduite, de rigoles et de canaux, pour l'usage des villes et des campagnes, de l'agriculture et de l'industrie.

HUITIÈME LEÇON.

Force motrice fournie par les eaux naturelles de la France.

Essayons de nous former une idée de la totalité des forces motrices que les eaux naturelles de la France offrent à notre industrie nationale. Nous verrons, ensuite, par quels moyens la méchanique peut tirer le meilleur parti possible de cette grande puissance fournie par la nature.

La surface de la France contient 52.000.000 d'hectares, ce qui fait 520.000.000.000 de mètres quarrés. Chaque année, dans les localités exactement pareilles, il tombe sur la terre une quantité de pluie proportionnelle à la surface horizontale du terrain. Si l'on pouvait déterminer la quantité précise de la pluie qui tombe sur chaque mètre quarré, la somme de toutes ces quantités représenterait la masse des eaux pluviales de la France. Mais il faudrait une infinité d'expériences pour atteindre un semblable degré d'exactitude. On est donc obligé de se contenter d'un certain nombre d'observations. On effectue ces observations en plaçant, dans un endroit tranquille et bien choisi, un vase ouvert en dessus, dont le fond terminé en entonnoir communique avec un réservoir qu'on ferme exactement au moyen d'un robinet, pour empêcher l'évaporation de cette eau. L'ouverture du vase présente une surface exactement mesurée et qui peut être très-convenablement égale à un mètre quarré. Alors, la quantité d'eau qu'on mesure successivement, après les pluies, donne en litres la quantité totale des eaux pluviales, pour un mètre de superficie.

D'après beaucoup d'observations de ce genre faites par des physiciens, les astronomes du bureau des longitudes de France ont pensé qu'on doit évaluer à sept dixièmes de mètre cube la quantité d'eau qui tombe annuellement sur un mètre de superficie du territoire français. Par conséquent, si l'on prend les $\frac{7}{10}$ de 520.000.000.000 mètres quarrés que contient ce territoire, on aura 364.000.000.000 mètres cubes pour la quantité d'eau pluviale qui tombe, année moyenne, sur le sol de la France.

Les eaux qui tombent sur le sol se divisent en quatre parties. Une première partie s'enfonce dans la terre et forme des amas d'où proviennent les sources des fontaines et des rivières : c'est la plus régulière et la plus utile à l'industrie.

Une seconde coule immédiatement sur le sol. Elle alimente les torrents, les ruisseaux, etc.;

elle produit les inondations et les crues subites. On peut, dans beaucoup de cas, la rendre moins nuisible, et dans beaucoup d'autres la rendre plus utile à l'industrie.

Une troisième partie est consommée par la végétation : l'industrie doit chercher à l'accroître.

Une quatrième est dissipée par l'évaporation : l'industrie doit chercher à la diminuer.

Il est très-difficile, pour ne pas dire impossible, de déterminer avec précision, suivant quel rapport s'effectue cette division des eaux en quatre parties. Cependant, d'après quelques calculs que j'ai faits, je pense qu'on ne peut pas estimer pour la France, à moins d'un tiers, la quantité des eaux pluviales qui, n'étant absorbées, ni par la végétation, ni par l'évaporation, parvient à la mer. Supposons seulement que 120.000.000.000 mètres cubes d'eau pluviale arrivent à la mer. Ces eaux sont fournies par tous les points du territoire, et les points les plus élevés, à cause des forêts qu'ils contiennent, peuvent être regardés comme ceux qui en fournissent davantage, toutes choses égales d'ailleurs. Néanmoins, admettons que la quantité des eaux pluviales est sensiblement la même pour tous les points d'un même bassin.

Afin d'avoir la quantité de force motrice que représentent les 120.000.000.000 mètres cubes, il faudrait multiplier chaque mètre cube d'eau par la hauteur du point où cette eau commence à couler en rigole ou en ruisseau, dont l'industrie puisse tirer parti.

Si l'on avait un nivellement complet de la France par courbes horizontales suffisamment rapprochées, il suffirait de multiplier la surface horizontale du terrain comprise entre ces diverses courbes, par la hauteur moyenne entre le point le plus haut et le point le plus bas de chaque ligne de niveau. La somme de ces produits, divisée par la surface totale, donnerait la hauteur moyenne du territoire. Cette hauteur, multipliée par la masse des eaux pluviales, représenterait la quantité de force motrice que les eaux peuvent fournir; en déduisant toutefois l'espace vertical que chaque molécule d'eau doit parcourir avant que sa réunion avec d'autres molécules puisse former des rigoles ou des ruisseaux utiles à l'industrie.

La plus haute montagne de la France s'élève à 3.410 mètres au-dessus du niveau de l'océan. On serait bien au delà des limites convenables, si l'on prenait la moitié de cette hauteur pour l'élévation moyenne du territoire. On peut trouver une valeur plus approchée de la vérité, en cherchant quelle est la hauteur du point de partage le plus élevé des canaux de France qui traversent les chaînes de montagnes, dans l'intérieur du pays. Le point de partage du canal de Bourgogne, qui est le plus élevé de tous les points de partage de nos canaux, se trouve à 426$^{\text{mèt.}}$,32 au-dessus de la surface de l'océan. Nous croyons adopter pour moyenne hauteur du territoire, une valeur plutôt trop faible que trop forte, en prenant 100 mètres seulement ; c'est-à-dire, moins du quart de 426$^{\text{mèt.}}$,32.

D'après ces données, si l'évaporation et la végétation n'absorbaient aucune partie des eaux pluviales, les quantités de forces que ces eaux offriraient à l'industrie seraient représentées, pour la France, par le produit de cent fois 364.000.000.000, et représenteraient une force totale de 36.400.000.000.000 mètres cubes tombant d'un mètre de hauteur. En ne calculant que la force des eaux qui parviennent à la mer, nous supposons seulement 12.000.000.000.000 mètres cubes, tombant d'un mètre de hauteur, pour force effective de ces eaux.

Si nous voulons voir maintenant à quelle force humaine peuvent correspondre les forces de l'eau que nous venons de déterminer, nous admettrons que, dans sa journée, un homme bien constitué monte un poids de 50 mètres cubes d'eau à un mètre de hauteur ; résultat qui s'accorde avec les expériences de Coulomb sur la force des hommes. En comptant trois cents journées effectives pour travail d'un homme qui ne prend de repos que celui des jours consacrés par les lois, et qui n'a que 6 à 7 jours de maladie par an, nous trouvons pour le travail annuel d'un homme robuste, pris comme unité de force, 15,000 mètres cubes élevés à un mètre. Si nous divisons les 12.000.000.000.000 de mètres cubes par 15,000, nous trouvons pour quotient 800.000.000. Par conséquent, la force des eaux pluviales de la France est au moins égale à celle de 800.000.000 d'hommes bien constitués, qui travailleraient trois cents jours par an, c'est-à-dire, en d'autres termes, que ces 800.000.000 d'hommes, employés à monter de l'eau, reporteraient à la hauteur de leur source, la moindre quantité d'eau que le territoire français puisse être supposé verser dans la mer.

J'ai présenté ce tableau, pour montrer quelle immense richesse la France possède dans ses cours d'eau naturels. Nous serons frappés d'étonnement, si nous considérons la faible quantité des eaux employées par l'industrie française.

On voit, dans l'ouvrage publié par M. le comte Chaptal, sur cette industrie, que le nombre total des moulins de la France est de 76,000, parmi lesquels il faut compter peut-être 10,000 moulins à vent. Il reste donc 66.000 moulins à eau; nous pouvons aisément nous former une idée du travail de ces moulins.

Le poids total des grains de toute espèce, livrés à la mouture, est de six milliards de kilogrammes, par année commune. On sait d'ailleurs que la force nécessaire pour moudre 1.000 kilogrammes équivaut au travail journalier de cinquante-six hommes. Il faut donc multiplier 6 millions par 56 ; ce qui produit, pour la force totale que représente la mouture de tous les grains de France, 336.000.000 de journées lesquelles, divisées par 300 jours de travail, exigent 1.120.000 travailleurs. Si nous supposons, seulement, que les moulins à vent de France exécutent un travail de mouture correspondant à celui de 120.000 hommes, il restera le travail de 1.000.000 hommes pour celui de tous les moulins à eau de la France. Ainsi, la force hydraulique utilement employée pour la mouture de tous les grains de France, n'est que la 800e. partie de la force disponible des eaux qui descendent à la mer.

On peut, il est vrai, et je pense qu'on doit admettre comme effet de l'imperfection des moulins à eau de la France, que la force de deux millions d'hommes est consommée pour exécuter un travail qui demanderait seulement la force de 1.000.000 d'hommes, si la construction des machines hydrauliques était mieux entendue. Mais, dans cette hypothèse même, les moulins à eau, en doublant leur travail, et fournissant par conséquent une force égale à celle d'un million d'hommes, aux diverses branches de l'industrie, n'emploieraient encore que la 400ᵉ. partie de la force motrice dont nous pouvons disposer, en profitant de la descente naturelle des eaux pluviales sur notre territoire.

On peut demander quelle est la force totale des machines hydrauliques, consacrées à des forges, à des fourneaux, à des usines de toute espèce. Il serait facile de démontrer que cette force n'égale pas la force totale des moulins à mouture. Ainsi l'on peut affirmer que, dans l'état actuel de l'industrie française, il n'y a pas une quantité d'eau employée ou gaspillée, dans les travaux de nos arts, qui soit égale à la 200ᵉ. partie de la force motrice qui nous est offerte par la descente des eaux pluviales.

Sans faire de nouveaux emprunts à la masse des eaux dont on n'a pas encore tiré parti, on peut, au moins, tiercer l'effet utile des eaux maintenant employées et donner immédiatement à l'industrie une force motrice qui représente le travail annuel d'un million d'hommes robustes, travaillant 300 jours par année.

Quand on considère, ainsi qu'on vient de le faire, combien est grande la force motrice qu'on peut emprunter aux eaux pluviales, dans leur descente, depuis les points les plus élevés jusqu'à la mer, on doit voir combien cette force nous permet de créer d'établissements d'industrie, sur une foule de points du territoire. La perfection de ces établissements, leur richesse et leur prospérité dépendent en grande partie de la manière intelligente dont on saura tirer parti des cours d'eau, et les employer comme force motrice, avec des roues hydrauliques ou d'autres moyens méchaniques.

Il serait à désirer qu'en plusieurs parties de la France, on créât des écoles pratiques spéciales pour cet objet.

Je voudrais, par exemple, qu'à Toulouse ou à Bordeaux, qui me semblent d'admirables positions, et comme au centre du versant des eaux des hautes montagnes des Pyrénées, des Cévennes, du Cantal et de l'Auvergne, on instituât une école pratique où l'on enseignerait à des charpentiers, à des ouvriers en métaux, déjà bons artisans, l'art de construire les roues hydrauliques et les moulins de toute espèce; on leur enseignerait aussi les principes de géométrie et de méchanique appliquées aux arts, tels que nous les développons dans notre Cours Normal, avec des applications plus étendues, plus particulières, sur tout ce qui concerne l'emploi de la force des eaux. On ferait venir l'un après l'autre, dans cette école, tous les bons ouvriers destinés à construire les moulins du midi de la France. Un établissement du même genre, à Grenoble, à Valence ou à Lyon, deviendrait un centre pour les ouvriers des vallées, si riches en eaux courantes, des Hautes et des Basses-Alpes et du versant oriental des Cévennes, des monts d'Auvergne ainsi que du versant méridional des Vosges et du Jura. Une autre école de ce genre devrait être placée dans le bassin de la Loire; une quatrième dans le nord, une cinquième au pied des Vosges ou du Jura. Il serait possible de les instituer avec beaucoup d'économie, et même en donnant un simple encouragement à quelque grande manufacture de machines hydrauliques, fondée dans les lieux que nous venons de citer. Je me contente de présenter cette idée qui sans doute ne restera pas infructueuse; elle deviendra pour les propriétaires de moulins, la source d'une augmentation considérable de revenus, et, pour l'industrie française, un moyen d'ajouter beaucoup aux forces motrices dont cette industrie peut disposer.

Avant de chercher les avantages qu'il est facile d'obtenir par une meilleure construction des machines hydrauliques, portons notre attention sur les moyens de ménager la masse des eaux, d'où nous pouvons tirer une énorme puissance.

Nous ne conseillerons point de diminuer la quantité des eaux qui servent à la végétation. Nous croyons, au contraire, qu'il est utile, par un système d'irrigation bien entendu, d'accroître de plus en plus cette quantité. Nous pensons qu'on peut le faire avec une économie intelligente, qui permette de profiter des eaux, beaucoup plus près de leur source, et qui en diminue beaucoup l'évaporation. Des allées d'arbres plantés au bord d'un cours d'eau, en le mettant à l'abri du vent et des rayons du soleil, diminuent pareillement l'évaporation. L'autorité veille à ce que des plantations soient entretenues sur le bord des grandes routes où souvent elles produisent une humidité très-nuisible à la conservation de la voie publique; elle devrait ordonner qu'on fasse des plantations sur le bord des rivières et des ruisseaux pour en protéger les bords contre le ravage des eaux courantes, et pour diminuer l'évaporation. Ces précautions devraient surtout être prises à l'égard des aquéducs et des canaux d'irrigation, dans lesquels l'eau transportée est la richesse même qu'on a pour objet d'exploiter; mais il vaudrait encore mieux couvrir ces aquéducs et ces canaux.

Quant aux eaux qui coulent immédiatement à la surface du territoire, il importerait de leur offrir une foule de petits conduits à pentes très-douces, pour qu'elles ne charrient pas une trop grande quantité de sable et de terre, ainsi que le font les torrents. Ces filets serviraient d'abord comme de petits canaux d'irrigation; les eaux qu'ils fourniraient seraient concentrées en des points où elles pourraient produire des effets méchaniques avantageux.

Chacune des habitations isolées de la campagne, devrait, autant que possible, avoir à sa disposition un de ces filets d'eau, pour exécuter une foule de petits travaux domestiques et d'agriculture. Dans les montagnes du Tyrol, de semblables filets d'eau sont employés, tantôt pour faire osciller un berceau et tenir lieu d'une bonne d'enfants, tantôt pour battre du beurre, pour faire tourner la meule avec laquelle on aiguise des outils, etc.

Un tel système n'a pas seulement l'avantage de faire présent à de modestes chaumières, d'une force motrice précieuse; il habitue les hommes et les femmes de la campagne à demander des secours aux forces de la nature; il excite l'intelligence, et souvent développe un premier germe de génie chez les adolescents. Les jeux de la méchanique sont un plaisir naturel. Il ne faut aux enfants que des modèles pour apprendre à s'exercer en ce genre. Qui d'entre nous, s'il a passé ses jeunes ans à la campagne, n'a pas fait de petits moulins avec un bout de baguette pour arbre de la roue, et deux moitiés de chenevottes passées en croix dans deux fentes faites à angle droit au milieu de la baguette, afin de produire une roue à quatre ailes Au bord de la mer les enfants se plaisent à tailler de petits navires, à leur donner des mâts, des vergues et des voiles, à les faire flotter sur les eaux, et les voient avec délices naviguer par l'impulsion des vents.

Plusieurs artistes célèbres ont dû la découverte de leur génie à des essais de ce genre; essais qui se multiplieront à mesure que les enfants des campagnes auront sous les yeux un plus grand nombre de machines simples et variées. Revenons au parti qu'on doit tirer des eaux.

Les sources plus ou moins abondantes peuvent, dès le premier moment, être rendues utiles pour une foule de travaux.

Il faudrait allonger le cours de presque tous les ruisseaux, par des sinuosités qui ralentiraient la vîtesse des eaux, ainsi que je l'ai déjà dit, et diminueraient les ravages qu'elles produisent. Il faudrait planter, sans exception, les bords de tous les cours d'eau.

Il faudrait, par un bon système de conduite des eaux, éviter de les laisser descendre pour avoir ensuite à les remonter, afin d'arroser les jardins ou les prairies.

Quand on ne pourra pas amener directement les eaux, sans les remonter, il faudra le faire au moyen du bélier hydraulique, machine aussi simple qu'ingénieuse; elle permet de profiter du moindre filet d'eau, pour produire avec le temps de grands résultats. Voyez page 258.

Quant à l'eau qui s'enfonce profondément sous terre, on peut, dans beaucoup d'endroits, la faire jaillir sur le sol, en creusant des puits artésiens, qu'on a commencé de construire en diverses parties de la France.

Des rigoles multipliées qu'on établirait sur le flanc des montagnes et des collines, amèneraient, par une pente douce, un volume d'eau suffisant, à la plus grande hauteur où puisse commencer le travail des moulins et des usines de toute espèce. Depuis ce point jusqu'à la mer, il faut diviser le cours des eaux par chutes assez grandes pour produire les efforts qu'exige l'industrie, en ayant soin de rendre les pentes aussi douces que possible entre les diverses chutes, pour perdre aussi le moins possible de la force fournie par l'eau qui descend. Un peuple tout entier peut entendre et suivre avec intelligence ce vaste système, qu'il suffit d'expliquer avec clarté et de répandre avec activité. Tels sont les moyens d'économiser les eaux ; mesurons, à présent, leur vitesse et leurs effets utiles.

La vitesse des eaux courantes dépend : 1°. de la pente plus ou moins grande du lit dans lequel elles coulent ; 2°. de la surface de ce lit et de sa profondeur. Si l'on fait une section perpendiculaire à la direction du courant et qu'on prenne le profil du lit du cours d'eau terminé par une ligne horizontale qui représente la superficie de l'eau, on aura ce qu'on appelle *la section* du courant.

Tous les filets d'eau qui passent dans cette section ne sont pas animés d'une même vîtesse. Les filets qui touchent immédiatement le lit du courant sont arrêtés par le frottement que ce lit leur fait éprouver. Cette première couche d'eau ayant une certaine adhérence avec la couche immédiatement contiguë, contribue à retenir la seconde; celle-ci retient la couche immédiatement supérieure, etc.

On peut se demander quel est le filet d'eau qui possède la plus grande vîtesse ? Sa position se trouve entre le fond et la surface du courant : de manière que les filets qui sont à la surface supérieure se meuvent moins rapidement que les eaux immédiatement inférieures.

Ce fait important fournit l'explication d'un phénomène remarquable. Les bateaux et les corps flottants abandonnés au cours de l'eau, quand ils s'enfoncent à une certaine profondeur, prenant une vîtesse moyenne entre toutes celles des filets d'eau dont ils occupent la place, se meuvent plus vîte que les filets qui sont à la surface du courant.

On a fait des expériences pour déterminer quel est le rapport entre la vîtesse la plus grande à la surface et la vîtesse moyenne du courant.

On appelle vîtesse moyenne celle qui, multipliée par la surface de la section, représente la quantité totale de l'eau qui s'écoule dans un temps donné par cette section, avec les différentes vîtesses dont les filets d'eau sont animés.

Les géomètres ont étudié les rapports mathématiques qui se trouvent entre la pente des eaux courantes, la surface et le contour de la section, et la vîtesse moyenne des eaux.

M. de Prony s'est occupé de cette recherche. Ses résultats, qui sont d'une grande simplicité, satisfont, d'une manière fort-approchée, à tous les cas dont l'industrie peut avoir besoin.

Appelons R la surface de la section, divisée par la longueur du contour de cette section qui représente le lit du fleuve ; I le rapport de la hauteur à la longueur du plan incliné qui représente la pente longitudinale du courant ; et V la vîtesse moyenne de l'eau courante. Ces quantités ont entr'elles la relation suivante :

$$R\ I = 0,000.024.265.1\ V + 0,000.365.543.\ V^2.$$

Avec cette égalité, si l'on connaît R et I, l'on trouvera immédiatement V. Il en sera de même lorsque, connaissant I et V, on voudra connaître R ; et lorsque, connaissant R et V, on voudra connaître I.

M. de Prony a publié des tables très-complètes, d'après ses propres calculs, et d'après ceux qui ont été faits, en conformité avec ses premières recherches, par M. Eytelwein. Ces tables épargneront beaucoup de calculs aux personnes qui veulent estimer le volume des eaux courantes, et nous ne pouvons qu'y renvoyer. Elles se trouvent dans un mémoire in-4°., publié en 1825, à l'imprimerie royale, sous le titre de *Recueil de cinq tables* : 1°. *pour faciliter et abréger les calculs des formules relatives au mouvement des eaux dans les canaux découverts et les tuyaux de conduite* ; 2°. *pour présenter les résultats de 167 expériences employées pour l'établissement de ces formules.*

Soit maintenant : $\frac{1}{4}$ D le rapport de l'aire de la section à la longueur du périmètre, et J, la charge d'eau qui peut exister à l'extrémité inférieure d'un tuyau où l'on suppose que l'eau court pour faire équilibre à la pression due à la vîtesse U de l'eau courante; l'on a

$\frac{1}{4}$ DJ = 0,000.017.331.4U + 0,000.348.259U².

Ces deux formules analogues sont propres, l'une pour les canaux découverts, l'autre pour les tuyaux de conduite ; et, ce qu'il y a de remarquable, ces deux formules donnent à très-peu près un résultat identique.

Par une simplification essentielle, M. de Prony a découvert ce résultat très-commode pour la pratique, et qui suffit dans presque tous les cas : la vîtesse moyenne est à fort-peu près les $\frac{4}{5}$ de la vîtesse à la surface, prise dans la direction du filet le plus rapide. Nous conseillons aux personnes qui s'adonnent à l'industrie, d'adopter cette détermination, dans les jaugeages qu'elles auront à faire des cours d'eau qui doivent leur fournir la force motrice.

On voit que, pour évaluer avec une précision suffisante, un cours d'eau qu'on destine à l'industrie, il faut d'abord déterminer exactement la figure du lit, dans une direction perpendiculaire au courant, et pour une position déterminée; ce qu'on fera par des sondages. Ensuite, on mesurera la vîtesse du courant, à l'endroit de la surface où le cours de l'eau est le plus rapide.

D'ordinaire, on abandonne un flotteur au gré du courant; puis, on mesure l'espace qu'il parcourt dans un temps donné. A cet effet, deux observateurs se tiennent, un à chaque extrémité de l'espace bien connu que le flotteur doit parcourir. Devant chaque observateur on plante deux jalons dont les directions, perpendiculaires à la ligne que suit le courant, sont parallèles entr'elles. Tout étant prêt, on lâche le flotteur un peu au-dessus du premier observateur, lequel, au moment précis où le flotteur traverse la direction des jalons, tire un coup de pistolet ou donne un autre signal quelconque, afin d'avertir le second observateur. Alors tous les deux comptent en même temps les oscillations d'un pendule, ou bien ils observent les secondes marquées par l'aiguille d'une montre, pendant que le flotteur parcourt l'espace entre l'un et l'autre observateur. Aussitôt que ce flotteur traverse l'alignement des jalons du second, celui-ci fait à son tour un signal, et tous les deux comptent le temps écoulé pour parcourir l'espace entre les deux signaux. On répète plusieurs fois la même opération pour prendre la moyenne des résultats.

Afin que le flotteur soit moins exposé aux agitations de l'air, on l'immerge entièrement.

Au lieu d'employer des flotteurs pour mesurer la vîtesse d'un courant, on peut se servir d'une petite roue garnie de 16 à 18 ailettes. L'axe de cette roue est d'un faible diamètre, et bien poli. Cet axe tourne sur des rouleaux, afin de rendre presque insensible, l'effet du frottement. Multiplions le nombre de tours que fait la roue exposée au courant, par la circonférence que parcourt le centre de gravité de la partie de chaque palette immergée dans le fluide. Alors, abstraction faite de toute résistance, nous aurons l'espace parcouru par l'eau courante, à la surface, durant l'expérience.

La résistance de l'air s'oppose au mouvement de la roue, dont elle diminue la vîtesse. Mais on est sûr, ainsi, que la vîtesse réelle du courant surpasse celle qu'a donnée l'expérience.

On n'a donc pas à craindre d'évaluer trop bas la force dont on peut disposer.

M. Pitot a donné dans les mémoires de l'Académie des sciences, année 1723, la description d'un tube dont il s'est servi pour mesurer la vîtesse de la Seine, sous le pont Royal. C'est un simple tube de verre, qu'on a coudé d'équerre et qu'on plonge verticalement dans le courant; la petite branche du tube est alors immergée horizontalement; l'eau du courant pénètre dans le tube par cette petite branche; elle monte dans la grande, à une hauteur d'autant plus considérable que le courant est plus rapide.

On peut donc, avec une graduation sur le tube ou sur une planche accolée au tube, connaître la vîtesse du courant d'après cette hauteur. Lorsqu'on enfonce le tube à des profondeurs plus ou moins grandes, on détermine la vîtesse du courant pour des profondeurs qui correspondent à la position de la petite branche horizontale du tube. Ce moyen exige un appareil particulier, afin d'empêcher toute oscillation, tout dérangement de position du tube, durant l'expérience.

Dans la Ve. leçon, j'ai décrit le dynamomètre de M. Régnier. On peut l'appliquer à la mesure immédiate de la force impulsive d'un courant, sur une surface donnée. On prend un bloc de bois taillé en cube; on lui donne la pesanteur spécifique de l'eau, en y fichant un certain nombre de clous; on suspend le cube, qu'on immerge dans le courant, par une corde fixée au crochet du dynamomètre. Le cube, entraîné par le courant, fait effort sur l'instrument et bande plus ou moins le ressort, suivant la force du courant; le nombre de kilogrammes auquel correspond l'effort exercé par le fluide, contre la surface antérieure du cube, est indiqué sur la graduation, par le stylet du dynamomètre.

Canaux-aquéducs. Quand un manufacturier veut tirer parti d'un cours d'eau, comme force motrice, il doit presque toujours dériver cette eau par un aqueduc ou canal plus ou moins long. C'est un travail délicat qu'il ne faut pas entreprendre sans avoir fait des observations et des calculs qui préviendront les opérations désastreuses et les fausses dépenses, et qui montreront l'effet utile qu'on peut espérer des opérations projetées.

M. Methuon a donné, dans le journal de l'école des mines, des renseignements précieux sur ces divers objets : En voici la substance. Pour tirer le meilleur parti d'un cours d'eau, l'on doit faire quatre opérations distinctes : 1°. reconnaître le ruisseau ou la rivière que l'on veut détourner en tout ou en partie; déterminer la quantité d'eau qu'ils fournissent ordinairement, surtout en été; examiner ensuite le pays et les lieux par où le canal devra passer, les petits cours d'eau qu'il coupera, leur distance respective et leur éloignement tant de l'origine du canal que de l'extrémité ; 2°. calculer la quantité d'eau nécessaire pour les machines que l'on veut établir ; 3°. niveler le terrain, depuis le point où l'on veut amener l'eau jusqu'au courant même ; 4°. examiner si l'on peut obtenir une chute d'eau d'une hauteur suffisante.

La détermination de la pente du canal est d'une extrême importance. Moins elle est forte, plus l'eau met de temps à parcourir un espace donné, plus les filtrations ont de loisir à se former, plus l'évaporation a de temps pour s'effectuer. Au contraire, quand la pente est rapide, l'eau se meut avec plus de vîtesse ; elle choque tous les obstacles qu'elle rencontre, avec une plus grande quantité de mouvement. Aussi ronge-t-elle, alors, plus aisément les bords, et fait-elle dans le fond du canal des affouillements plus ou moins considérables, suivant la nature plus ou moins résistante du sol. Dans ce cas on est obligé de réparer souvent le canal, d'arrêter les eaux et d'en suspendre l'effet utile.

On voit qu'entre les deux extrêmes il est un terme moyen, le plus avantageux possible, qui dépend beaucoup de la nature des terrains que doit traverser l'aquéduc et de la masse des eaux qui doivent courir ensemble. Cette connaissance pratique et théorique est celle des ingénieurs et des artistes chargés spécialement de cette espèce de travaux.

Suivant M. Méthuon, dans un canal ayant 2 mètres de largeur constante, 5 décimètres de profondeur, avec un décimètre de pente sur 250 mètres de longueur, c'est-à-dire, un mètre de pente sur 2.500 de longueur, l'eau parcourt 80 mètres dans une minute.

La force impulsive d'un tel canal est suffisante pour produire les effets suivants : 1°. elle peut, au moyen d'une roue de 11 mètres de diamètre, faire aller douze équipages de pompes, dont les pistons s'élèvent et s'abaissent de 16 décimètres par coup; ces pistons ayant chacun 3 décimètres de diamètre. Dans ce système, la grande roue motrice fait six tours complets dans une minute; 2°. la moitié de cette eau suffit pour faire aller un bocard à douze pilons, dont la roue, de 45 décimètres de diamètre, fait jusqu'à dix-huit révolutions par minute; 3°. cette roue fournit et au delà, de quoi alimenter deux pompes et faire agir quatre soufflets.

Dans un canal qui, sur mille mètres de longueur, n'avait que $13\frac{1}{2}$ centimètres de pente, l'eau n'avait que le tiers de la vitesse dans le canal dont la pente était 40 centimètres pour mille mètres, en supposant aux deux canaux la largeur constante de 6 mètres. Mais, dans le second canal, l'eau n'avait pas un mouvement aussi régulier que dans le premier : vers les bords elle était presque dans un état de stagnation.

Par l'effet des filtrations et de l'évaporation, l'eau du canal ayant une pente douce de $13\frac{1}{2}$ centimètres pour 1.000 mètres, quoique la couche d'eau eût 7 décimètres d'élévation près de la source, à 20.000 mètres de là, cette couche était presque réduite à rien par le seul effet des déperditions insensibles.

D'après ces observations, il semble qu'on ne doit pas donner moins de 4 décimètres de pente par 1.000 mètres, aux canaux ayant les dimensions que nous venons de rapporter.

Il ne faut pas donner plus de 7 décimètres de pente par kilomètre de longueur; parce qu'alors la trop grande pente occasionerait la dégradation des bords et du fond.

Nous ne parlons pas des moyens de creusement et d'exécution des canaux : ces préceptes appartiennent à l'enseignement des ponts et chaussées, plutôt qu'au Cours de Géométrie et de Méchanique appliquées aux arts.

Si les canaux n'ont pas assez de pente, on peut les rendre d'un bon service en augmentant leur capacité, soit en exhaussant leurs bords, soit en les élargissant. Lorsque la pente est faible, il convient que l'eau conserve, autant que cela est possible, dans toute sa longueur, un mouvement égal. En effet, si quelque part elle est à peu près stagnante, elle résiste à l'eau qui survient, l'oblige à se gonfler, à s'élever, et quelquefois même à déborder. Quand l'eau stagnante occupe en longueur plus de 80 mètres, elle arrête celle qui survient. Alors le canal doit avoir une section d'autant plus grande que sa pente est plus faible.

Réservoirs. Si le cours d'eau dont vous pouvez disposer n'est pas assez considérable pour imprimer constamment à vos machines le mouvement qui leur est nécessaire, il faut accumuler cette eau dans des réservoirs stagnants : c'est ce qu'on appelle des étangs.

Ce moyen est très-dispendieux, parce qu'il exige le sacrifice d'un vaste terrain, fertile et précieux par sa position dans le fond d'une vallée. Aussi, depuis l'introduction des machines à vapeur, renonce-t-on, dans beaucoup d'endroits, à la force motrice de l'eau, lorsqu'on ne peut l'obtenir que par de semblables retenues d'eau.

Dans un cas pareil, les industriels doivent calculer à l'avance : 1°. le revenu du terrain qu'il faudrait convertir en étang; 2°. les frais de terrassement nécessaires à la confection des rigoles de dérivation, des digues, des chaussées et des vannes indispensables à l'étang. Ils doivent évaluer aussi le revenu de cet étang et l'effet utile de ses eaux, pour le comparer avec l'effet utile qu'on peut obtenir de la force des animaux, ou de la force d'une machine à vapeur.

Par-là, l'on sait, à l'avance, quel est le moyen le plus économique, et l'on peut opérer sans cesse de la manière la plus avantageuse.

Dans la chaussée qui sert de retenue au réservoir d'eau, on introduit un ou plusieurs tuyaux en bois ou en fer, afin de conduire aux machines l'eau qui doit les mettre en mouvement. Ces tuyaux sont formés de plusieurs pièces qui s'emboîtent les unes dans les autres; il faut qu'elles soient ajustées avec précision, et l'on doit avoir soin de boucher avec de l'étoupe toutes les fissures, les trous, etc. Il convient aussi de prendre toutes les précautions désirables pour que l'eau ne puisse pas filtrer et endommager la chaussée. A l'extrémité du tuyau de conduite, on adapte une bonde, ou vanne mobile entre des rainures; on l'élève pour ouvrir un passage au fluide. Voyez, pour de plus grands détails, le *Traité de l'exploitation des mines de Délius*, traduit par Schreiber, t. II.

Nous empruntons au *Traité des machines* de M. Hachette, la description suivante du *bélier hydraulique*.

L'eau de la source arrivée en A, fig. 12, pl. II, avec une vîtesse acquise due à la hauteur de la chute, s'écoule par un tuyau de conduite AB, qui est évasé en A, et incliné de manière que la pente soit au moins de 27 millimètres par 2 mètres; elle s'échappe par un orifice C qu'on peut fermer à volonté, au moyen d'une soupape.

Un réservoir d'air F (1) s'unit par un ajustage cylindrique *abcd*, au tuyau de conduite ABD; sur le milieu du fond de ce réservoir F, est un orifice circulaire auquel s'adapte un petit support cylindrique dont l'extrémité E est garnie d'une soupape *e*; S est une autre soupape destinée à entretenir d'air le réservoir F et l'espace *mn*, compris entre l'ajustage *abcd*, et le petit support E de la soupape. GIH est un tuyau d'ascension qui prend naissance en G dans le réservoir d'air F.

On nomme le tuyau ABC, par lequel l'eau s'écoule de la source, *corps du bélier*; le tuyau GIH, par lequel l'eau s'élève au-dessus de la source, s'appelle *tuyau d'ascension*. Des deux soupapes D et *e* qui ferment les orifices C et E, on nomme la première *soupape d'écoule-*

---

(1) Ce réservoir d'air a pour objet d'entretenir un mouvement continu dans la colonne d'eau ascendante; il augmente les effets du bélier hydraulique, mais il n'en est pas une partie essentielle. Plusieurs béliers, sans réservoir d'air, dont les tuyaux d'ascension s'embrancheraient sur une conduite unique, entretiendraient la continuité du mouvement de l'eau dans cette conduite; les pompes aspirantes et foulantes, exécutées à Marly, par MM. Cécile et Martin, et qui élèvent l'eau d'un seul jet continu, à 57 mètres, sont construites sur ce principe.

ment ou *d'arrêt*, et la seconde *soupape d'ascension*. Ces soupapes sont des boulets creux D et *e*, qu'on retient par des muselières, et dont l'épaisseur est telle, qu'ils ne pèsent pas plus de deux fois le volume d'eau qu'ils déplacent. On donne à l'extrémité du corps du bélier, qui porte les soupapes et le réservoir d'air F, le nom de *tête du bélier*.

Voici, maintenant, les effets principaux de cette machine mise en mouvement. L'eau, en s'écoulant par l'orifice C, acquiert la vîtesse due à la hauteur de la chute; elle oblige le boulet D à sortir de sa muselière et à s'élever jusqu'à l'orifice C; cet orifice est terminé par des rondelles de cuir ou de toile goudronnée, contre lesquelles le boulet s'applique exactement. Aussitôt que l'écoulement par cet orifice s'arrête, l'eau soulève le boulet *e*, qui ferme l'orifice E du réservoir d'air F; elle s'introduit en même temps et dans ce réservoir et dans le tuyau d'ascension GIH, et enfin elle perd la vîtesse qu'elle avait à l'instant où l'ouverture C s'est fermée; alors les boulets D et *e* retombent par leur propre poids, l'un sur sa muselière, l'autre sur l'orifice E; l'eau de la source recommence à s'écouler par l'orifice C; la soupape D se ferme de nouveau, et les mêmes effets se renouvellent dans un temps qui, pour un même bélier, ne change pas sensiblement.

La révolution d'un bélier commence lorsque la soupape d'arrêt D cesse d'être appliquée contre l'orifice C; elle finit lorsque cette soupape revient à la même position. Il faut distinguer dans cette révolution quatre époques: dans la première, l'eau en s'écoulant par l'orifice C, acquiert une partie de la vitesse due à la hauteur de la chute, et la soupape d'arrêt D se ferme. Dans la deuxième, beaucoup plus courte que la première, les soupapes d'arrêt et d'ascension sont fermées; les corps élastiques, métaux ou air, sont comprimés. Dans la troisième époque, la soupape d'ascension s'ouvre; l'air du réservoir F est comprimé, l'eau s'élève dans le tuyau montant GIH; la soupape d'ascension se ferme, et la soupape d'arrêt ne s'ouvre pas encore. Enfin, dans la quatrième époque, les corps élastiques comprimés à la deuxième époque réagissent; la soupape d'ascension reste fermée, et la soupape d'arrêt qui cesse d'être appliquée contre l'orifice d'écoulement C, tombe sur sa muselière. Les effets qui correspondent aux trois dernières époques, se succèdent très-rapidement; cependant, si l'on donne au bélier des dimensions convenables, on parviendra, avec un peu d'attention, à distinguer la durée de chaque époque.

Première époque. On règle la durée de cette époque par l'expérience; plus on augmente la distance de la soupape d'arrêt D à l'orifice C, et le poids de cette soupape, plus l'eau qui s'écoule par l'orifice C doit acquérir de vîtesse pour soulever la soupape D et l'obliger à s'appliquer contre l'orifice C. Pour chaque position de la soupape sur le fond de sa muselière, on mesure la quantité d'eau qui est élevée, dans un temps pris pour unité, par le tuyau ascendant GIH. En variant la distance de la soupape D à l'orifice C, on parvient à donner à l'eau du corps du bélier, la vîtesse qui correspond au *maximum* d'effet de cette machine.

Deuxième époque. On a vu, au commencement de la description du bélier, que l'espace *mn* était rempli d'air; c'est principalement cet air qui est le corps élastique dont la compression se fait à la deuxième époque. Comme toutes les parties qui composent le bélier sont en métal, elles jouissent aussi d'une certaine élasticité ; mais quelle qu'elle soit, on peut la supposer réunie à la force élastique de l'air *mn*, et ne considérer que les effets de cette dernière élasticité pendant la quatrième époque.

Troisième époque. La force développée pendant la première époque, après avoir comprimé l'air *mn*, est employée à introduire l'eau par l'orifice E dans le réservoir d'air F, et dans le tuyau d'ascension GIH ; dès qu'elle a produit son effet, la soupape *e* retombe par son propre poids, de sa muselière sur l'orifice E, et la soupape d'arrêt D ferme encore l'orifice C.

Quatrième époque. Les deux soupapes étant fermées, l'air comprimé en *mn* réagit; et quoique le temps de cette réaction soit très-court, les effets qui en résultent ont la plus grande influence sur le jeu du bélier; cette réaction oblige l'eau à retourner de la tête du bélier vers la source, ce qui forme un vide vers l'extrémité du corps du bélier; alors l'atmosphère pèse sur la soupape d'arrêt D; l'orifice C d'écoulement s'ouvre, et l'eau de la source contenue dans le corps du bélier ABC, en s'écoulant par cette ouverture, reprend sa vîtesse primitive. L'eau continue à s'élever dans le tuyau d'ascension GIH, par le ressort de l'air comprimé du réservoir F, qui agit sur l'eau de ce réservoir, et la force à monter.

Le mouvement de la colonne d'eau ascendante se communique à l'air du réservoir F; ce réservoir serait bientôt épuisé si l'on n'y introduisait pas à chaque révolution du bélier une portion de nouvel air; le petit canal S, fermé d'une soupape, sert de conduit à cet air; la soupape s'ouvre de l'extérieur à l'intérieur du corps du bélier. Le vide qui se forme à la quatrième époque oblige cette soupape à s'ouvrir; un certain volume d'air atmosphérique entre dans le petit cylindre *abcd*, situé au-dessous du réservoir F, d'où il est chassé ensuite dans ce réservoir. Une portion de cet air se loge dans l'espace *mn*, et forme le corps élastique qu'on nomme *matelas d'air*; c'est à la réaction de cet air comprimé qu'est dû le retour de l'eau que contient le corps du bélier, vers la source. On vient de voir que ce retour a lieu dans la quatrième époque de la révolution entière.

Imaginons que le tuyau de conduite AB, fig. 12, soit coudé, et prenne la figure d'un syphon. Dès l'instant où l'on aura établi, dans ce syphon, un courant dû à la hauteur de l'eau, hauteur plus grande dans le réservoir A qu'en aval, en L, ce courant fera jouer le bélier, comme dans le cas d'un tuyau rectiligne. Pour remplir le syphon, il faut qu'un robinet placé vers A et une soupape placée vers K, permettent de fermer les deux bouts du tuyau ; tandis qu'on le remplit d'eau par une ouverture située au sommet du syphon, ouverture qu'on ferme après exactement. Si l'on ouvre ensuite, le robinet en A, le courant s'établit dans le syphon, et le bélier joue de lui-même.

On peut employer aussi le bélier hydraulique pour élever l'eau d'un puits ou d'un réservoir quelconque ; mais il faut bien comprendre l'effet des pompes pour comprendre cette application connue sous le nom de *bélier aspirateur*.

NEUVIÈME LEÇON.

Des roues hydrauliques.

L'un des moyens les plus importants dont on fasse usage pour communiquer aux machines la force motrice de l'eau, est celui des roues hydrauliques. Il y en a de deux espèces principales : les unes, qu'on appelle *verticales*, ont leur axe horizontal; les autres, qu'on appelle *horizontales*, ont leur axe vertical.

Les premières ont l'avantage d'occuper peu de place et d'offrir une grande facilité de surveillance et de réparation.

Parmi les roues horizontales, anciennes ou récemment inventées, il faut compter la roue à force centrifuge à réaction, la Danaïde, et en général les roues horizontales à aubes courbes. Ces dernières roues ont un avantage particulier pour produire immédiatement, avec une grande vîtesse, un mouvement de rotation dans un plan horizontal, ainsi qu'il faut le faire pour moudre les blés. Mais ces roues sont d'un entretien difficile; plusieurs exigent un emplacement horizontal considérable. Aussi sont-elles beaucoup moins employées que les roues verticales, qui nous occuperont exclusivement.

Parmi les roues verticales, les unes ont des aubes, ou ailes, ou palettes, contre lesquelles l'eau agit par choc, en dessous de la roue; telles sont les roues des moulins portés sur des bateaux, et stationnés sur des rivières; les autres roues ont des augets A, A, A, fig. 1, 2, 3, 4, pl. III, qui reçoivent l'eau motrice, laquelle coule en dessus de la roue. Enfin, il y a ce qu'on appelle les *roues de côté*, fig. 1, 2, 3, pl. IV, qui sont aussi des roues à augets, et qui reçoivent l'eau de côté et en dessous du centre. Dans les roues de côté, le fluide transmet sa force par pression; ce qui vaut mieux que la transmission par choc, telle qu'elle a lieu dans les roues à aubes, dites en dessous. On a de plus l'avantage, avec ces roues, de mettre à profit la moindre chute d'eau.

On doit au savant et ingénieux Borda la théorie rigoureuse qui détermine les circonstances du jeu des roues hydrauliques.

Smeaton et Bossut, l'un en Angleterre et l'autre en France, ont confirmé par leurs expériences les résultats fournis par le calcul.

Au sujet des roues en dessous, Bossut fait voir : 1°. qu'il est avantageux de donner aux roues le plus grand nombre d'ailes possible, sans cependant que le système devienne trop pesant. On donne ordinairement 36 à 40 aubes aux grandes roues de 7 mètres de diamètre, qui sont mues par un courant rapide; l'arc plongé dans l'eau n'excède guère 25 à 30 degrés. Bossut croit qu'elles produiraient un plus grand effet, si l'on augmentait le nombre des aubes. C'est un usage, ajoute-t-il, de donner un petit nombre d'ailes aux roues qui trempent dans les rivières; et cela pour empêcher que les ailes ne se couvrent les unes les autres, et pour que chacune puisse recevoir le choc de l'eau. Dans la pratique, on donne pour l'ordinaire 8 à 10 ailes, et quelquefois moins, aux roues des moulins flottants sur des rivières. Bossut pense que ce nombre est trop petit, et que les roues dont il s'agit, marcheraient mieux, si elles avaient 12 à 18 ailes.

2°. Afin que la machine produise le plus grand effet possible, il faut que la vîtesse de la roue soit à celle du courant, comme 2 est à 5, et pour les roues placées sur des rivières, et pour celles que contient un coursier étroit.

3°. Pour les roues posées sur des canaux qui ont peu de pente, et dans lesquels l'eau a la liberté de s'échapper aisément après le choc, il convient de diriger les ailes au centre. Au contraire, quand les coursiers ont beaucoup de pente, les ailes doivent être inclinées d'une certaine quantité par rapport au rayon, tant pour être frappées plus perpendiculairement que pour recevoir une augmentation de force de la part du poids de l'eau. Il y a toujours une certaine obliquité qu'il ne faut point dépasser, parce qu'on perdrait plus par la diminution du choc, qu'on ne gagnerait par le poids de l'eau qui glisse sur les ailes et qui les presse.

De Parcieux a rapporté des expériences qui font voir l'avantage des roues à aubes obliques sur les ailes dirigées dans le sens direct des rayons de la roue.

Quand les roues à aubes ne sont pas exposées à un courant libre, leur partie inférieure est emboitée dans un conduit rectangulaire qu'on appelle *coursier*. Les coursiers grossièrement exécutés laissent beaucoup d'espace entre leurs parois et les aubes de la roue; ce qui cause une perte d'eau considérable. On remédie à cet inconvénient, dans les roues de côté, pl. IV, fig. 2 et 3, en donnant au fond du coursier, une forme circulaire qui suit exactement la circonférence que parcourent les bords extérieurs des aubes, quand la roue tourne.

Il importe de perdre le moins possible de la force de l'eau, et par conséquent de raccourcir le coursier autant qu'on le peut. Aussi, dans les roues perfectionnées de la pl. IV, voit-on que la vanne, dirigée tangentiellement à la roue, permet à l'eau d'agir au moment même où elle sort de son réservoir.

Voici, maintenant, comment on calcule l'action de l'eau sur une roue hydraulique. Supposons qu'on suspende un poids p à l'extrémité libre d'une corde enroulée sur l'arbre de la roue ; r étant le rayon de cette roue, pr est le moment de la roue dont il représente l'*effet utile*. Soit F la force de l'eau, concentrée au centre de pression ou d'impulsion des aubes ou des augets, et R la distance du centre de la roue à ce centre d'action : il faudra, d'après les principes du mouvement des roues tournantes, IIe. volume, *Méchanique*, X^e. leçon, qu'on ait $pr =$ FR, en faisant abstraction du frottement des tourillons de la roue.

Ici plusieurs choses se présentent à calculer, suivant le mode d'action de l'eau.

Dans les roues à aubes, en dessous, l'eau choque les palettes ; elle perd une partie de sa vitesse, et sa force perdue, si elle était toute utilement transmise, représenterait la force F communiquée à la roue.

On démontre que le plus grand effet possible est produit par la roue à aubes en dessous, quand la vitesse de la roue est égale à la moitié de la vîtesse du fluide supposé libre.

Cette manière d'employer la force de l'eau n'est pas à beaucoup près la plus avantageuse.

Une roue hydraulique serait parfaite si l'action de l'eau faisait monter un poids qui lui fût égal, à la hauteur même dont cette eau descend pour agir sur la roue. Il faudrait, pour cela, que l'eau motrice eût transmis toute la force qu'elle possède, et par conséquent n'eût plus qu'une vîtesse égale à *zéro*, quand elle a fini d'agir. Pour la roue en dessous, il faudrait donc que la vîtesse des aubes fût infiniment lente. Ainsi ces roues manquent d'une condition essentielle pour approcher de l'effet le plus avantageux possible. On ne doit, par conséquent, les employer que dans les endroits où l'eau a plus de force motrice que les besoins de l'industrie n'en réclament.

Dans les roues de côté et dans les roues en dessus, on peut faire agir l'eau par choc ou par pression; le premier mode est le moins avantageux, il fait perdre de l'eau qui jaillit par l'effet de la percussion.

Il faut donc, en général, se borner à la simple pression de l'eau versée sur les roues en dessus ou de côté, et descendant par l'effet de son poids.

Dans les fig. 1 et 3, pl. III, il y a choc de l'eau contre les augets : dans les fig. 2 et 4, l'eau descend verticalement, et dans la fig. 4, le choc est le moindre possible, et pour ainsi dire nul. La vanne V, quand elle s'ouvre, ne laisse descendre que la partie supérieure de l'eau du réservoir. On remarquera dans les fig. 2, 3, 4, une forme d'augets qui conserve l'eau plus long-temps que la fig. 1, et qui sous ce point de vue offre un autre avantage. Dans la fig. 3, pl. III, comme dans la fig. 3, pl. IV, les augets sont fabriqués avec de minces feuilles de cuivre et d'une figure qui s'approche de la meilleure.

Dans la fig. 2, pl. III, les eaux surabondantes passent au-dessus de la vanne et continuent d'aller dans le coursier, de E en F. Dans la fig. 4, qui représente le système de Perkins, on voit un conduit de décharge DD, qu'on ouvre quand il y a trop d'eau dans le réservoir. Une vanne, horizontale en E, règle et au besoin supprime la décharge.

Dans la VIIe. leçon, j'ai particulièrement insisté sur la construction des machines et des roues hydrauliques. Nous avons beaucoup à faire pour élever cette partie de nos arts au même niveau que les Anglais. Ceux-ci confectionnent des roues hydrauliques en fer, de très-grande dimension, et de plus exécutées avec une précision géométrique : qui est un des plus grands éléments de succès.

Revenons à la comparaison de la force motrice des eaux et de l'effet utile transmis. *Avec les roues ordinaires à aubes en dessous, l'effet utile transmis n'est que le tiers de la force motrice; avec les roues à augets, cet effet peut aller jusqu'aux deux tiers.*

Smeaton a fait beaucoup d'expériences sur les effets des roues hydrauliques. Il appelle charge virtuelle la hauteur dont l'eau doit tomber verticalement et sans obstacle, pour acquérir la vîtesse avec laquelle elle frappe l'aile de la roue; il parvient aux résultats suivants :

1°. la charge virtuelle ou effective étant la même, l'effet est à peu près comme la quantité d'eau dépensée ; 2°. la dépense d'eau étant la même, l'effet est à fort-peu près proportionnel à la hauteur de la charge virtuelle; 3°. la quantité d'eau dépensée étant la même, l'effet est à peu près comme le quarré de la vîtesse ; 4°. l'ouverture de la vanne étant la même, l'effet est à peu près comme le cube de la vîtesse de l'eau.

Suivant Smeaton, dans les grandes roues hydrauliques, le rapport moyen entre la puissance et l'effet, est celui de 3 à 1 ; et le rapport moyen entre les vîtesses de l'eau et de la roue, est généralement celui de 5 à 2.

Quant aux roues à augets, plus ces roues sont hautes par rapport à la chute totale, plus est grand leur effet utile. La vîtesse de ces roues, pour produire le maximum d'action, doit être à peu près d'un mètre par seconde.

Offrons, maintenant, d'une manière succincte, quelques considérations générales, avant d'arriver à des perfectionnements introduits depuis peu, par M. Poncelet, dans la structure des roues de côté ; perfectionnements qui ajoutent beaucoup à l'effet utile de ces machines.

Les roues en dessus ne peuvent guère servir qu'aux chutes qui dépassent deux mètres de hauteur et qui fournissent une grande quantité d'eau.

Les simples roues à aubes sont fort-simples, peuvent s'appliquer partout et prendre une vitesse considérable, en s'écartant peu du plus grand effet dont elles sont susceptibles.

Quand la vitesse des roues surpasse deux mètres par seconde, elles forment volant et contribuent à rendre uniforme le mouvement, malgré les ressauts et les secousses, et malgré les changements brusques de vitesse, que peuvent éprouver les diverses parties du méchanisme. De plus, malgré la force perdue, cette grande vitesse permet de transmettre, avec peu d'engrenages, une vitesse encore considérable, et qui convient à beaucoup d'opérations industrielles.

Il est rare que des roues à augets reçoivent une vitesse au-dessous d'un mètre par seconde.

Leur vitesse ordinaire surpasse 2 mètres ; ce qui n'est point un défaut, puisque les chutes d'eau dont on fait usage, dans ce cas, ont au moins trois mètres.

La vitesse avec laquelle l'eau tend à s'échapper du coursier, et le jeu qu'elle y prend, pour les roues de côté, font que, dans ce système, la roue a toujours au moins 2 mètres de vîtesse par seconde. Cette vîtesse fait disparaître la presque totalité des avantages de cette roue de côté sur les roues à aubes ordinaires, quand la chute d'eau est au-dessous de 2 mètres. D'après ces rapprochements, on voit que, malgré les défauts inhérents aux roues à aubes ordinaires, mues par-dessous, on peut avec raison continuer de les employer dans les pays de plaine où les pentes sont faibles et les eaux abondantes. On conçoit, en effet, que dans les plaines, il serait très-difficile et très-dispendieux de se procurer des chutes supérieures à 2 mètres.

Il y a donc un grand nombre de cas où les roues en dessous ont un avantage marqué.

Les roues en dessous, excepté pour les chutes très-petites, transmettent au plus le tiers de la quantité de mouvement qu'elles reçoivent. Souvent même, par la mauvaise disposition des coursiers et des vannes, elles n'en transmettent que le quart ou le cinquième.

Des savants et des ingénieurs célèbres ont fait des expériences nombreuses et pleines d'intérêt pour améliorer l'emploi des roues à aubes. Ils ont reconnu, parmi les meilleures dispositions, qu'il faut : 1°. que les roues aient au moins, 24 aubes; 2°. qu'elles soient inclinées de 25 à 30 degrés avec le rayon de la roue; 3°. que ces aubes ne plongent pas au delà du tiers de leur hauteur ; 4°. qu'on place un rebord de 8 à 10 centimètres sur les extrémités verticales des aubes.

On a proposé des moyens variés pour augmenter le bon effet des roues par une meilleure disposition du coursier et du seuil. M. Morosi a proposé également de diminuer la longueur du coursier ; ce qui diminue en même temps la perte de vîtesse que l'eau éprouve en le parcourant. Cette disposition est avantageuse.

Lorsqu'on incline le vannage pour donner aux parois du pertuis la forme de la veine fluide, il faut prendre ses dimensions de manière que la vîtesse de l'eau se conserve la même, à l'issue du réservoir et au contact avec la roue. Alors on trouve que la quantité de mouvement transmise à la roue à aubes, au lieu d'être le quart ou le cinquième de la force impulsive, peut s'élever jusqu'aux trois dixièmes.

D'après des expériences faites par M. Christian, les rebords latéraux que propose M. Morosi ne font guère gagner qu'un à deux dixièmes, comparativement aux roues à aubes ordinaires : en supposant que ces aubes sont immobiles et renfermées dans un coursier. Ce bénéfice diminue quand les roues sont bien construites, et quand elles ont peu de jeu dans le coursier.

En supposant qu'on atteigne pour effet utile les trois dixièmes de la force impulsive, et un dixième en sus au moyen des rebords, ce serait en tout 0,36 de la force impulsive, qui représenterait l'effet utile de la roue à aubes et à rebords.

Il faut considérer d'ailleurs que la force impulsive de l'eau qui sort par la vanne, est elle-même inférieure à la force telle que la théorie la donne, c'est-à-dire à la force due à la hauteur de chaque molécule qui passe par la vanne. Alors on voit qu'avec tous les perfectionnements possibles des roues à aubes, on ne peut espérer plus de 32 à 33 centièmes de la force de l'eau, mathématiquement calculée.

M. Poncelet, après avoir présenté les considérations dont nous venons d'offrir l'analyse, fait connaître les modifications par lesquelles les roues hydrauliques peuvent devenir d'un produit plus considérable si elles remplacent les aubes droites des roues ordinaires par des aubes courbes et cylindriques, lesquelles présentent leur concavité au courant. Le contour de chaque aube vient aboutir tangentiellement à un cercle extérieur concentrique à la roue. Ce contour devient de plus en plus incliné sur le rayon de la roue; de manière à former un contour continu, tel qu'on le voit représenté dans la fig. 1, pl. IV.

L'eau est amenée à peu près tangentiellement à l'élément extérieur de chaque aube, et s'introduit dans cette aube sans en choquer la surface, pour l'élever à une hauteur qui corresponde à la vitesse relative dont elle est animée.

Si, maintenant, on veut réduire à *zéro* la vitesse absolue que l'eau conserve au sortir de la roue, il faudra que la circonférence de cette roue ait une vitesse égale à la moitié de l'eau du courant.

M. Poncelet réunit à la fois tous les moyens de perfectionnement, en disposant les vannes comme nous l'avons indiqué, en pratiquant un ressaut avec élargissement au coursier, dans l'endroit où les augets courbes commencent à se vider. Pour rendre leur dégorgement plus facile, au lieu de rebords sur chaque côté de ces augets, il place deux jantes ou plateaux annulaires dont la largeur ne doit être que le quart de la hauteur de chute. Avec ces dispositions, et d'après les expériences qu'il a faites, il en résulte que la quantité d'action transmise par une roue à aubes courbes, lorsque la chute est de $0^{\text{mèt.}},80$ à 2 mètres, n'est pas inférieure aux 0,6, et souvent doit atteindre les 0,67 de la quantité de mouvement due à la hauteur totale de l'eau du réservoir au-dessous du point le plus bas de la roue : résultat supérieur à ce qu'on pourrait espérer des roues de côté et même des roues en-dessus, lorsqu'on doit faire usage d'une petite chute.

Les aubes courbes ne reçoivent pas de fond

comme les roues à augets. On peut les former en bois avec des planches étroites. Il vaut encore mieux les former avec du fer plat ou de la tôle forte, et d'une seule pièce; ce qui dispense de les encastrer dans les plateaux circulaires, en se contentant de les clouer ou de les boulonner sur ces plateaux.

On peut quelquefois remplacer les plateaux annulaires par des jantes pareilles à celles des roues en dessous.

Quand la lame d'eau lancée par le coursier est peu volumineuse et lancée avec beaucoup de vîtesse, on peut porter jusqu'à un dixième la pente du coursier BF, fig. 1, pl. IV, afin que l'accélération due à cette pente, compense le ralentissement occasionné par la résistance des parois.

Le coursier doit avoir un peu moins de largeur que les aubes n'ont de longueur.

Voici quelles sont les dispositions les plus avantageuses, pour ce qui concerne les vannes, les pertuis et le coursier.

1°. L'on incline le plus possible la retenue BO; 2°. on place la vanne V en dessus de la retenue. Cette vanne, pour être aussi parfaite que possible, sera composée d'une épaisse feuille de tôle, ou d'une plaque de fer coulé. On pourra dans la feuillure où glisse la vanne, encastrer des molettes du côté extérieur où pousse le fluide. On rendra, par là, beaucoup plus facile la manœuvre de la vanne; manœuvre qui peut se faire avec un cric.

Les formes suivantes sont jugées les plus favorables. Le fond BF, fig. 1 *bis*, pl. IV, du coursier doit être plat dans toute sa largeur $mm'n'n$, fig. 1 *ter;* il doit être flanqué de droite et de gauche par un relief $mnpq$, $m'n'p'q'$, dont le dessus soit taillé en creux RF, fig. 1 *bis*, de manière à s'adapter le plus exactement possible au contour circulaire présenté par les bords de la roue.

En F, fig. 1 et 1 *bis*, un peu au delà de la verticale qui passe par le centre de la roue, finit le coursier. Un ressaut FH est destiné à la chute de l'eau qui s'écoule sur le fond HL, lequel est plus large que la roue, pour donner à l'eau la plus grande facilité d'échappement.

A présent, examinons le mouvement de l'eau qui sort de la vanne; sa direction est à fort-peu près tangente à la circonférence de la roue. Si le commencement de la surface des ailes est lui-même à peu près tangent à cette circonférence, il faut regarder comme insensible le choc de l'eau contre cette surface. Cette eau glissera sans effort dans chaque aube, et sa vitesse, en pénétrant dans cette aube, égalera la différence de vitesse des roues et de l'eau des coursiers; l'eau va monter dans l'aube, à une hauteur presque égale à celle qu'indique la théorie. Supposons, à présent, que le fond BF du coursier soit dans une telle position, qu'au moment où l'arête extérieure d'une aube arrive en F, l'eau introduite dans cette aube ait atteint sa plus grande élévation ; cette eau redescendra suivant le profil de l'aube, en continuant de la presser, et tombera par l'arête extérieure de l'aube, avec une vitesse relative, presqu'égale à la vitesse qu'elle avait quand l'eau est entrée dans l'aube ; de plus, l'eau sera dirigée tangentiellement à la surface cylindrique de l'aube, dans toute l'étendue de l'arête extérieure de cette aube.

La vîtesse absolue de l'eau égalera sa vîtesse relative, moins la vîtesse de la roue, et cette différence doit être nulle pour que cette eau produise le plus grand effet possible. Donc, il faut que la vîtesse relative de l'eau, quand elle entre dans l'aube, soit égale à la vîtesse de la roue ; ce qui exige que la vitesse absolue de l'eau soit le double de la vîtesse absolue de la roue.

Dans le système que nous venons de décrire, il n'y a de force perdue, ni durant l'introduction de l'eau dans l'aube, ni durant sa sortie.

Les seules pertes de force qu'on éprouvera seront celle de la contraction de la veine fluide au sortir de la vanne, celle du frottement de l'eau dans le coursier, celle du frottement de l'eau dans l'action des aubes, soit quand elle monte, soit quand elle descend; enfin, les petites pertes d'eau, inévitables dans tout méchanisme de ce genre.

Après avoir examiné par la théorie quelle est la forme la plus avantageuse qu'on doit donner aux diverses parties des roues verticales et de leurs coursiers, M. Poncelet a recherché, par l'expérience, l'effet utile produit par des roues ainsi perfectionnées. Bien que ces expériences aient été faites avec un modèle de roue ayant seulement 50 centimètres de diamètre et 103 millimètres pour longueur des aubes, elles n'en sont pas moins précieuses par l'accord très-remarquable de leurs résultats avec ceux de la théorie, et par les grands avantages dont elles fournissent la démonstration irrécusable.

M. Poncelet fait lui-même remarquer que des roues construites en grand seraient susceptibles d'une exécution plus parfaite que la roue modèle dont il s'est servi, et donneraient par conséquent des effets utiles plus favorables encore que ceux auxquels ils est parvenu.

Il fait connaître, avec beaucoup de précision, les dimensions du réservoir qui fournissait l'eau motrice, ainsi que celles des vannes et du coursier. Il explique toutes les précautions à prendre pour mesurer avec exactitude la dépense de l'eau. Pour régler, dit-il, avec une précision suffisamment rigoureuse l'ouverture de la ventelle extérieure, nous avons fait préparer de petites règles de bois ayant pour largeur les diverses ouvertures à établir. On prenait toutes les précautions nécessaires pour s'assurer qu'elles n'avaient pas sensiblement varié au moment où il fallait s'en servir. Alors on appliquait l'une de leurs faces sur le fond incliné du coursier; on baissait la ventelle jusqu'à ce que son extrémité inférieure touchât l'autre face; on faisait ensuite glisser la règle dans tous les sens entre la vanne et le coursier, en la maintenant exactement dans une situation verticale. Il est évident que l'épaisseur de la règle donnait d'une manière précise l'ouverture du pertuis.

Quant à la manière de déterminer la hauteur de l'eau dans la caisse, nous avions employé d'abord un flotteur glissant le long d'une tige graduée, mais ce flotteur ayant été rompu, on y substitua plus tard la mesure directe de la profondeur de l'eau, à l'aide d'une règle de *Kutsch*, divisée en millimètres. Cette mesure était prise différentes fois, durant une même expérience; afin de constater que le niveau n'avait pas sensiblement varié.

La manière de régler le niveau est, comme on sait, la partie la plus délicate et la plus difficile de cette sorte d'expériences; elle exige beaucoup de soin et de patience N'ayant point d'ailleurs à notre disposition les moyens plus ou moins ingénieux employés par divers auteurs; nous nous bornions à établir, à côté de la caisse servant de réservoir, un canal et une vanne de décharge, dont les dimensions suffisent à l'entier écoulement de l'eau fournie par le ruisseau : la petite vanne de la roue étant élevée convenablement, on réglait par un tâtonnement souvent fort-long, l'ouverture de la vanne de décharge, de manière à obtenir le niveau constant que nécessitait l'objet particulier de l'expérience à faire.

Le temps était mesuré à l'aide d'un compteur de Bréguet, donnant les demi-secondes, et la quantité d'eau écoulée pendant une seconde s'obtenait par le temps nécessaire pour remplir une caisse jaugée à plusieurs reprises, et qui contenait exactement 184 litres.

On n'a jamais compté pour bonnes que les expériences qui, répétées à plusieurs reprises, ne donnaient que des différences d'une demi-seconde dans la durée totale de l'écoulement, et l'on a constamment agi ainsi pour toutes les autres espèces d'expériences dont il sera rendu compte par la suite.

M. Poncelet explique ensuite des effets remarquables de contraction du fluide, au sortir de sa vanne, et les moyens de remédier aux irrégularités de cette contraction.

Ce savant ingénieur, pour mesurer l'effet utile de sa roue, s'est servi du même moyen que Smeaton, c'est-à-dire, a calculé le poids que cette roue peut élever, en attachant ce poids à une corde enroulée sur l'arbre de la roue.

Il s'est occupé d'abord d'évaluer, par approximation, la résistance de l'air et celle que produit la roideur de la corde ou ficelle à laquelle le poids était suspendu, ainsi que le frottement des tourillons. Il mesurait ces résistances en faisant mouvoir la roue par l'effet même de poids enfermés dans un sac et suspendus à la ficelle : poids qui n'avaient, par conséquent, à vaincre que les différentes espèces de résistances dont nous venons de parler. Pour que la roue reçût un mouvement uniforme, on lui faisait d'abord faire dix tours complets sous l'action d'un même poids. Le commencement et la fin de chaque tour étaient, d'ailleurs, fort-exactement indiqués par une aiguille fixée au tourillon de l'arbre. C'est à partir du dixième tour que l'on comptait exactement et à plusieurs reprises le temps nécessaire pour faire un certain nombre de tours, qui, généralement, était de 20 à 25. En faisant varier les poids, on a connu de la sorte les résistances dues à chaque vitesse prise par la roue ; et l'on a pu tenir compte de ces résistances, lorsque la roue, mise en mouvement par l'eau du coursier, a pris ces diverses vîtesses. Cette méthode, ajoute M. Poncelet, employée par divers auteurs, n'est pourtant point exacte dans toute la rigueur mathématique; car la roue éprouvant un effort de la part de l'eau, lorsqu'elle est mue par celle-ci, et le sac se trouvant dès lors plus chargé que lorsqu'elle marche à vide, d'une part, la tension et par suite la roideur de la ficelle sont plus fortes; de l'autre part, la pression et le frottement sur les tourillons ne sont plus les mêmes.

Il serait sans doute fort-difficile d'avoir égard à ces dernières causes, dans les expériences qui doivent être très-multipliées. Heureusement il se fait des soustractions et compensations qui diminuent, dans les différents cas, la somme totale des résistances; somme qui, d'ailleurs, est toujours beaucoup plus faible que la résistance trouvée par les expériences faites sur la roue à vide.

Au moyen des précautions qui viennent d'être décrites, l'auteur a dressé le tableau suivant:

286 DYNAMIE.

Tableau des poids soulevés et des quantités d'actions fournies par la roue, sous une ouverture de vanne de 3 centimètres et une chute de 234 millimètres.

Nos. des expéres.	TEMPS pour 25 tours de roue.	NOMBRE de tours par seconde.	HAUTEUR à laquelle est élevé le poids par".	POIDS SOULEVÉ, y compris celui du sac.	POIDS qui fait équilibre aux résistances.	POIDS TOTAL, soulevé par la roue.	QUANTITÉ d'action fournie par la roue.
	sec.	tours.	mill.	kilog.	kilog.	kilog.	kilog.
1	19.50	1.2821	0.2805	0.000	0.222	0.222	0.0628
2	23.20	1.0776	0.2358	1.000	0.190	1.190	0.2806
3	23.50	1.0638	0.2328	1.100	0.180	1.280	0.2980
4	24.00	1.0417	0.2279	1.200	0.176	1.376	0.3136
5	24.40	1.0246	0.2242	1.300	0.174	1.474	0.3305
6	24.80	1.0081	0.2206	1.400	0.172	1.572	0.3468
7	25.20	0.9921	0.2171	1.500	0.170	1.670	0.3626
8	25.60	0.9766	0.2137	1.600	0.167	1.767	0.3776
9	26.00	0.9615	0.2109	1.700	0.164	1.864	0.3922
10	26.50	0.9434	0.2064	1.800	0.160	1.960	0.4045
11	27.00	0.9259	0.2026	1.900	0.158	2.058	0.4170
12	27.50	0.9091	0.1989	2.000	0.156	2.156	0.4288
13	28.00	0.8929	0.1954	2.100	0.154	2.254	0.4404
14	28.50	0.8772	0.1919	2.200	0.152	2.352	0.4513
15	29.00	0.8621	0.1886	2.300	0.150	2.450	0.4621
16	29.50	0.8485	0.1854	2.400	0.149	2.549	0.4726
17	30.10	0.8306	0.1817	2.500	0.148	2.648	0.4811
18	30.60	0.8170	0.1788	2.600	0.145	2.745	0.4908
19	31.30	0.7987	0.1748	2.700	0.142	2.842	0.4968
20	32.00	0.7813	0.1709	2.800	0.140	2.940	0.5024
21	32.50	0.7692	0.1683	2.900	0.137	3.037	0.5111
22	33.50	0.7463	0.1633	3.000	0.134	3.134	0.5118
23	34.30	0.7289	0.1595	3.100	0.131	3.231	0.5153
24	35.00	0.7143	0.1563	3.200	0.128	3.328	0.5202
25	35.50	0.7042	0.1541	3.300	0.126	3.426	0.5279
26	36.50	0.6849	0.1499	3.400	0.123	3.523	0.5281
27	37.50	0.6667	0.1459	3.500	0.120	3.620	0.5282*
28	38.50	0.6494	0.1421	3.600	0.115	3.715	0.5279
29	39.50	0.6329	0.1385	3.700	0.110	3.810	0.5277
30	41.00	0.6097	0.1334	3.800	0.108	3.908	0.5213
31	42.50	0.5882	0.1287	3.900	0.106	4.006	0.5156
32	44.00	0.5682	0.1243	4.000	0.103	4.103	0.5100
33	45.50	0.5495	0.1202	4.102	0.100	4.202	0.5051
34	52.75	0.4739	0.1037	4.417	0.088	4.505	0.4672
35	96.75	0.2583	0.0565	5.119	0.068	5.187	0.2931

* *Maximum.*

On voit, dit M. Poncelet, que les vitesses et les quantités d'action fournies par la roue suivent une marche très-régulière, quoique les évaluations des nombres soient poussées jusqu'à la quatrième décimale.

L'auteur s'est assuré que les lois ainsi données par l'expérience, se rapprochent de celles que la théorie a fait connaître. Le rapport donné par la théorie précédemment indiquée est celui de

$$P = 203,894\, D\,(V - v) \text{ kilogrammes (1)}.$$

Ce rapport est, pour ainsi dire, rigoureusement conforme aux expériences précédentes, jusqu'au N°. 31, où les anomalies commencent à devenir sensibles et à croître de plus en plus. Ainsi, dans les trente premiers cas, l'expérience est tout-à-fait conforme à la théorie. Il faut se rappeler, pour les quatre ou cinq dernières exceptions, que l'égalité qu'on vient de rapporter est établie dans l'hypothèse où les aubes auraient assez de hauteur pour ne pas permettre à l'eau de s'échapper par dessus; hypothèse qui cesse d'être remplie, à partir de la 31e. expérience. Le *maximum* d'action ou d'effet utile produit par la roue, correspond à la 27e. expérience, pour laquelle le nombre de tours par seconde est 0,6667, c'est à-dire, deux

---

(1) P, pression; v, vitesse de la roue; V, vitesse de l'eau; D, volume de l'eau dépensée dans une seconde.

tiers de tour par seconde : la théorie donne seulement 0,61. Par une considération ingénieuse et simple, M. Poncelet fait voir que le rapport de la vitesse moyenne de l'eau à l'espace parcouru par la circonférence de la roue est exprimé par le nombre 0,52 ; tandis que la théorie indique le nombre 0,5. La petite différence de 2 centièmes se trouve elle-même comprise dans les limites d'incertitude de la méthode approximative que cet ingénieur a suivie, pour arriver à la détermination du nombre 0,52.

Il cherche ensuite à comparer le rapport entre la quantité d'action fournie par la roue, pour le cas du *maximum* d'effet, et la quantité d'action réellement dépensée par l'eau motrice. Au moyen d'évaluations dont nous ne pouvons donner ici les détails, il trouve que ce rapport est 0,741. Ce rapport, dit-il, est presque égal à $2\frac{1}{2}$ fois celui qu'a trouvé Smeaton pour les roues ordinaires, et ne s'écarte guère du résultat donné par les meilleures roues hydrauliques connues. En appliquant la théorie à la recherche du même rapport, on trouve le nombre 0,740. C'est, dit avec raison notre auteur, un degré d'approximation auquel on ne devait pas s'attendre, dans les expériences du genre de celles qui nous occupent.

La dernière partie du beau travail de M. Poncelet a pour objet de déterminer les lois de l'écoulement de l'eau dans l'appareil qu'il a mis en usage pour les expériences précédentes. Il a commencé par observer les circonstances de l'écoulement de l'eau par la vanne et le coursier dont il s'est servi ; il a mesuré la vîtesse de cette eau. Pour déterminer la figure que suit la surface supérieure du fluide dans le coursier, il a posé une pièce de bois perpendiculairement à la direction du coursier qu'il a fait traverser par des aiguilles verticales équidistantes et toutes rangées dans un même plan, perpendiculaire à la direction du courant. En abaissant tour à tour ces aiguilles, de manière à ce que l'extrémité inférieure de chacune d'elles vienne raser la surface du fluide, on s'est procuré une suite d'ordonnées parallèles. La courbe continue qu'on a fait passer par l'extrémité de toutes ces ordonnées, représente le contour transversal de l'eau du coursier. On a, par conséquent, obtenu la section de l'eau courante dans le coursier. Si l'on divise la dépense du courant par la section de l'eau déterminée de la sorte, on aura la vîtesse moyenne du fluide.

Pour que ces observations soient faites avec succès, il faut qu'on ait rendu l'écoulement bien uniforme ; ce qui a lieu quand la hauteur de l'eau est parfaitement réglée dans le réservoir, et qu'aucun obstacle irrégulier ne nuit au mouvement du fluide, lorsqu'il sort de la vanne et s'avance dans le coursier.

Afin de faciliter le mouvement insensible qu'il est nécessaire de donner aux aiguilles, pour les amener au point précis qui leur convient, on règle leur enfoncement avec une portion de filet de vis placée sur chaque aiguille dans la partie qui traverse la pièce transversale de bois. Toutes les précautions possibles étant prises, la hauteur de l'eau au-dessus du seuil de la vanne étant exactement déterminée, on a mesuré la dépense effective en litres, pour la comparer avec la dépense de l'eau d'après la théorie. Le rapport de ces deux dépenses, la vitesse de l'eau au sortir de la vanne, d'après la théorie, enfin le rapport des vitesses effectives à la section contractée, aux vitesses théoriques; le rapport des vitesses effectives à la roue et à la section contractée, et le rapport des vitesses à la roue aux vitesses théoriques

M. Poncelet présente, à l'appui de ses expériences, des remarques et des calculs que nous ne pouvons donner dans cette analyse succincte.

La quatrième et dernière partie de son travail a pour objet la recherche de la quantité d'action transmise, par les roues à aubes courbes. Après avoir déterminé, comme on vient de le dire, dans les différents cas de ses expériences, les vitesses effectives et les dépenses d'eau, M. Poncelet cherche le rapport des vitesses effectives de l'eau contre les ailes de la roue aux vitesses dues théoriquement à la hauteur de l'eau au-dessus du centre de l'orifice. Il présente un tableau des quantités d'action et des vitesses de l'eau et de la roue, pour le cas du *maximum* d'effet. Le rapport entre la quantité d'action de la roue et celle de l'eau, diffère généralement peu de 0,5, nombre indiqué par la théorie. Pour le *maximum* d'effet, le rapport entre la quantité d'action de la roue et celle de l'eau n'est jamais au-dessous de 0,6, et s'élève même, dans quelques cas, au-dessus de 0,75; tandis que ce rapport, dans les roues en dessous ordinaires, est seulement, d'après Smeaton, 0,30, valeur moyenne; ce qui confirme l'avantage des nouvelles dispositions.

Depuis l'époque où M. Poncelet a publié son Mémoire dans le Bulletin de la Société d'encouragement, M. Robert, maître de forges à Falck, département de la Moselle, a fait construire une roue hydraulique, d'après le système de cet auteur. Les résultats donnés en grand par la pratique se rapprochent beaucoup de ceux du modèle employé dans les expériences de M. Poncelet. On trouve en effet que le rapport de la quantité d'action fournie par l'eau motrice, à l'effet utile produit en grand, est de 0,73; tandis que M. Poncelet avait trouvé 0,75 avec sa roue modèle. Il faut observer que la roue du moulin de Falck avait une vîtesse égale aux $\frac{61}{100}$ de la vîtesse de l'eau. Cette dernière était, par conséquent, un peu plus forte que ne comporte le cas du *maximum*.

En évaluant seulement au travail effectif de deux cent mille hommes celui des roues en dessous ou de côté que la France possède, et supposant, ce que je crois trop fort, que ce travail effectif soit le tiers de la force motrice dépensée, on voit par le calcul et les faits que nous venons de rapporter, que les perfectionnements dus à M. Poncelet, permettent d'obtenir immédiatement, avec le même nombre de roues hydrauliques, un surplus de travail effectif équivalant à 200.000 $\times \frac{75}{30}$, c'est-à-dire, équivalant au travail de 500.000 hommes effectifs. Tel peut donc être le bienfait produit par une seule amélioration dans la structure des roues hydrauliques.

Il est intéressant de comparer l'effet de ces roues à celui du bélier hydraulique. C'est ce que nous pouvons faire au moyen d'un tableau qu'on doit à M. Eytelwein, savant que nous avons déjà cité, VIIIe. leçon.

M. Eytelwein a calculé le rapport de l'effet utile produit par le bélier hydraulique, à la quantité de force motrice dépensée, en supposant que l'élévation de l'eau par l'action du bélier, fût successivement 1, 2, 3..... 20 fois la hauteur verticale qui mesure la force de l'eau qu'on emploie pour faire jouer le bélier. Voici le résultat de ses recherches.

Rapport de l'élévation de l'eau, par l'action du bélier, à la hauteur de la chute de l'eau motrice.	Rapport de l'effet utile obtenu par le bélier, avec la force motrice consommée.
1 ou égalité entre les deux hauteurs.	0,920
2	0,837
3	0,774
4	0,720
5	0,673
6	0,630
7	0,591
8	0,555
9	0,520
10	0,488
11	0,457
12	0,427
13	0,399
14	0,372
15	0,345
16	0,320
17	0,295
18	0,272
19	0,248
20	0,226

Cette table démontre que l'effet utile produit par le bélier est d'autant plus avantageux que l'élévation de l'eau, à produire par cette machine, surpasse un moindre nombre de fois, la hauteur de chute de l'eau motrice.

Dans le cas où l'on devrait élever les eaux à une hauteur beaucoup de fois plus grande que celle de la chute, on obtiendrait un résultat plus avantageux en se servant de plusieurs béliers dont chacun élèverait l'eau à une hauteur intermédiaire moins considérable. L'eau du premier bélier, versée dans un premier réservoir, redescendrait un peu pour s'élever en partie à l'aide d'un second bélier. Celui-ci servirait pareillement à remplir un second réservoir dont la chute ferait jouer un troisième bélier, etc.

M. Eytelwein a donné la comparaison des effets utiles des deux principales espèces de roues hydrauliques avec les béliers : voici les résultats qu'il présente.

Si l'élévation de l'eau doit égaler quatre hauteurs de chute, le bélier élève un septième d'eau de plus que les pompes mises en mouvement par une roue à augets. L'effet de cette roue et des béliers est le même, quand l'élévation de l'eau doit égaler six fois la hauteur de la chute. Enfin, quand il faut élever l'eau à plus de six fois la hauteur de la chute, il y a moins d'avantages à se servir du bélier que de la roue à augets.

En comparant le bélier avec les roues à aubes, de M. Poncelet, on voit que l'effet utile est le même quand l'élévation de l'eau égale quatre fois la hauteur de la chute d'eau morice; le bélier est plus avantageux quand le rapport est au-dessus de quatre, et moins avantageux quand le rapport est au-dessous de ce nombre.

Il nous reste à parler d'un dernier moyen qu'on peut employer pour transmettre la force de l'eau : c'est celui de la machine à *colonne d'eau*. On fait usage de cette machine pour faire jouer des pompes avec la force donnée par une chute d'eau dont la hauteur est très-considérable. Si l'on remplit d'eau un tuyau vertical dont la hauteur soit égale à cette chute, la base du tuyau éprouvera une pression proportionnelle à la hauteur de la colonne d'eau que le tuyau renferme. On peut employer cette pression pour faire aller des pompes.

En 1731, MM. Denisart et de la Deuille ont fait connaître une machine qu'ils ont imaginée d'après ces principes. Ils emploient deux tuyaux verticaux, dont les colonnes d'eau pressent respectivement l'une dessous et l'autre dessus le piston d'une pompe. On fait agir tour à tour ces pressions, et par leur action le piston monte et descend. La force motrice de la colonne d'eau agit dans cette machine absolument comme la force de la vapeur dans les machines dites à *double effet*.

On a construit aussi des machines à colonne d'eau, à simple effet. Telle est celle que Holl construisit à Schemnitz, en 1751. Il n'y a qu'une colonne d'eau dont la hauteur est de 90 mètres. Cette eau communique par un conduit horizontal avec le bas d'un corps de pompe ; la tige du piston tient à l'un des bras d'un levier, dont l'autre bras tient à la tige d'une pompe destinée à des épuisements. Il y a deux robinets, l'un A, qui s'ouvre pour mettre en communication la colonne d'eau et le premier corps de pompe; l'autre B, qui s'ouvre pour laisser échapper l'eau introduite dans le cylindre. 1°. lorsque B est fermé et A ouvert, l'eau de la colonne s'introduit dans le premier corps de pompe dont elle soulève le piston; ce qui, par l'action du levier ou balancier, fait baisser le piston de la pompe d'épuisement; 2°. le mouvement précédent achevé, l'on ferme A et l'on ouvre B. La colonne d'eau cesse, alors, de presser dans le premier corps de pompe; l'eau introduite dans ce corps s'écoule, et le piston contenu dans ce corps redescend par la supériorité de son poids, en faisant monter le piston de la pompe d'épuisement.

Nous regrettons que le défaut d'espace ne nous permette pas d'offrir l'analyse d'un excellent mémoire sur les roues en dessus, à augets courbes, par M. Benoît, ancien élève de l'école Polytechnique. Voyez *Annales de l'industrie*, n°. 73.

DIXIÈME LEÇON.

Équilibre des fluides aériformes; pompes.

Nous allons maintenant parler de l'équilibre des gaz ou fluides aériformes, ainsi nommés, parce que tous ont la forme et les propriétés méchaniques de l'air ordinaire qui compose notre atmosphère.

Lorsqu'on fait entrer de l'air au fond d'un vase rempli d'eau, on voit qu'il s'échappe sous la forme de bulles plus ou moins grosses, et qu'il monte vers la surface supérieure du fluide, avec une vitesse de plus en plus grande; on voit de même, lorsqu'on fait bouillir de l'eau, des bulles de vapeur d'eau se dégager du fond, monter à la surface et crever en bouillonnant.

En observant ces phénomènes et quelques autres encore, produits dans le jeu des pompes, les anciens avaient conclu que l'air et les vapeurs ou gaz n'avaient pas de pesanteur; et que loin de tendre vers le centre de la terre, ils étaient sollicités à s'en éloigner par une force qui leur était propre. C'était une grande erreur qui, seule, eût suffi pour tenir dans l'enfance une branche importante des sciences naturelles.

Nous expliquerons bientôt cette propriété qu'ont les fluides aériformes de s'élever au-dessus des fluides ordinaires; nous nous contenterons, maintenant, de faire connaître un usage ingénieux de cette propriété, pour déterminer avec une grande exactitude les directions horizontales.

Concevons un cylindre AB, pl. V, fig. 1, parfaitement calibré, plein d'eau, contenant une bulle d'air D, et fermé par les deux bouts. Si j'élève le bout B plus que le bout A, la bulle D, pour s'élever autant que possible, va courir en D′ vers l'extrémité B. Au contraire, si j'élève le bout A plus que B, la bulle D va courir en D″ au point le plus haut vers A. Enfin, c'est seulement quand AB sera parfaitement horizontal, que la bulle pourra se tenir en repos, au milieu de AB. On pourra donc ainsi déterminer : 1°. si une direction donnée AB est horizontale ; 2°. si elle ne l'est pas; alors on saura de quel côté il faut relever le tube pour la rendre telle. Tel est le *niveau à bulle d'air*, employé dans les opérations les plus délicates des sciences astronomiques et des arts relatifs aux grands travaux publics.

Pascal et ensuite Galilée ont démontré que l'air atmosphérique est un corps pesant comme les solides et les fluides. Pour opérer cette démonstration, l'on pèse d'abord un vase de verre rempli d'air dans son état naturel. Ensuite on fait entrer par force de l'air nouveau dans ce vase; après cette opération le vase se trouve plus pesant. Cet excès de poids est précisément le poids du nouvel air introduit forcément dans le vase. La même expérience, faite avec du gaz hydrogène ou du gaz acide carbonique, ou tout autre fluide aériforme, présente un semblable résultat; concluons que l'air et tous les gaz sont des corps pesants.

La seule découverte de cette vérité change, à nos yeux, la face de tous les phénomènes que présentent sur la surface de la terre, l'équilibre et le mouvement des corps.

L'air étant pesant, chaque point de ce fluide est pressé par le poids de toute la colonne d'air qu'il supporte. Or, cette pression ne s'exerce pas seulement de haut en bas; elle s'exerce avec la même force dans tous les sens possibles, autour du même point. Cette pression produit sur la vie, sur la force des animaux et des végétaux, sur la manière d'être des minéraux, des effets perpétuels qui sont de la plus haute importance et que nous allons bientôt faire connaître.

Les fluides tels que l'eau, le vin, l'huile, le mercure, etc., lorsqu'ils sont en repos, n'éprouvent pas seulement en chaque point, des pressions égales à tout le poids de la colonne de fluide supporté par ce point; ils supportent en outre tout le poids de la colonne d'air à l'aplomb de la colonne fluide. De sorte que les points du fluide placés au niveau supérieur, au lieu d'éprouver une pression égale à *zéro*, éprouvent toute la pression de l'atmosphère.

Il y a des fluides qui ne sont retenus à l'état de liquide que par cette pression de l'atmosphère exercée sur leur surface; en effet, aussitôt qu'on supprime cette pression, ils passent à l'etat de gaz : tel est l'éther.

La pression que l'atmosphère exerce sur tous les fluides, fournit un moyen simple de déterminer le poids d'une colonne verticale de l'atmosphère, la base étant donnée. On prend un tube de verre AB, fig. 2, ayant plus de 8 décimètres de longueur, et fermé en A; après l'avoir rempli de mercure bien épuré, on le dresse dans la position représentée, fig. 2. Alors on observe que le mercure descend, à partir du point A; ce qui produit un vide en cette partie. Le mercure, après être descendu de la longue branche, remonte dans la courte et se disperse dans la boule B : de manière à présenter une certaine différence entre les niveaux de *mn* et *pq*.

Supposons qu'on prolonge la courte branche du tube aussi haut que l'atmosphère terrestre. Cela ne changera rien à l'état d'équilibre; mais alors nous aurons deux fluides renfermés dans un seul tube recourbé. Si nous menons l'horizontale *p'q'pq*, il faudra que les pressions supportées par chaque point de ces deux sections soient égales de part et d'autre. Or, $p'q'$ supporte le poids de la colonne liquide $p'q'mn$; tandis que pq supporte le poids de la colonne d'air. Donc, enfin, le poids de la colonne d'air est égal au poids de la colonne de liquide : les deux colonnes ayant même base.

Lorsqu'on prend du mercure pour liquide, on observe que la colonne de mercure $p'q'mn$ n'a guère que 81 centimètres dans les endroits les plus bas de la surface du globe. Mais, dans le même lieu, cette hauteur et par conséquent aussi le poids de la colonne d'air, varient suivant les changements qu'éprouve l'état de l'atmosphère.

Ainsi, dans toutes les expériences, dans tous les travaux où l'on veut tenir compte de toutes les forces que la nature met en action, il faut observer, au moment de l'exécution des travaux ou des expériences, quelle est la hauteur de la colonne de mercure qui représente la pression que l'air atmosphérique exerce sur les corps, dans le lieu où l'on opère.

On appelle *Baromètre* le précieux instrument qui sert à mesurer les pressions exercées par l'air atmosphérique. La connaissance et l'usage de cet instrument doivent être familiers à tous les hommes qui cultivent d'une manière éclairée les arts méchaniques.

Je ne m'arrêterai pas ici sur les principes qui peuvent servir à la construction et à la vérification des bons baromètres. On trouve ces moyens exposés dans tous les traités de physique.

Si l'on employait de l'eau au lieu de mercure, comme elle est au moins $13\frac{1}{2}$ fois plus légère que ce métal, la colonne $mnp'q'$ devrait être $13\frac{1}{2}$ fois plus élevée, pour présenter le même poids. Aussi, quand le mercure s'élève à 76 décimètres, l'eau s'élève-t-elle à $13,5 \times 76$ ou plus exactement $10^{\text{mèt.}},336$. Il faudrait donc pour faire usage d'un baromètre à colonne d'eau, que la différence de longueur des deux branches du tube surpassât 10 mètres $\frac{1}{3}$. Cet instrument ne serait ni portatif, ni facile à construire.

Une observation essentielle à faire, relativement à l'usage du baromètre, c'est le dérangement que produisent, dans l'exactitude de l'instrument, les variations de la température. Voyez la XII$^\text{e}$. leçon, qui traite de la chaleur.

Un des plus beaux usages du baromètre est celui qu'on en fait pour mesurer la hauteur des montagnes. Avant de l'expliquer, il convient d'examiner la pesanteur des gaz, à des hauteurs plus ou moins grandes.

Quand l'air atmosphérique est en repos, chacune de ses molécules, avons-nous dit, supporte une pression représentée par le poids de toute la colonne verticale de gaz dont cette molécule est la base. Mais, les fluides élastiques ont la propriété de se comprimer proportionnellement aux poids qu'ils supportent. Si donc nous divisons une masse de fluide, telle que l'air, par couches horizontales, nous verrons que toutes les molécules placées à la même hauteur, devront, pour être en équilibre, supporter les mêmes pressions, et par conséquent être également comprimées. Donc la densité des couches de fluide est la même dans toute l'étendue de chaque couche horizontale, mais varie pour différentes couches; elle augmente de plus en plus lorsqu'on s'approche des couches inférieures, elle diminue à mesure qu'on s'élève.

On a trouvé que les densités suivent une progression géométrique, quand les épaisseurs des couches suivent une progression arithmétique.

Cette belle propriété des fluides élastiques suffit à la science pour déterminer, à l'aide seulement de deux observations, quelle est la loi de décroissement des densités d'un fluide élastique quelconque, et la hauteur de la colonne de fluide, à partir des points où l'on observe.

Si l'on connaît le poids du fluide à diverses hauteurs, on peut en conclure la hauteur qui correspond à chaque poids nouveau.

Pour l'air atmosphérique, le baromètre indique le poids de la colonne d'air supportée par l'instrument.

Si donc on s'élève sur une même verticale, en mesurant la hauteur dont on monte, et qu'à chaque point, on observe les hauteurs du baromètre, on connaîtra suivant quelle loi décroissent les densités de l'atmosphère ; par conséquent, on pourra calculer la hauteur totale de l'atmosphère.

Une fois cette connaissance obtenue, il sera facile de former une échelle qui, pour des hauteurs verticales données au-dessus d'un niveau connu, déterminera la hauteur où doit monter le mercure dans le baromètre.

Il suffit, pour mesurer des distances verticales au-dessus ou au-dessous du niveau pris pour base, d'observer avec un grand soin, la hauteur du baromètre, à la limite de cette distance. C'est ainsi qu'on parvient à déterminer avec une précision fort-remarquable la profondeur des mines et la hauteur des montagnes, soit par rapport au niveau du sol de quelque plaine pris pour base locale, soit par rapport au niveau de la mer pris pour base générale.

C'est à Pascal qu'on doit la première idée d'avoir employé l'observation du baromètre dans les plaines et sur les montagnes, pour juger de la différence de densité de l'air à diverses hauteurs ; ce qu'il fit faire au Puy-de-Dôme, par son beau-frère Périer. Cent cinquante ans après, un physicien, M. Ramond, mesurait la hauteur des monts du Puy-de-Dôme et des Pyrénées, par des observations barométriques d'une extrême exactitude.

Arrêtons-nous un moment sur ces beaux résultats des sciences physiques dirigées par le calcul. Il y a trois siècles on niait la pesanteur de l'air. Aujourd'hui non-seulement cette pesanteur est reconnue comme existante, mais elle est déterminée avec une extrême précision, dans ses moindres variations, sur les points les plus importants du globe; la mesure de cette pesanteur nous annonce les grands changements de la température, vers le beau temps, vers la pluie, vers les orages, et souvent vers les tremblements de terre; cette pesanteur apprend au marin et au voyageur à prévoir la tempête et à deviner le retour du calme; elle le met à même de se préserver de périls qui, souvent, cessent d'être des dangers, par cela seul qu'ils sont prévus. Enfin, cette pesanteur de l'air devient, entre les mains du méchanicien et du géomètre, un élément dont la mesure figurée par une longueur, comme celle de la toise, du pied ou du mètre, lui sert à déterminer, sans opérations graphiques, les hauteurs comparées de lieux séparés par des obtacles insurmontables ou d'immenses distances. C'est ainsi que l'union du calcul, de la géométrie et de la méchanique, livre par degrés au génie de l'homme, la connaissance des éléments de la nature.

Quand on doit construire les mêmes machines dans des lieux très-bas, tels que le fond de certaines mines ou dans des lieux très-élevés, comme on en trouve au milieu des grands continents, et que les fluides élastiques entrent comme agents dans ces machines, on commettrait de graves erreurs, lors de la comparaison de ces mêmes machines, si l'on n'avait pas égard à la différence de densité de l'air, résultant de la différence des hauteurs de ces positions diverses.

Vous verrez même, que la pression ordinaire de l'atmosphère est devenue pour l'effet de certaines machines, une espèce d'unité de mesure. On dit, par exemple, telle machine produit une pression de 1, 2, 3, 4..... atmosphères, suivant que cette pression est capable de faire équilibre à une colonne de mercure égale au double, au triple, au quadruple, etc., de la colonne qui fait elle-même équilibre à la simple pression de l'atmosphère.

En évaluant à 10 mètres la hauteur d'une colonne d'eau équivalente à la pression moyenne de l'atmosphère, cette pression sera d'un kilogramme par centimètre de surface pressée; par conséquent, lorsqu'une surface sera soumise à la pression de 2, 3, 4..... atmosphères, chaque centimètre quarré de cette surface supportera 2, 3, 4..... kilogrammes de pression.

Dans les observations barométriques, consacrées à mesurer des hauteurs, avec exactitude, on conçoit qu'il est indispensable d'avoir égard aux variations du thermomètre.

Jusqu'ici nous n'avons considéré qu'un seul fluide aériforme. Considérons, maintenant, deux fluides aériformes qui diffèrent de pesanteur spécifique : le plus pesant se placera naturellement dans la partie inférieure, le plus léger surnagera, et la séparation des deux fluides sera marquée par une couche en tous points horizontale.

Prenons pour exemple le mélange de l'air atmosphérique et du gaz acide carbonique. Le gaz acide carbonique est ce fluide aériforme qui se dégage en bulles si nombreuses lorsqu'on verse des vins mousseux, tels que du champagne, de la bière, et quelques eaux minérales. On le tire aussi de la craie et de beaucoup d'autres substances. Ce gaz carbonique est beaucoup plus pesant que l'air atmosphérique; c'est pourquoi, lorsqu'il se dégage, il se place toujours au-dessous de l'air atmosphérique.

On reconnaît la présence de ce gaz à ce qu'il tue les animaux qui le respirent, et à ce qu'il éteint les chandelles qu'on y plonge.

Il y a des grottes telles que la célèbre grotte

du Chien, auprès de Naples, qui contiennent une certaine quantité de gaz carbonique. L'homme qui, en se tenant droit, peut s'élever au-dessus de la couche de niveau qui sépare ce gaz de l'air ordinaire, respire librement, et s'il tient une chandelle élevée, elle brûle comme à l'ordinaire. Mais s'il abaisse sa chandelle, de manière à ce qu'elle entre dans les couches inférieures, pleines de gaz carbonique, la chandelle s'éteint sur-le-champ; si lui-même se baisse, il est aussitôt asphyxié. Un effet semblable est produit sur les quadrupèdes qui, comme le chien, ne sont pas d'assez haute stature pour respirer au-dessus de la couche inférieure d'acide carbonique. C'est précisément ce qui arrive dans la grotte du chien, qui tire ce nom de l'effet même dont nous signalons l'existence.

Les fluides aériformes se comportent donc entr'eux comme des liquides ordinaires et de pesanteur différente; on peut les transvaser d'après les mêmes principes, et les chimistes font, à chaque instant, de semblables opérations, au moyen de la *cuve hydropneumatique*.

Passons, maintenant, à l'équilibre des corps qui flottent dans des fluides aériformes. Les conditions d'équilibre et de stabilité sont encore ici les mêmes que pour les corps qui flottent sur les liquides ordinaires; c'est-à-dire, qu'il faut: 1°. que le poids total du corps flottant égale le poids de ce gaz déplacé; 2°. que le centre de gravité des corps flottants et le centre du gaz déplacé soient tous deux sur la même verticale. Enfin, il faut pour la stabilité, que le centre de gravité du corps flottant soit au-dessous de ce point remarquable que nous avons nommé *métacentre*.

Nous ne connaissons aucun corps solide qui, par lui-même, soit spécifiquement plus léger que l'air atmosphérique. Mais, en renfermant un autre gaz plus léger que l'air dans une enveloppe solide, on peut former un tout spécifiquement plus léger que n'est l'air, à la surface de la terre. C'est ce qu'on appelle un ballon.

Le ballon étant plus léger que l'air, à la surface du sol, s'élève jusqu'au point où la couche d'air déplacée a le même poids que lui. Alors, le ballon reste en repos si son centre de gravité est convenablement placé. Voyons comment les conditions d'équilibre et de stabilité sont remplies dans la construction des ballons ordinaires.

On gonfle une enveloppe de soie gommée, avec le plus léger des gaz connus, le gaz hydrogène. On forme de la sorte une sphère AB, fig. 4; on l'enveloppe d'un filet au bas duquel est suspendue la petite nacelle où se placent les personnes qui veulent monter en ballon.

Si le poids de ce système est moindre que celui de l'air déplacé, le ballon s'élève; et comme il est symétrique par rapport à un axe vertical, il s'élève verticalement.

Ensuite, comme la nacelle avec les hommes qui la montent, ont un poids très-considérable par rapport à celui de l'hydrogène, le centre de gravité du système est en G fort-près de la nacelle; tandis que le poids de l'air déplacé, est en M, fort-près du centre C du globe AB. Il est facile de voir que quand la nacelle est un peu penchée, à gauche, par exemple, la verticale CE, fig. 5, représente la force qui pousse le ballon de bas en haut, tandis que GF représente la force qui le pousse de haut en bas; ces deux forces tendent à redresser le système : il y a donc stabilité.

Aussi, dans l'ascension des *aérostats* ou ballons, bien que l'aérostat s'élève, en faisant des balancements de droite et de gauche, au gré des vents ou du mouvement des aéronautes, il tend sans cesse à reprendre sa position d'équilibre.

Quand on veut s'élever dans l'atmosphère, au delà de la position d'équilibre de l'aérostat, on jette une partie du lest accumulé dans la nacelle; quand on veut descendre, on fait sortir une partie du gaz contenu dans le ballon. Rien n'est plus facile que de comprendre ces deux effets.

MM. Gay-Lussac et Biot se sont servis de l'aérostat pour mesurer la température et la densité de l'air, à de très-grandes hauteurs, par le moyen du thermomètre et du baromètre.

Dans le commencement de la révolution française, on a fait de l'aérostat une application intéressante, pour déterminer les mouvements et les positions de l'armée ennemie, en l'observant de la nacelle d'un ballon, avec des instruments mathématiques, et jetant à propos de petits bulletins pour annoncer ces positions et ces mouvements.

Des pompes. Les pompes sont des machines employées pour élever des liquides ou des gaz par une force d'aspiration ou de refoulement. Nous parlerons d'abord des pompes employées pour élever des fluides; nous examinerons ensuite les pompes employées pour agir sur des gaz.

Toute pompe présente un cylindre creux qui, par le bas, plonge dans le fluide qu'on doit élever. Un cylindre court et plein, qu'on appelle *piston*, s'ajuste exactement dans la partie de ce cylindre, appelée *corps de pompe.* Une tige fixée au piston, peut le faire monter et descendre. Enfin le piston présente une ouverture qui se ferme et s'ouvre par les mouvements d'un couvercle appelé *clapet* ou *soupape*.

Quand la soupape est ouverte, les deux parties du cylindre séparées par le piston sont mises en communication; quand la soupape est fermée, les deux parties du cylindre séparées par le piston sont tout-à-fait isolées l'une de l'autre.

Ces premières données suffisent pour expliquer le jeu des pompes sur les liquides.

Le poids de l'atmosphère exerce sur les corps placés à la surface de la terre, une pression de tous les instants, à peu près égale au poids que les corps auraient à supporter, si l'on supprimait tout à coup l'air atmosphérique, et qu'on le remplaçât par une colonne d'eau de $10\frac{1}{3}$ mètres d'élévation.

Lorsqu'un corps de pompe est plongé par le bas dans un fluide, en supposant pour plus de simplicité, qu'au commencement le piston touche à la surface de ce fluide, voyons ce qui se passe lorsqu'on élève ce piston par un effort exercé sur sa tige.

Si le fluide restait en repos, il se formerait un vide parfait entre le piston et ce fluide; ainsi, dans la capacité du cylindre, aucune pression ne s'exercerait plus sur cette partie du fluide. Mais la partie qui se trouve en dehors du cylindre est soumise à toute la pression de l'atmosphère. D'après les lois de l'équilibre que nous avons précédemment expliquées, il faut donc que le fluide s'élève graduellement dans le cylindre, jusqu'à ce qu'il s'y trouve à une hauteur équivalente à la pression de l'atmosphère.

Supposons, par exemple, qu'il s'agisse d'élever de l'eau; si j'observe avec un baromètre à colonne d'eau la hauteur de cette colonne, au moment où je fais jouer ma pompe, l'eau qui s'élèvera dans le cylindre ne se mettra d'elle-même en équilibre avec la pression de l'atmosphère, qu'en s'élevant à une hauteur égale à cette colonne d'eau, c'est-à-dire, à peu près à $10\frac{1}{3}$ mètres. Si, au lieu d'avoir de l'eau à pomper, j'avais un fluide plus léger, de l'huile, par exemple, cette huile, pour se mettre en équilibre avec la pression extérieure de l'atmosphère devrait s'élever plus haut. Elle monterait à toute la hauteur d'une colonne de la même huile, dans un baromètre observé au même instant.

Si j'employais la pompe pour élever un fluide qui fût au contraire beaucoup plus pesant que l'eau, comme est le

DIXIÈME LEÇON. 313

mercure, par exemple, ce mercure s'élèverait beaucoup moins haut dans le cylindre. L'élévation de la colonne de ce fluide métallique n'irait guère qu'à 76 centimètres, si je me plaçais à la hauteur du niveau de la mer, par une température pareille à celle de la glace fondante.

D'après ces explications on voit qu'en faisant monter le piston, le fluide en suit le mouvement jusqu'à une certaine limite, qui dépend de la pesanteur spécifique du fluide. Mais, au delà de cette limite, quelle que soit la hauteur à laquelle s'élève le piston, le liquide ne monte plus à sa suite; il reste stationnaire. Telle est donc la limite de l'effet qu'on peut attendre du jeu de la pompe qui n'agit que par aspiration, et qu'on appelle simplement *pompe aspirante*.

On a connu durant des siècles, l'usage de la pompe aspirante, sans pénétrer la vraie cause de ses effets. On supposait bizarrement que la nature avait *horreur du vide*. C'était donc pour fuir ce vide que les fluides s'élevaient dans le corps de pompe, quand on faisait monter le piston; mais comment la nature n'avait-elle horreur du vide, que quand ce vide n'avait pas plus de $10\frac{1}{3}$ mètres de hauteur pour les pompes à eau? Comment cette horreur cessait-elle au delà de $10\frac{1}{3}$ mètres? Comment la nature n'avait-elle horreur du vide que quand ce vide n'avait pas plus de 76 centimètres, lorsqu'il s'agissait des pompes à mercure? Et comment cette horreur cessait-elle alors, au delà de 76 centimètres? Telles étaient, cependant, les absurdités de l'ancienne physique, et l'état d'enfance où se trouvait cette partie de la méchanique. On ne savait pas même que l'air atmosphérique eût une pesanteur qui l'attirait vers le centre de la terre, avec la même énergie que la pesanteur du fer et du plomb fait graviter ces corps si lourds.

Aujourd'hui, non-seulement, on sait que l'air est un

corps pesant ; mais la connaissance de son poids est l'objet d'une observation populaire et de tous les moments : les personnes les moins instruites connaissent l'instrument qui sert à donner la mesure de ce poids, et l'on y rapporte, maintenant, une foule de phénomènes relatifs à l'intempérie des jours et des saisons.

Depuis quelques années, on a fait plus encore, on a pris la pression qu'exerce l'atmosphère pour unité de mesure des grandes pressions exercées dans les machines à vapeur ; et comme nous l'avons déjà dit, on a compté ces pressions par 1, 2, 3, 4, etc. atmosphères. Le manœuvre qui soigne le feu d'une machine à haute pression, le frotteur qui en ôte les saletés, savent à combien d'atmosphères s'élève la pression de leur machine, et les plus grands philosophes, il y a trois siècles, n'avaient pas même une idée nette sur la pression d'une seule atmosphère. Voilà comment, par le progrès des sciences, les lumières passent des classes les plus élevées vers les classes inférieures de la société. Les nations en masse agrandissent leurs connaissances : les moyens de l'homme sont accrus avec son savoir ; et l'instruction, rendue simultanément plus profonde et plus générale, répand sans cesse de nouveaux bienfaits sur l'état social.

Voici quelques détails d'exécution sur les pompes aspirantes.

Pl. V, fig. 6, au lieu de n'employer qu'un cylindre ayant partout la même grosseur, on trouve économique de diminuer le diamètre de la partie inférieure AA du cylindre dans laquelle ne doit pas jouer le piston. Cette partie plus étroite est appelée le *tuyau d'aspiration*. La partie supérieure BB, plus large, et dans laquelle joue le piston, est le *corps de pompe* proprement dit.

Le tuyau d'aspiration est évasé par le bas en E, pour

donner à l'eau extérieure une entrée plus facile. On a soin de clore cette entrée par une plaque percée d'un grand nombre de trous ou par un grillage, afin d'empêcher que les ordures ou les corps solides contenus dans l'eau du réservoir, ne s'élèvent dans le tuyau d'aspiration et n'obstruent les soupapes SS. Les deux cylindres sont ajustés par deux bourrelets CC, accollés et serrés avec des vis et des écrous, et séparés par un corps compressible, tel que du cuir, pour boucher exactement les petits interstices qui pourraient se trouver entre les parties solides des deux collets.

Une soupape S est ajustée, dans une cloison plane, à la hauteur de la jonction du corps de pompe avec le tuyau d'aspiration. Le piston P est entouré d'une bande de cuir pour s'appliquer le plus exactement possible et avec moins de frottement, contre le corps de pompe, que si le piston était simplement en bois. Dans quelques pompes on fait usage de pistons en cuivre.

L'ouverture pratiquée dans l'intérieur du piston est nécessairement moins large que ce piston n'est gros. Par conséquent, le diamètre de cette ouverture est nécessairement moindre que celui du corps de pompe. Mais, quand la soupape se soulève, comme elle n'est jamais soulevée qu'à moitié, la capacité de l'ouverture est encore rétrécie. Ainsi la colonne d'eau qui traverse le piston est nécessairement plus petite que celle du corps de pompe.

On peut donc donner au tuyau d'aspiration un diamètre sensiblement moins grand qu'au corps de pompe, sans que pour cela l'eau aspirée soit forcée d'accélérer sa vitesse en traversant le piston.

Faisons à présent jouer la machine. Supposons d'abord que le piston soit à son point le plus bas et en repos. Alors les soupapes sont fermées par l'effet de leur poids.

Tirons de bas en haut la tige du piston pour élever ce piston, aussitôt l'eau s'élève dans le tuyau d'aspiration. Si ce tuyau est déjà plein d'air, l'eau s'élève de manière à forcer cet air à n'occuper toujours qu'un même espace pour n'exercer qu'une pression égale à celle qu'il exerçait auparavant et qui faisait équilibre à la pression extérieure de l'atmosphère. Faisons descendre le piston. Aussitôt l'air renfermé sous ce piston dans le corps de pompe, s'échappe à travers le piston dont il soulève la soupape. On se débarrasse de la sorte d'une quantité d'air égale à la hauteur de la course du piston.

En faisant de nouveau monter et descendre le piston, l'on élèvera successivement la colonne d'eau et l'on diminuera la quantité d'air contenue dans le tuyau d'aspiration et dans la partie inférieure du corps de pompe. Aussitôt que l'air contenu dans ces capacités est expulsé, l'eau traverse le piston, dont il soulève les soupapes.

La pompe aspirante que nous venons de décrire a des défauts qu'il importe de signaler. Il est difficile que la jonction des tuyaux soit tellement exacte que l'air extérieur n'y pénètre pas lors de l'aspiration. Quand le cuir du piston n'est pas complètement humecté, il n'adhère plus au corps de pompe, et l'air qui passe de la partie supérieure à la partie inférieure du corps de pompe, empêche l'aspiration de se produire. Cet inconvénient devient grave lorsque les pompes ne jouent pas fréquemment et que les cuirs se dessèchent par l'effet des grandes chaleurs. Il est nécessaire alors, avant de faire usage de la pompe, de verser une certaine quantité d'eau sur le piston, pour que cette eau pénètre tous les cuirs et les fasse gonfler.

Lors du jeu de la pompe, l'eau aspirée s'élève avec une vîtesse due à la pression de l'atmosphère. Si la vîtesse du piston surpassait la vîtesse du fluide, il se formerait un vide entre le fluide et le piston. A chaque aspiration, ce vide augmenterait; il deviendrait si grand à la fin, que le piston, lors de sa descente, n'arriverait plus même à la colonne d'eau. Ainsi, pour vouloir pomper avec trop de rapidité, l'on finirait par ne pomper aucune eau.

Jusqu'ici nous avons supposé que le corps de pompe et le tuyau d'aspiration fussent verticaux. S'ils étaient inclinés, il faudrait toujours, dans le calcul des pressions et dans l'aspiration de l'eau, compter les hauteurs verticalement; mais la durée de l'ascension de l'eau et des manœuvres de la pompe, augmenterait à mesure que le tuyau d'aspiration et le corps de pompe seraient plus inclinés.

Les limites assez restreintes, passé lesquelles on ne peut plus élever les eaux avec la pompe aspirante, nécessitent, dans beaucoup de cas, l'emploi de la pompe foulante.

Pompes foulantes. Dans le jeu de la pompe aspirante, le corps de pompe et le piston sont nécessairement au-dessus de la surface de l'eau qu'il s'agit d'élever. Dans la pompe foulante simple, le corps de pompe, les soupapes et le piston se trouvent au-dessous de ce niveau.

Lorsque le piston descend, l'eau passe au travers de l'ouverture et de la soupape de ce piston, pour rester de niveau avec l'eau extérieure. Lorsque le piston remonte, cette soupape se ferme, et l'eau qui se trouve au-dessus est simplement foulée ou, comme on dit, refoulée vers le haut.

Les effets de la pompe aspirante et de la pompe foulante sont essentiellement différents. La première ne peut pas élever l'eau plus haut que $10\frac{1}{3}$ mètres; la seconde peut élever l'eau à toutes les hauteurs désirables.

Voici comment on exécute la pompe foulante simple qui présente une ouverture dans son piston.

Pl. V, fig. 7 et 8. Le piston ressemble à celui de la pompe aspirante, excepté que sa tige est en dessous, au lieu d'être en dessus. Cette tige est fixée à la traverse inférieure d'un cadre, lequel est mû par une tige verticale fixée à sa traverse supérieure.

Au corps de pompe C l'on fixe le tuyau d'élévation B qui est coudé, pour que la tige supérieure T se trouve à l'aplomb de l'axe du corps de pompe. Ce corps de pompe et le tuyau d'aspiration sont unis avec des écrous et des vis par des collets saillants que séparent des rondelles de cuir : comme nous l'avons décrit en parlant des pompes aspirantes.

Il faut que la soupape x soit fixée au haut du corps de pompe, au-dessus du piston, et non pas au-dessous, ainsi que dans la pompe aspirante.

Comme cette soupape se ferme, quand le piston descend, l'eau déjà élevée plus haut qu'elle par le refoulement, ne peut pas redescendre; tandis que chaque coup de piston en fait passer de nouvelle. La quantité élevée, à chaque coup de piston, est égale au volume représenté par une section du corps de pompe, égale à la hauteur que le piston parcourt à chaque coup.

Mais les filtrations, soit à travers les joints des soupapes, soit entre le corps de pompe et le piston, diminuent sensiblement ce résultat.

Les résistances au mouvement du fluide sont d'autant moins grandes que les ouvertures des soupapes sont plus grandes, comparativement au corps de pompe.

De la pompe foulante simple à piston plein, pl. V, fig. 9. Que l'on conçoive un corps de pompe C, vertical, dans lequel joue le piston plein P, mû par une tige verticale. Un tuyau recourbé MN, horizontal en M, dans la partie qui débouche dans le corps de pompe, est vertical au-dessus.

Une soupape S empêchera de redescendre l'eau qui doit s'élever dans le tuyau N. Une soupape x, fixée au bas du corps de pompe, empêchera l'eau élevée dans ce corps de pompe de redescendre quand le piston s'abaissera.

Les deux soupapes et le piston sont au-dessous du niveau de l'eau qu'il s'agit d'élever : 1°. Quand le piston s'élève, l'eau, en vertu de la pression atmosphérique extérieure, soulève la soupape x, pénètre dans le corps de pompe, ainsi que dans la partie horizontale M. Alors la soupape S, pressée par l'eau accumulée en N, et de plus par le poids de l'atmosphère, se ferme; et ne permet pas à l'eau élevée en N de redescendre; 2°. Lorsque le piston P redescend, la soupape x se ferme par l'effet de la pression qu'exercent simultanément l'eau élevée dans le corps de pompe et le piston qui la refoule. Cette eau, ne pouvant s'échapper par la soupape x et pressée par le piston, ouvre la soupape S et s'élève dans le tuyau N.

Ici comme dans le cas précédent, la quantité d'eau élevée par chaque coup de piston, abstraction faite de toutes les pertes dépendantes de l'exécution de la machine, est égale au volume d'une section du corps de pompe, section égale à la hauteur que le piston parcourt à chaque coup.

Pompe aspirante et foulante, pl. V, fig. 10. Si nous prenons tout le méchanisme que nous venons de décrire, pour le soulever et l'établir au-dessus de la surface de l'eau à élever, en ayant soin de prolonger la partie inférieure du corps de pompe par un tuyau qui descende au-dessous de cette surface, nous aurons la pompe aspirante et foulante.

Lorsqu'on fabrique en métal, les tuyaux et les corps de pompe, on fait le tuyau d'aspiration, tantôt d'une seule pièce évasée par le bas, tantôt de deux pièces, dont l'inférieure est un cône tronqué. Les ajustages sont ici comme dans les descriptions précédentes.

Dans les pompes aspirantes et foulantes, il faut avoir soin de régler le jeu du piston de manière qu'en descendant, il ne bouche jamais tout-à-fait l'entrée du tuyau d'aspiration. Car il pourrait arriver, s'il n'y avait plus d'air entre le piston et la soupape x, que le piston, touchant cette soupape, eût à surmonter, en s'élevant, le poids entier de la pression atmosphérique. C'est à cet effet qu'il faut rapporter la remarque et l'explication judicieuse de Bélidor, qu'une pompe cesse quelquefois tout à coup d'agir sans qu'on puisse en deviner la cause, et qu'on démonte plusieurs fois la machine sans y découvrir aucun défaut, ni se douter de la cause de cette perturbation de son jeu.

Pour être parfaite, il faudrait que la pompe aspirante et foulante n'exigeât pas plus d'effort pour faire monter le piston, que pour le faire descendre. Rarement les pompes sont aussi bien balancées. C'est pourquoi l'on combine deux pompes semblables mues par un même mouvement alternatif qui fait monter un des deux pistons lorsque l'autre descend. Cette disposition se reproduit avec avantage dans les pompes à vapeur.

Pl. V, fig 11. La pompe de Bélidor évite, ainsi que la précédente, l'inconvénient du vide entre le piston et la soupape d'ascension. Le tuyau d'élévation, au lieu d'être placé au bas du corps de pompe, ainsi que dans la pompe aspirante et foulante ordinaire, est uni à la partie la plus élevée du corps de pompe. Le piston est foré de manière à rétrécir le moins possible le passage de l'eau; il est en métal, et porte deux clapets à charnières.

Le corps de pompe est couvert par une plaque de fonte, dans le milieu de laquelle se trouve un collet de même métal, à travers lequel passe la tige du piston.

Cette tige traverse plusieurs rondelles de cuir couvertes d'un anneau et pressées par des vis.

La difficulté d'ôter toute issue à l'eau par le trou de la base supérieure du cylindre, où passe la tige du piston, est un inconvénient grave qui diminue les bons effets de la pompe. Cette machine, lorsqu'elle est en jeu, jouit du grand avantage d'avoir son piston entre deux eaux; par conséquent, l'air ne peut pas s'introduire par ce piston dans le corps de pompe, ainsi qu'il arrive assez souvent dans les pompes aspirantes et foulantes ordinaires.

Pompe aspirante et foulante à piston renversé. Le corps de pompe est ouvert par le bas. Le piston joue au-dessous de tout le méchanisme. Un tuyau latéral fournit l'eau à la pompe; une soupape d'aspiration est fixée sur le diaphragme qui joint le corps de pompe avec le réservoir. Ce système est plus compliqué que celui du piston direct; il exige qu'un châssis de fer soit adapté à la tige du piston, pour la faire aller et venir. Presque jamais, cette machine ne méritera la préférence sur celles que nous avons déjà fait connaître.

Dans les diverses pompes décrites jusqu'ici, l'eau ne peut se dégorger par le haut du tuyau montant, que par intervalles, pendant un des mouvements alternatifs du piston. Par exemple, les pompes aspirantes simples dégorgent leur eau quand le piston s'élève, et l'écoulement cesse aussitôt que ce piston descend. Il en est de même des pompes foulantes simples, et des pompes aspirantes et foulantes dont le piston agit de bas en haut. Au contraire, les pompes où le piston fait effort de haut en bas, produisent l'écoulement lorsque le piston descend. Ces alternatives sont dans beaucoup de cas un désavantage, elles ont l'inconvénient grave d'exiger une force motrice inégale, plus forte quand l'eau dégorge que quand elle cesse son mouvement.

Pour remédier à ces défauts on a trouvé trois moyens différents : le premier consiste à adapter aux pompes un récipient d'air, le second, à réunir deux corps de pompe ou un plus grand nombre à un même tuyau montant ; le troisième à faire mouvoir deux pistons dans un même corps de pompe. Nous allons successivement examiner ces trois moyens.

Pompes à récipient d'air, pl. V. fig. 12. C, corps de pompe ; R, récipient d'air, ajusté sur le corps de pompe, par le secours de vis et d'écrous ; S, soupape qui ferme l'issue de ce récipient par le corps de pompe. Le tuyau d'aspiration T, dégorge dans le corps de pompe. E, E, tuyau d'élevation. Ces deux tuyaux, d'élévation et d'aspiration, ont chacun leur soupape qui ne permet pas à l'eau de rétrograder. Le piston massif P refoule l'eau de bas en haut, à l'aide d'un châssis en fer.

Expliquons le jeu de la pompe à récipient d'air. Après quelques coups de piston l'eau remplit le tuyau d'aspiration et le corps de pompe. Alors, chaque fois qu'on élève le piston, l'eau pénètre dans le récipient ; elle y comprime l'air qu'on y tient en réserve. Une portion de l'eau introduite dans le récipient pénètre dans le tuyau d'élévation. Aussitôt que le piston descend, la pression de l'eau fait fermer la soupape du récipient ; l'air comprimé réagit et chasse l'eau du récipient dans le tuyau d'élévation. Ainsi, l'eau monte dans le tuyau d'élévation, et lorsque le piston monte, et lorsqu'il descend. Quand le piston s'élève, il refoule deux fois autant d'eau qu'il en peut passer durant le même temps dans le tuyau montant ; il faut donc que l'ouverture par où l'eau pénètre dans le récipient, soit plus grande que l'ouverture par où l'eau pénètre dans le tuyau montant.

Il existe beaucoup de cas où l'industrie a spécialement besoin d'un jeu continu dans l'action des pompes ; c'est alors qu'il est avantageux d'employer les pompes à récipient d'air. L'action de l'air, dans ces pompes, n'a pas pour effet d'accroître la force motrice, mais seulement d'en rendre les effets plus réguliers. Au reste, on aurait tort de croire à l'égalité parfaite de l'élévation de l'eau, par les pompes à récipient d'air. Il y a des moments où l'élévation de l'eau atteint son *maximum*: tels sont les moments où l'air du récipient est le plus comprimé possible, et réagit, par conséquent, avec le plus d'énergie pour faire monter l'eau.

Système de corps de pompes adaptés au même tuyau d'élévation. Dans la fig. 13, pl. V, on voit seulement deux corps de pompe foulante M, N, ajustés, suivant le système ordinaire, au tuyau fourchu T, qu'on appelle vulgairement culotte, à cause de sa ressemblance avec ce genre de vêtement. E, tuyau d'élévation. Les deux corps de pompe sont parallèles; un des pistons s'élève quand l'autre s'abaisse. Par conséquent, il y a toujours de l'eau poussée vers le haut et jamais elle ne cesse de dégorger par la partie supérieure du tuyau d'élévation.

Quelquefois les deux corps de pompe, au lieu d'être à côté l'un de l'autre, sont au-dessus l'un de l'autre, et fixés par des tiges aux deux traverses opposées d'un châssis en fer.

Pompe de Trevictick, pl. V, fig. 14. P, corps de pompe principal; p, corps de pompe secondaire, d'un moindre diamètre. Les tiges des pistons qui jouent dans ces corps de pompe, sont réunies en qq', par des traverses. Le piston du grand corps de pompe est à clapet, l'autre est plein.

Quand les pistons montent, l'eau inférieure doublement aspirée s'élève, et le grand piston refoule l'eau qui déjà l'a traversé. Quand les pistons descendent, il faut que toute l'eau du petit corps de pompe monte dans le grand. Par conséquent, l'eau doit monter sans cesse.

A bord des grands navires, on fait usage de *pompes à double piston*, dont les détails sont représentés, pl. VI, fig. 1, 2, 3, a, b, c, d, e, f, g. Les fig. 1 et 2 représentent l'élévation du corps de pompe, vu dans deux sens, qui sont à angle droit; S, fig. 1, représente ce qu'on appelle la chopine, qui peut s'enlever : elle est percée, et couverte par deux soupapes demi-circulaires. P, Q, sont les deux pistons. La tige du piston inférieur passe à travers le piston supérieur, dans une ouverture circulaire qui emboîte exactement cette tige. Une manivelle MM, fait mouvoir un arbre A, lequel porte d'équerre une traverse T, aux deux extrémités de laquelle est fixée, avec un boulon, l'extrémité de la tige des deux pistons. Si l'on donne un mouvement de va et vient à la manivelle, un des bras de la traverse baisse quand l'autre s'élève, et, par conséquent, un des pistons descend quand l'autre monte. Tel est le jeu de la pompe à double piston.

La fig. 3 représente une section de deux pistons, sur une plus grande échelle. Les fig. a, b, c, d, représentent la chopine S de la fig. 1; a, la section verticale faite par l'axe de la chopine; b, la projection horizontale du dessus de la chopine; c, la pièce de la chopine qui porte les clapets ou soupapes; d, cette même pièce munie de deux clapets.

Les fig. e, f, g, offrent les détails d'un piston; e est la partie intermédiaire qui sert à tenir le cuir; f est la partie supérieure du piston portant les deux clapets; g est la partie inférieure du piston.

Au-dessous du corps de pompe, tel qu'il est représenté dans les fig. 1 et 2, on adapte le tuyau d'aspiration. A mesure que l'eau s'élève elle se dégorge par l'ouverture circulaire O, fig. 1 et 2. Cette pompe exige du soin dans l'exécution, mais elle produit de grands résultats.

La fig. 6, pl. VI, représente une *pompe aspirante à piston tournant*, avec un axe horizontal, qu'on doit à Bramah. Le corps de pompe est un cylindre circulaire dont l'axe est horizontal; les deux bases du cylindre sont des plaques métalliques vissées contre des rebords à la circonférence du cylindre. Des rondelles en cuir sont placées entre l'assemblage des bases et des cylindres, pour empêcher tout passage de l'eau ou de l'air. Le piston tournant PP' est formé de deux ailes fixées à l'axe et portant chacune en dessus une soupape ; S, cloison verticale destinée à isoler exactement la partie gauche de la partie droite, dans le cylindre en dessous du piston. Quand on fait alternativement monter et descendre la droite et la gauche du piston, si, par exemple, la droite P descend, la soupape de ce côté se lève ; du côté opposé, la soupape est fermée par la pression du fluide déjà introduit dans la partie supérieure. Le fluide qui se trouvait du côté de P', passe dans la partie supérieure C. Lorsqu'ensuite on fait tourner le piston en sens contraire, c'est la soupape P' qui s'ouvre et la soupape P qui se ferme. L'eau élevée de la sorte monte par un tuyau vertical.

Les fig. 4 et 5 représentent l'application de la pompe précédente, comme *pompe à incendie*. Le piston est mis en mouvement par une double manivelle MM qu'on monte et qu'on descend. La pompe est établie dans l'une des extrémités d'un tonneau ; l'autre extrémité est pleine d'eau qui sert pour alimenter la pompe. On voit un réservoir d'air R fixé au-dessus du cylindre et servant à rendre le mouvement continu. Le tonneau garni de ses manivelles est porté sur un chariot à quatre roues.

Le service ordinaire des secours portés aux incendies se fait en Angleterre avec un soin particulier. Il est confié aux compagnies d'assurance contre l'incendie. Ces compagnies possèdent des équipages de pompes portés sur des chariots et traînés par des chevaux qui sont pareillement au service des compagnies, ainsi que les hommes nécessaires au jeu des pompes.

Les tuyaux qui servent à la conduite des eaux dans les rues de Londres, présentent, de distance en distance, de petits tuyaux verticaux qui s'élèvent jusqu'au raz du pavé, où ils sont fermés par un couvercle à vis que l'on enlève à volonté. Un écrou foré qui termine un tuyau de cuir est vissé au besoin sur la tête du tuyau, en place du couvercle, et l'eau est fournie en abondance par le tuyau de cuir ainsi placé. Tel est le moyen qu'on emploie pour porter avec rapidité, sur le lieu d'un incendie, toute l'eau nécessaire à l'extinction du feu. On évite ainsi, le plus souvent, en Angleterre, le travail lent, pénible, qui exige beaucoup de personnes, et qu'on effectue le plus ordinairement en France avec des seaux, que l'on passe de main en main.

Les pompes ordinaires, employées par les Anglais pour éteindre les incendies, se composent de deux corps de pompe et d'un réservoir, tous trois cylindriques et fixés sur une base horizontale de forme rectangulaire. Un système de manivelle fait mouvoir un levier, dont les deux bras portent respectivement un arc de cercle, avec une double chaîne attachée en deux points d'une tige de piston, pour faire monter et descendre alternativement les pistons qui jouent dans les deux corps de pompe.

L'eau d'alimentation fournie par le tuyau dont nous venons de parler passe dans un conduit à travers la table rectangulaire qui sert de support au corps de pompe et vient déboucher dans la partie inférieure de ces corps de pompe, d'où elle est refoulée dans le cylindre qui forme récipient d'air. Un tuyau vertical qui vient presque jusqu'à la partie inférieure du cylindre, et qui, dans le haut, traverse un couvercle en calotte sphérique de ce même cylindre, se termine par un coude et prend une forme conique. On peut diriger à volonté ce cône ; l'eau refoulée par la pompe s'échappe par une ouverture au sommet du même cône, et s'élève aux différents points où l'on veut projeter l'eau destinée à l'extinction des incendies. Lorsqu'on refoule l'eau élevée dans les corps de pompe, en passant dans le réservoir, elle s'élève au-dessus de la partie inférieure du tuyau d'injection. En s'élevant de la sorte, elle comprime l'air qui se trouve dans la partie supérieure du réservoir ; cet air étant comprimé réagit par son élasticité et rend continu le jet d'eau de la pompe. Le système que nous venons de décrire est transporté sur un chariot avec une caisse ou réservoir qui, au besoin, est rempli d'eau avec des seaux qu'on passe de main en main dans la partie de la ville où l'on ne trouve pas à proximité des tuyaux de conduite, pareils à ceux que nous avons décrits.

Les pompes à incendie des Anglais, méritent aussi d'être remarquées par la manière dont la force des hommes est appliquée au mouvement de la machine. Un axe horizontal passe par le milieu du levier, dont le mouvement alternatif fait aller les deux pistons du corps de pompe. Pour mettre cet arbre en mouvement, on y ajuste un encadrement dont les deux longs côtés parallèles à cet axe servent de poignées. On place deux à trois hommes de chaque côté qui font force avec leurs mains sur ces poignées. De plus, vers les deux extrémités de l'arbre, sont fixés deux petits leviers terminés chacun par un arc de cercle comme le levier principal qui sert au mouvement alternatif des pistons du corps de pompe. A la partie supérieure de chaque arc de cercle est fixée une petite chaîne à l'extrémité de laquelle on attache solidement un marchepied horizontal et parallèle aux poignées. Des pompiers, à cheval sur l'axe, appuient leurs pieds sur les marchepieds de droite et de gauche, et portent alternativement le poids de leur corps sur un marchepied et sur l'autre ; ce qui ajoute à l'effet de la machine une force considérable. Ce moyen d'employer la force de l'homme nous paraît remarquable. Le système entier est monté sur quatre roues basses, et se transporte depuis le magasin jusqu'au lieu de l'incendie, dans un tombereau auquel est joint un plan incliné le long duquel monte et descend l'équipage de la pompe. Un seul cheval suffit pour traîner le tombereau.

Les pompes anglaises ont sur nos pompes ordinaires à incendie plusieurs avantages qu'il est bon de remarquer. L'action des travailleurs ne tend pas à soulever alternativement tout le système d'un côté ou de l'autre, ni à secouer la machine avec un effort qui nuit à sa conservation. Le poids des ouvriers qui sont placés à cheval sur l'axe, contribue à la stabilité du système et diminue les efforts qui tendent à jeter la machine d'un côté ou de l'autre. Ajoutons que la marche suivie par l'eau refoulée est plus directe, et par conséquent éprouve moins de déperditions dans sa vîtesse.

Pompe à air ou machine pneumatique. Elle se compose de deux cylindres verticaux ayant même diamètre et chacun leur piston qui agit par aspiration. La tige de chaque piston est dentée; elle s'engrène dans un arc de cercle fixé à l'extrémité d'un levier mû par une manivelle, et ayant son point d'appui au milieu de l'espace qui sépare les deux cylindres. Du bas de chaque cylindre part un tuyau de conduite qui vient déboucher sur un plateau horizontal. On couvre ce plateau d'une cloche de verre appelée *récipient*; un enduit dont on entoure le bas de la cloche sur le plateau, intercepte tout passage entre l'air intérieur et l'air extérieur. En faisant jouer les pompes pour aspirer l'air qui se trouve sous le récipient, on diminue de plus en plus la masse de cet air; on le raréfie. C'est ce qu'on appelle improprement *faire le vide*. Un baromètre placé sous le récipient montre, par la hauteur de la colonne de mercure, la pression qu'exerce l'air plus ou moins raréfié.

ONZIÈME LEÇON.

De la force du vent ; ventilateurs ; navigation ; moulins à vent.

La force du vent fait sentir son action, à chaque moment, sur presque tous les points du globe : car c'est en chaque lieu le très-petit nombre des instants que ceux où l'air est parfaitement tranquille. De la moindre agitation de l'atmosphère, lorsqu'il se présente un obstacle, résulte une force qui s'exerce pour donner naissance à quelque phénomène naturel plus ou moins prononcé, tantôt utile et tantôt nuisible aux travaux de l'industrie.

Les vents, considérés dans leur influence générale sur la nature, produisent des résultats extrêmement favorables. Ils purifient chaque lieu, des miasmes délétères que la putréfaction ou d'autres causes pourraient y avoir accumulés. Ils offrent un nouvel air vital à ceux des êtres vivants pour lesquels la respiration de cet air est indispensable.

L'homme a profité de l'agitation presque continuelle de l'atmosphère, pour renouveler, par des *ventilateurs*, l'air qui croupit au fond de la cale et dans les entre-ponts des vaisseaux. Quelques-uns de ces ventilateurs sont formés d'un cylindre de toile, dont la partie supérieure est ouverte verticalement. On dirige l'ouverture du côté d'où vient le vent; l'air extérieur, pour obéir à la force qui le sollicite, descend dans le ventilateur, se répand dans la cale et dans les entre-ponts, d'où il chasse l'air vicié par la respiration des hommes, et par les exhalaisons d'une foule d'objets putrescibles ou susceptibles d'entrer en fermentation. Chaque fois que les dangers de la navigation ne contraignent pas de fermer toutes les ouvertures du vaisseau, telles que les écoutilles et les sabords, on a soin de les ouvrir; ce sont autant de ventilateurs qui reçoivent de l'air frais du côté du vent, et permettent à l'air ancien et vicié de s'échapper par le côté opposé.

Depuis qu'on a mieux connu l'art de ventiler les vaisseaux, et d'y maintenir une propreté plus constante, le nombre des maladies résultantes des navigations de long cours est considérablement diminué. Certaines maladies telles que le scorbut sont, pour ainsi dire, entièrement disparues à bord des vaisseaux.

On emploie pareillement des ventilateurs pour renouveler l'air au fond des mines et dans les prisons. L'habitation des hommes dans un endroit constamment fermé est une des causes les plus terribles de maladies contagieuses; lesquelles ne sont autres que ces fièvres de prisons, ces typhus, qui se répandent ensuite dans la société, d'une manière très-effrayante.

Dans les contrées où les lois de l'humanité sont sacrées, où l'on accorde des égards, même aux criminels, et surtout aux simples prévenus que la justice n'a pas encore convaincus de culpabilité, l'on emploie tous les moyens de l'art pour renouveler avec régularité l'air des prisons.

Il importe également de renouveler, par des moyens artificiels, l'air des hôpitaux : précaution rendue surtout nécessaire par l'état maladif d'un grand nombre d'individus concentrés en un seul point. On peut, dans la partie supérieure des fenêtres, pratiquer de petites ventouses qu'on laisse ouvertes toute la nuit, afin que les gaz délétères, plus légers que l'air atmosphérique, se dégagent par cette partie. On peut creuser dans les planchers sur lesquels les lits sont posés, de petites ouvertures qui permettent aux gaz méphitiques plus pesants que l'atmosphère, de s'écouler par l'effet naturel de leur poids, et de sortir de l'édifice.

Les *jalousies*, qui sont composées de planchettes d'égale grandeur, également inclinées, ont l'avantage de décomposer la force du vent, de la diriger vers la partie supérieure de l'édifice, et de renouveler l'air des appartements que ces jalousies servent à fermer.

Il serait à désirer qu'on employât quelques-unes des dispositions que nous venons d'indiquer, afin de renouveler l'air de l'atmosphère, dans nos théâtres, dans nos assemblées publiques et dans les salles consacrées aux fêtes, à la danse, et à toute espèce de plaisirs.

Le grand nombre de lumières placées dans ces appartements occasionne une consommation d'air vital si considérable, qu'il importe d'employer tous les moyens pour renouveler abondamment l'air vicié par cette combustion, et par la respiration de la foule des spectateurs. Ce renouvellement a le double avantage, d'offrir un air pur à la respiration de chaque personne, et de diminuer en même temps l'élévation de température : élévation que concourent à produire la combustion de tant de lumières et la respiration de tant de personnes.

Nous ne quitterons pas ce sujet, sans dire un mot d'un petit ventilateur qu'on adapte quelquefois au milieu d'un carreau de vitre. C'est un cercle fixe, au milieu duquel tourne une roue dont les rais également inclinés et plats, peuvent être comparés aux ailes d'un moulin. Quelle que soit la direction du vent, il en décompose la force dans le même sens sur chacune de ces ailettes, inclinées aussi dans le même sens, et fait tourner la roue avec une vitesse d'autant plus grande que la force même du vent est plus considérable. Enfin, ce mouvement ne peut s'exécuter sans que l'air passe entre les ailettes, et s'insinue dans l'appartement.

Une des applications les plus importantes par son étendue, et par la grandeur des résultats qui en sont les conséquences, est celle de la force du vent à la navigation. Si nous prenons un seul peuple tel que le peuple anglais, qui emploie 160.000 hommes à sa marine marchande, et 20.000 hommes à sa marine militaire, ce qui fait 180.000 marins, sans compter une foule de pêcheurs et de petits caboteurs; nous voyons qu'avec le secours de la force du vent, chacun de ces 180.000 hommes peut conduire 15,000 kilogrammes; tandis que, par le secours de sa force corporelle, il ne pourrait porter au plus que 60 à 70 kilogrammes, et traîner sur une voiture que 150 à 200 kilogrammes. La différence de 70, de 150 et au plus de 200 kilogrammes à 15.000 kilogrammes, est donc une force ajoutée à celle de l'homme par la force du vent. On trouve ainsi que la force du vent ajoute à la force de 180.000 marins, la force nécessaire pour transporter 2.664.000.000 de kilogrammes, à la distance moyenne des voyages que peut faire un navire dans une année; résultat immense et tout entier donné par la nature à la navigation d'un seul pays!

Malheureusement en France, où le commerce

et la navigation n'ont pas à beaucoup près un développement pareil à la navigation et au commerce de la Grande-Bretagne, nous sommes loin d'avoir fait à la nature un emprunt de forces aussi considérable, pour l'appliquer au transport de nos produits. C'est une infériorité de richesses, qui a les conséquences les plus graves sur le bien-être et sur la puissance comparée des deux pays.

Après vous avoir donné l'idée de l'extrême importance de cette application de la force du vent à la navigation, si je voulais vous expliquer en détail, comment cette force est appliquée aux navires de différentes formes, suivant les divers systèmes de voilure et de mâture, il faudrait un volume entier. Je me contenterai de vous faire comprendre comment, avec la force du vent, toujours agissant dans une même direction, le navigateur parvient par son art, à s'avancer, non-seulement en suivant la direction naturelle du vent, mais en s'écartant à volonté de cette direction, pour faire avec elle un angle très-petit, puis de moins en moins aigu, puis un angle droit et un angle obtus, afin de remonter ainsi contre l'origine du vent, en faisant avec la direction du vent, un angle plus grand que l'angle droit. Lorsque le navire fait l'angle le plus grand possible avec la direction naturelle du vent, et par conséquent, l'angle le plus petit possible avec la direction opposée, on dit qu'il navigue *au plus près du vent*, c'est-à-dire, qu'il s'approche le plus près possible de l'origine du vent.

Plaçons un navire dans une direction telle, que la ligne droite menée du milieu de sa pouppe au milieu de sa proue suive la direction même du vent, la proue en avant; orientons les voiles perpendiculairement à cette direction. Ces voiles, ainsi que le navire, étant symétriques par rapport au plan vertical qui va du milieu de la pouppe au milieu de la proue, il n'y a pas de raison pour que le navire se dévie vers la droite plus que vers la gauche, par rapport à la direction du vent; par conséquent, il doit suivre cette direction même. Telle est la marche directe qu'on appelle *vent arrière*.

Supposons, maintenant, qu'au moyen du timon, l'on fasse tourner le gouvernail dans un sens; aussitôt le vaisseau tournera dans le sens contraire, pour prendre une route oblique, laquelle dépendra de la direction du gouvernail et de la direction des voiles. Dans tous les cas, si la force du vent agit perpendiculairement sur une voile, elle transportera dans sa direction propre, son impulsion à la mâture, et, par conséquent, au navire. Si la force du vent agit obliquement sur la voile, il faudra la décomposer en deux, l'une dans le sens de la voile, qui ne produira point d'effet, l'autre dans le sens perpendiculaire, qui produira son plein et entier effet sur la mâture et sur le navire.

Dans la direction du *plus près*, la proue est plus près de l'origine du vent que la pouppe ; les voiles sont obliques, et plus obliques encore, par rapport à la direction du vent, que le navire même. Lorsque le vent vient frapper ces voiles, il se décompose ainsi que nous venons de le dire. La seule force qui agisse et qui est perpendiculaire à la voile, se décompose en deux autres : la première perpendiculaire à la largeur du navire et qui tend à pousser ce navire perpendiculairement à cette largeur, mouvement qui présente une énorme résistance et qui, pour cette cause, est très-peu sensible ; la seconde, dirigée parallèlement à la longueur du navire, éprouve une résistance plus ou moins grande, et, par conséquent, fait avancer le navire dans ce sens, beaucoup plus qu'il ne recule dans le sens transversal. Voilà pourquoi, malgré ce reculement qu'on appelle *dérive*, le navire avance contre la direction du vent ; mais il avance en obliquant. Donc, si l'on veut passer d'un point à un autre, suivant une ligne droite parallèle à la direction du vent, et en remontant contre cette direction, il faut parcourir une ligne brisée dans la première partie, éloignée suffisamment de la ligne tracée suivant la direction du vent. Quand on est arrivé à la hauteur du milieu de cette dernière ligne, si l'on change de route pour prendre une direction toujours opposée à celle du vent, mais d'un bord contraire, cette nouvelle direction ou bordée conduira nécessairement à la seconde extrémité de la ligne dont on est parti. Ainsi, avec deux, ou quatre, ou six..... lignes brisées, l'on peut aller d'un point à un autre sur la mer, en naviguant contre la direction du vent.

La forme des voiles n'est nullement indifférente, dans la transmission de la force du vent, pour mouvoir le vaisseau. Si la voile est triangulaire, à surfaces égales, son centre de gravité sera plus élevé que celui d'une voile quarrée qui aurait même base. En effet, pour la voile triangulaire, il sera placé au tiers de la hauteur, tandis que, pour la voile quarrée, il sera placé au milieu de cette hauteur. Toutes choses égales d'ailleurs, la force du vent agit donc d'une manière plus dangereuse pour faire chavirer le navire, dans le cas où l'on fait usage de voiles triangulaires que dans le cas où l'on fait usage de voiles quarrées.

Les voiles trangulaires, employées surtout pour les bâtiments qui naviguent dans la Méditerranée, ont le grand avantage d'aller chercher très-haut par leur sommet la moindre brise de vent qui se fait sentir dans la belle saison, au débouché des nombreuses vallées que présente aux navigateurs le territoire généralement montueux des côtes méditerranées de l'Espagne, de la France, de l'Italie, de la Corse, de la Sardaigne et de la Grèce.

Mais ces voiles sont moins maniables, et comme nous l'avons fait remarquer, moins favorables à la stabilité que les voiles quarrées. Voilà pourquoi les bâtiments de la Méditerranée, lorsqu'ils passent dans une mer très-dure, telle que l'Océan, quittent les voiles triangulaires et prennent des voiles quarrées.

A mesure qu'on s'est servi de plus grands navires, on a dû multiplier sur chacun le nombre des voiles, afin que leur grandeur ne fût pas trop disproportionnée à la force des hommes qui doivent les manœuvrer, non-seulement lorsque le temps est favorable, mais au milieu des tempêtes les plus terribles.

Telle est la raison principale qui a fait successivement employer deux, trois et même quatre mâts verticaux, indépendamment d'un mât incliné placé sur la proue; et qui a fait décomposer chaque mât en deux, trois et même quatre parties indépendantes, dont chacune porte sa voile, avec des allonges ou *boute-hors* de droite et de gauche, qu'on peut sortir ou retirer à volonté. Indépendamment de ces voiles, on en place d'autres, taillées en forme de triangle ou de trapèze, entre les mâts verticaux et le mât incliné sur la proue, qu'on appelle beaupré.

C'est un art compliqué qui demande beaucoup d'expérience et une grande justesse de coup d'œil, que celui de décider, à chaque instant, parmi toutes ces voiles, quelles sont celles qui, pour une direction donnée du vent et de la marche du navire, sont plus avantageuses à déployer; puis, suivant quelle direction il faut les fixer; et quelles sont les voiles, au contraire, qu'il importe de supprimer, soit pour continuer suivant une route donnée, soit pour changer de route, et pour évoluer suivant des conditions déterminées. Cet art de la manœuvre est celui des capitaines des bâtiments de guerre et des bâtiments marchands; il exige, des connaissances théoriques et beaucoup de pratique.

Dans plusieurs machines, on se sert de la résistance que les corps éprouvent à se mouvoir dans l'air, comme d'un modérateur qui empêche que le système ne prenne une accéléraration pernicieuse. L'exemple le plus simple qu'on puisse offrir de cette application, est le *volant* de certains tourne-broches; volant qui se compose d'une roue à la circonférence de laquelle sont placées de petites plaques métalliques, dont le plan, passant par l'axe de la roue, est perpendiculaire à la direction du mouvement de ces plaques, lorsque la roue se meut. Quand le mouvement de la roue est très-lent, la résistance que ces plaques éprouvent de la part de l'air est à peine sensible. Elle s'accroît ensuite par degrés rapides, à mesure que la vîtesse de la roue augmente; et, si l'on représente les degrés de vîtesse par

les nombres 1, 2, 3, 4, 5, 6, 7, 8, 9, 10;
les nombres 1, 4, 9, 16, 25, 36, 49, 64, 81, 100,

représenteront la résistance éprouvée par les plaques en vertu de l'inertie de l'air. On peut encore offrir plusieurs autres applications de ce système. Nous les ferons connaître.

Les voiles d'un navire produisent un effet analogue au volant, pour empêcher la trop grande agitation de *roulis* et de *tangage*. Le roulis, c'est-à-dire, le mouvement qui s'opère suivant un axe horizontal, dirigé de la poupe à la proue, est le plus considérable, quand les voiles sont dirigées dans un plan perpendiculaire à cet axe, c'est-à-dire, dans le plan même du mouvement du roulis; alors, elles n'offrent aucune résistance à ce mouvement. Ensuite, à mesure qu'on incline les voiles, et qu'elles présentent une plus grande surface à la direction du mouvement de roulis, ces voiles étant frappées par une plus grande masse d'air, lorsque le roulis a lieu, résistent de plus en plus, et le roulis diminue d'étendue. C'est ce qu'on observe encore plus sensiblement, lorsque les voiles étant orientées de manière à présenter une très-grande surface dans le sens transversal, sont tout à coup amenées; comme à l'instant où l'on jette l'ancre et l'on cesse de naviguer. C'est aussi l'instant où le mal de mer, causé par les mouvements du navire, affecte le plus les personnes qui ne sont pas faites à ces mouvements.

Une application très-remarquable de la force du vent est celle des *moulins à vent*.

On fait usage de la force du vent pour donner l'impulsion à des roues qui portent de grandes ailes, et qui caractérisent ce qu'on appelle les moulins à vent.

Il est évident qu'un semblable système méchanique ne peut convenir qu'à des travaux qui n'exigent pas d'être constamment entretenus avec le même degré de force et de vîtesse, et qui peuvent même, sans inconvénient, souffrir une interruption de plusieurs jours, lorsque le vent est calme. Cet inconvénient s'oppose, malgré toute l'économie qu'on peut trouver dans l'emploi du vent, à ce qu'on s'en serve comme force motrice, pour la plupart des opérations des grandes manufactures.

Mais, on peut s'en servir avec avantage pour des opérations qui ne sont pas urgentes et qui n'ont pas besoin d'être faites avec une régularité constante. Un autre inconvénient de la force du vent, c'est l'impossibilité d'en faire usage dans toutes les situations. Il faut que le moulin soit établi sur quelque éminence, ou dans une plaine assez spacieuse, ou dans une vallée très-large et qui ne soit pas abritée par de hautes forêts; afin que le vent puisse arriver librement, de quelque direction qu'il souffle, jusqu'aux ailes du moulin.

Voici les applications principales qu'on fait de la force du vent. On s'en sert : pour moudre les grains; pour exprimer les huiles de certaines graines; pour broyer l'écorce du chêne qui sert à faire du tan; pour scier des bois; enfin, pour élever des eaux destinées aux irrigations, ou simplement pour épuiser les eaux qui noient un territoire, et le dessécher par ce moyen.

Les moulins à vent ont été d'abord mis en usage dans l'Orient, et nous ont été donnés par cette contrée, vers l'époque des croisades.

Un décimètre cube d'air, bien purgé d'eau, à la température de la glace fondante, et sous une pression donnée par une colonne de mercure haute de 76 centimètres, pèse un gramme $\frac{3}{10}$.

En cherchant à mesurer par l'expérience la force du vent, Mariotte a trouvé que, si la vitesse est de $3^{\text{mèt.}},898$, par seconde, il produit une impulsion de 179 grammes, contre une surface mobile ayant 1.050 centimètres quarrés.

Borda et Rouse ont aussi fait des expériences à ce sujet. Les résultats de ces deux savants font voir que l'action impulsive du vent est proportionnelle au quarré des vîtesses du vent, dans un temps donné. Il est facile de s'en rendre raison, puisque dans ce temps, chaque partie d'air qui est animée d'une vîtesse plus considérable, se renouvelle un nombre de fois d'autant plus grand, que cette vîtesse est aussi plus grande.

Les résistances que l'air éprouve contre diverses surfaces, croissent dans un plus grand rapport que l'étendue même de ces surfaces. Ainsi, par exemple, d'après l'expérience de Borda, des surfaces quarrées dont les côtés sont respectivement 4 et 9, et dont les surfaces sont respectivement 16 et 81, résistent à l'action du vent, suivant le rapport de 16 à $94\frac{1}{2}$. Ce dernier résultat nous fait voir que, toutes choses égales d'ailleurs, il est plus avantageux de naviguer avec des voiles d'une grande étendue et en petit nombre, qu'avec beaucoup de petites voiles présentant la même superficie.

Quand le vent agit obliquement contre les surfaces, sa force se décompose, ainsi que nous l'avons expliqué, et l'on ne doit compter que la partie décomposée perpendiculairement à la surface de la voile. La décomposition du parallélogramme des forces donne un résultat sensiblement exact, lorsque l'on compare la force perpendiculaire du vent avec des forces produites par une direction du vent, qui fait avec la surface de la voile un angle compris entre 30 et 45 degrés : ainsi que Borda s'en est assuré d'une manière pratique. L'expérience démontre encore que l'action du vent est plus grande quand elle agit sur une surface plane que quand elle agit sur une surface dont la convexité est opposée à la direction du vent.

Il y a deux espèces de moulins à vent : dans les uns, on dresse des surfaces planes sur le contour d'une roue horizontale ; ces moulins sont, pour ce motif, appelés *moulins horizontaux*. Ils offrent beaucoup moins d'avantages que les moulins où l'action du vent est appliquée à des ailes formant les rayons d'une roue verticale. Ces derniers sont, par conséquent, ceux qui nous occuperont plus particulièrement.

Je dois citer cependant un moulin horizontal ingénieux, que j'ai vu construit, en Angleterre, près de Londres. Imaginons une grande et haute tour circulaire, dont le contour offre une suite d'ouvertures verticales obliques, qu'on pourrait comparer à celles d'une jalousie appliquée sur le contour d'un cylindre. Quelle que soit la direction du vent, il pénètre entre un quart des ouvertures, et tend à s'avancer dans l'intérieur de la tour, avec une direction qui agit toujours dans le même sens; en pénétrant ainsi dans cet intérieur, il rencontre des voiles dressées parallèlement aux arêtes du cylindre de la tour, les pousse toujours dans le même sens, et fait ainsi marcher le moulin. L'air s'échappe ensuite par les diverses ouvertures qui sont du côté opposé au vent.

Arrêtons-nous à la description des moulins à ailes verticales. Pour que ces moulins reçoivent l'impulsion du vent dans tous les sens, il faut qu'on puisse présenter le plan vertical des ailes dans une direction perpendiculaire à celle du vent. C'est pourquoi l'arbre horizontal qui porte des ailes est fixé sur le haut de la tour avec le toit même, à un système circulaire qui lui permet de tourner en tous sens, au moyen d'un grand levier, dont le bout s'approche de la terre, et que le meunier pousse à la main, afin de placer les ailes dans une direction convenable, ou, comme on dit, d'*orienter* le moulin.

Dans les moulins anglais, fig. 1, pl. VII, on voit une petite roue, dont les ailes sont dirigées dans un plan vertical, qui passe par l'axe vertical du moulin. Quand le vent s'écarte de ce plan vertical, il agit sur les ailes de la petite roue dont le mouvement se transmet à la tige T, et aux roues d'angle R, R'; S, S'. Les dents S' sont placées sur une grande couronne circulaire qui tient à la partie supérieure du moulin, laquelle tourne sur des roulettes r, r; lesquelles courent sur un plateau circulaire fixé à la partie inférieure du moulin. La fig. 2 montre le plan d'une partie de la couronne circulaire S'S' engrenée avec S.

Par un méchanisme ingénieux, les ailes motrices A, A, fig. 1, pl. VII, se déshabillent d'elles-mêmes quand la force du vent devient trop grande. Chaque aile est formée de deux montants mm, mm, sur lesquels peuvent glisser les supports ll, ll, de rouleaux $r, r, r,\ldots..$ sur lesquels s'enroulent des voiles rectangulaires. Un tirant fourchu tt est fixé aux supports ll, ll, des cylindres de chaque aile. Le sommet a de la fourche tt, est boulonné au bout d'un levier coudé abc. Une tige ddd' dentée en d', quand elle saille en dehors fait approcher a de dd.

Lorsque la vîtesse des ailes passe un certain terme, la force centrifuge pousse en dehors les supports ll, ll; dans ce mouvement, les galets que porte l'essieu de chaque rouleau $r, r, r,\ldots..$ frottant sur la partie fixe ff, font tourner les rouleaux de manière à serrer de plus en plus les voiles. En même temps les tiges fourchues tt, éloignent a de dd, font rentrer dd dont la partie dentée d' transmet son mouvement aux roues d'angle h et à la grande poulie H, qui soulève un contre-poids. Dès que le vent faiblit, le contre-poids descend et force les voiles à se déployer de nouveau.

La fig. 3 est une projection verticale, en grand, de la combinaison des leviers *abc*, fig. 1, des quatre ailes, autour de la tige *dd*.

La fig. 4 est le plan d'un rouleau à voile. On y voit clairement comment est tenu par ses extrémités l'essieu du rouleau, et comment il peut rouler sur un galet *g*.

Dans la fig. 1, la grande roue d'angle XX est celle qui transmet directement la force du vent au méchanisme spécial du moulin.

La fig. 5 est la projection d'une aile hollandaise, sur un plan mené par l'arbre AA qui porte les ailes, et par le milieu longitudinal de la pièce principale PP de l'aile.

Le vent n'agit que rarement dans une direction qui soit horizontale. L'expérience a fait voir que, par ce motif, si l'on veut obtenir le plus grand effet de la force du vent, il faut incliner de 8 à 15 degrés l'arbre qui porte les ailes, et non pas tenir cet arbre horizontal. Si les ailes étaient chacune dans un plan perpendiculaire à l'arbre, il est évident que la force du vent, en frappant ces ailes, ne pourrait faire tourner l'arbre. Il faut donc leur donner une inclinaison, et cette inclinaison doit être dans le même sens pour toutes les ailes, afin que la force, décomposée suivant le plan de toutes les ailes, agisse pour faire tourner l'arbre dans un sens qui soit le même.

Smeaton, célèbre ingénieur anglais, a fait, sur la force du vent, des expériences qui méritent d'autant plus de confiance, qu'elles concordent dans leurs résultats avec les observations de Coulomb sur de grands moulins à vent. Pour donner plus de régularité à ses expériences, au lieu de recevoir l'action directe du vent qui varie à chaque instant, il a préféré faire mouvoir son modèle de moulin, en lui imprimant l'impulsion d'une force bien connue au milieu d'un air en repos. Par ce moyen, il était parfaitement sûr de la vîtesse avec laquelle les ailes se mouvaient dans l'air. Il enroulait sur l'arbre horizontal qui portait les quatre ailes mises en expérience une corde, à l'extrémité de laquelle pendait un plateau qu'il chargeait de poids à volonté. Le travail effectué par les ailes consistait à lever ce plateau, avec une vîtesse plus ou moins grande, dans un temps donné. Smeaton a commencé par chercher quel degré d'inclinaison convient le mieux aux ailes planes. Il a reconnu que le poids nécessaire pour arrêter le mouvement des ailes inclinées à 35 degrés, surpassait le poids nécessaire pour arrêter le mouvement d'autres ailes différemment inclinées, et se mouvant avec la même vîtesse.

ONZIÈME LEÇON.

D'après les expériences de Smeaton, pour que des ailes d'une dimension donnée transmettent régulièrement la plus grande force possible, dans un temps continu donné, il faut que leur inclinaison soit de 15 à 18 degrés; l'avantage est en faveur de cette roue, comparée à celle pour laquelle l'inclinaison est de 35 degrés, dans le rapport considérable de 45 à 31. Il a fait encore une remarque qui montre que l'inclinaison comprise entre 16 et 18, diffère peu du *maximum* absolu : c'est qu'en augmentant ou en diminuant d'un à deux degrés l'inclinaison des ailes, il n'en résulte qu'une très-faible différence d'effet total, comparativement à celui qu'il a donné comme le plus avantageux.

Smeaton a mis également en expérience des ailes dont la surface, au lieu d'être plane, fût gauche, et de moins en moins inclinée, à proportion que le point de l'aile où l'on mesure cette inclinaison s'éloigne de l'axe : il n'a pas trouvé que le résultat fût plus avantageux, qu'en employant des ailes planes.

Les constructeurs hollandais inclinent au contraire, de plus en plus la partie de leurs ailes à mesure que cette partie s'éloigne de l'axe.

Voici le tableau des inclinaisons des diverses parties des ailes sur le plan dans lequel s'opère le mouvement de rotation : inclinaisons déterminées par les expériences de Smeaton, comme les plus avantageuses.

Angle fait avec le plan du mouvement.....

18°	19°	18°	16°	12°$\frac{1}{2}$	7°
à $\frac{1}{6}$	$\frac{2}{6}$	$\frac{3}{6}$	$\frac{4}{6}$	$\frac{5}{6}$	$\frac{6}{6}$

de la longueur de la voile, en s'éloignant de l'axe.

Les meilleurs moulins de la Flandre française, observés par Coulomb, donnent des résultats sensiblement analogues à ceux de Smeaton. Les inclinaisons des diverses parties de l'aile varient, cependant, depuis le point le plus près du centre, jusqu'au point le plus éloigné, de 30 degrés jusqu'à 12 degrés dans quelques moulins, et jusqu'à 6 dans quelques autres.

Smeaton a fait varier ensuite la largeur des ailes. Il a trouvé que, pour obtenir le meilleur effet possible, il faut que l'aile large soit inclinée sous un angle plus grand : il a vu qu'une aile plus large à l'extrémité qu'au centre, vaut mieux qu'une aile rectangulaire : à surfaces égales, c'est la forme du trapèze qui paraît la plus convenable.

Smeaton a reconnu qu'au delà d'une certaine limite, il était plutôt nuisible qu'utile d'accroître la surface des ailes, parce que l'air ne trouve plus assez d'espace pour s'échapper après les avoir frappées.

Smeaton a voulu connaître par l'expérience, le rapport de vîtesse des ailes tournant librement, sans produire aucun travail, et des ailes qui produisent un travail aussi grand que possible. Le rapport de cette vîtesse est généralement celui de 3 à 2; c'est-à-dire, que si des ailes libres font trois tours dans un temps donné, les ailes qui, dans ce temps, pourront produire le plus grand travail possible, ne feront que deux tours. Pour un même moulin, le travail est généralement proportionnel à la vîtesse du vent. Ainsi, quand la vîtesse du vent devient double, triple ou quadruple, les ailes travaillent avec une vîtesse pareillement double, triple quadruple, etc.

Enfin, dans un temps donné, le travail fait par un moulin est proportionnel au quarré de la vîtesse du vent.

Les observations de Coulomb sur les moulins de la Flandre française lui ont prouvé que sur plus de cinquante moulins disséminés aux environs de Lille, et placés dans la même exposition, l'effet utile est à peu près le même, quoique ces moulins présentent quelques différences de construction, et diffèrent un peu dans l'inclinaison de l'arbre qui porte les ailes, et dans la disposition de ces ailes; ce qui prouve que ce genre de constructions doit être fort approché du *maximum* d'effet.

Nous n'entrerons pas dans de plus grands détails au sujet des expériences qui peuvent faire connaître le rapport le plus avantageux entre la position et la dimension des ailes de moulin; nous nous contenterons de renvoyer, pour cet objet, aux ouvrages des deux ingénieurs, français et anglais, que nous avons cités.

Voici d'après Coulomb quel est le travail annuel opéré par les moulins de la Flandre. Année moyenne, chaque moulin à huile, en fabrique quatre cents tonnes. Il trouve que ce travail correspond à celui de huit heures par jour durant tous les jours de l'année, en produisant une force de 34.728 kilogrammes élevés à un mètre par minute. Ce qui, en prenant pour unité dynamique, ou *dyname* (1), un million de kilogrammes, ou mille tonneaux élevés à un mètre, donne pour travail journalier $16\frac{2}{3}$ dynames, à quoi il faut ajouter un sixième en sus pour les frottements.

Il faudrait une machine à vapeur de Watt, d'environ trois chevaux pour produire le même effet utile.

Quand on applique la force du vent à moudre du bled, on trouve qu'il faut la même force pour moudre 1000 kilogrammes de bled et pour fabriquer $3\frac{1}{2}$ tonnes d'huile : cette force égale $5\frac{1}{4}$ dynames.

---

(1) Voyez au sujet du Dyname, la fin de la XVe. leçon.

DOUZIÈME LEÇON.

De la chaleur.

La chaleur passe, tantôt des corps étrangers dans notre corps, ce qui produit en nous la sensation du chaud; et tantôt de notre corps dans les corps extérieurs, ce qui produit en nous la sensation du froid. Cette transmission ne s'opère pas seulement entre le corps humain et les corps étrangers; elle s'opère entre tous les corps de la nature, et cause des phénomènes d'une extrême importance pour l'industrie.

A mesure que la matière augmente de chaleur, elle augmente aussi de volume; lorsqu'elle diminue de chaleur, elle diminue pareillement de volume. Cette observation donne le moyen de mesurer la chaleur avec des instruments. Les corps d'une forme bien déterminée varient de dimension d'une manière qu'il est facile de mesurer et qu'on rend sensible à la vue : tels sont les thermomètres, dont nous parlerons bientôt. Examinons comment on a pu rendre cette mesure universelle pour la chaleur des corps.

Afin de faire passer un kilogramme d'eau, de la température de la glace fondante à celle de l'eau bouillante, il faut une quantité de chaleur que nous prendrons pour base de toutes les mesures. Nous appellerons *therme* la *centième* partie de cette quantité. Nous divisons en *cent degrés* les états de chaleur ou de température de l'eau qui possède, pour chaque kilogramme, 1, 2, 3..... 100 thermes, ou parties de chaleur (1).

Voici, maintenant, pour chaque degré d'augmentation de chaleur, quel est l'allongement d'un prisme ou d'un cylindre dont la longueur est représentée par le nombre 1.000.000.

Acier non trempé.	10,79
Acier trempé jaune, recuit à 65°.	12,40
Argent de coupelle.	19,10
Argent au titre de Paris.	19,09
Cuivre.	17,17
Cuivre jaune.	18,78
Étain des Indes.	19,38
Étain de Cornouailles.	21,73
Fer doux forgé.	12,20
Fer rond passé à la filière. . . .	12,35
Mercure (en volume).	184,77
Or de départ.	14,67
Or au titre de Paris, non recuit. .	15,52
Idem. . . . . recuit. .	15,14
Platine (selon Borda).	8,57
Plomb.	28,48
Flintglass anglais.	8,12

(1) 80 anciens degrés de chaleur égalent les 100 nouveaux degrés. Nous n'emploierons jamais les anciens degrés.

Verre de France, avec plomb. . .   8,72
Tube de *verre* sans plomb.   8,97
Glace de Saint-Gobain.   8,90

On voit par cette table la grande dilatation qu'éprouve le mercure et la faible dilatation qu'éprouve le verre. C'est sur ces deux propriétés opposées du mercure et du verre qu'est fondée la construction du thermomètre.

Qu'on imagine un tube parfaitement cylindrique et terminé d'un bout par une sphère creuse d'un diamètre beaucoup plus grand que le diamètre du tube. Supposons, par exemple, que le diamètre de la sphère soit égal à dix fois le diamètre du tube : le volume de la sphère sera $66\frac{2}{3}$ fois aussi considérable que celui d'un cylindre ayant même diamètre que le tube et même longueur que le diamètre de la sphère. Par conséquent, les augmentations de volume d'une masse de mercure qui remplirait exactement la boule sphérique, s'élèveront, dans le tube, à une hauteur $66\frac{2}{3}$ fois plus considérable que ne ferait le mercure occupant dans ce tube une hauteur égale au diamètre de la sphère. C'est par ce moyen qu'on rend sensible à la vue simple la dilatation du mercure pour chaque degré centésimal. On marque sur une planchette, dans laquelle le tube et la boule de mercure sont encastrés, des divisions qui correspondent aux différents degrés de température, depuis *zéro* jusqu'à 100 degrés et au delà de ces limites.

Le tube et la boule du thermomètre, étant composés d'une substance qui se dilate par la chaleur et qui diminue de volume par le froid, cette variation influe sur l'étendue des espaces parcourus par le mercure, lorsque la température augmente ou diminue. On obvie à cet inconvénient par la manière dont on exécute et dont on gradue les thermomètres.

Lorsqu'on fait passer les différents corps, que nous avons énumérés dans le tableau précédent, par tous les degrés de chaleur qu'il nous est possible de produire, on remarque qu'un certain nombre de substances suivent une marche à peu près proportionnelle. Tels sont le mercure, le verre et les métaux en général, excepté l'acier trempé. Cependant il faut observer que chaque corps solide ne se dilate point également pour un même nombre de degrés pris à partir de différents points sur l'échelle du thermomètre.

Par conséquent, il n'est pas exact de dire que la dilatation des corps est précisément proportionnelle aux degrés de chaleur que ces corps éprouvent ; elle devient plus considérable, à mesure que la température s'élève. Ainsi, la dilatation des métaux est plus grande de 200 à 300 degrés, que de 100 à 200 degrés. Cet accroissement devient particulièrement remarquable, lorsqu'on approche du degré où les corps entrent en fusion. Néanmoins, dans la pratique des arts, et pour des variations de chaleur qui ne soient pas très-étendues, on peut, sans erreur sensible, admettre que la variation du volume des corps est proportionnelle au nombre de degrés de chaleur qu'ils acquièrent ou qu'ils perdent.

Le mercure est peut-être le liquide qui présente les moindres divergences dans ses dilatations, par exemple, entre un et cent degrés. Sous ce point de vue, le thermomètre à mercure est un des meilleurs instruments qu'on puisse employer.

La dilatation de l'eau, entre *zéro* et cent degrés, est loin de présenter cette uniformité qui caractérise la dilatation du mercure. C'est ce que démontre ce petit tableau tiré de Thompson :

DEGRÉS du thermomètre.	VOLUMES de l'eau.	DIFFÉRENCES de volumes.	DILATATIONS moyennes pour un degré.
10°	1.00023		
15° 55	1.00091	0.00068	0.000123
21° 11	1.00197	0.00106	0.000191
26° 66	1.00332	0.00135	0.000243
32° 22	1.00594	0.00262	0.000472
37° 77	1.00908	0.00314	0.000566
48° 88	1.01404	0.00496	0.000447
65° 55	1.02017	0.00613	0.000367
87° 77	1.03617	0.01600	0.000720
100°	1.04557	0.00940	0.000768

Les corps se présentent à nous sous trois formes bien distinctes : les uns solides, tels que les bois, les pierres, les cristaux, etc. Les autres ordinairement liquides, tels que le mercure, l'eau, les huiles, etc. Une troisième classe, est composée des corps gazeux : tels sont l'air atmosphérique, le gaz hydrogène, la vapeur de l'eau, le gaz acide carbonique, etc.

Il est certains corps qui, par des augmentations convenables de chaleur, passent tour à tour de l'état solide à l'état liquide, et de l'état liquide à l'état gazeux. Ces même corps, par des diminutions correspondantes de chaleur, repassent ensuite de l'état gazeux à l'état liquide, et de l'état liquide à l'état solide. On observe alors des phénomènes extrêmement remarquables, et que nous rendrons sensibles en choisissant pour exemple l'une des substances les plus utiles à l'industrie : l'eau.

Si l'on prend un kilogramme de glace, il suivra la loi des condensations ou des dilatations de tous les corps solides, à mesure qu'on le fera passer par des degrés de plus en plus abaissés au-dessous de la température de la glace fondante. La transmission de la chaleur de deux mesures de glace qui diffèrent de température, se fera suivant la loi générale des corps solides. Ainsi, par exemple, si l'on met ensemble deux kilogrammes de glace ou de neige, l'un à 10 degrés et l'autre à 20 degrés de température au-dessous de *zéro*, et si l'on prend des précautions telles que la température devienne égale dans les deux corps, les deux kilogrammes seront élevés à 15 degrés de cette température : de manière qu'un kilogramme ait acquis précisément le nombre de degrés que l'autre a perdus.

De même, si l'on mêlait ensemble deux kilogrammes d'eau liquide, l'un élevé à 10 degrés et l'autre à 20 degrés au-dessus de la température de l'eau bouillante, le mélange serait élevé à 15 degrés au-dessus de cette température.

De même, si l'on mêlait ensemble un kilogramme de vapeur à 10 degrés avec un kilogramme de vapeur à 20 degrés au-dessus de la glace fondante, le mélange, dans un espace égal à la totalité des deux espaces occupés par les deux kilogrammes de vapeur, serait élevé à la température de 15 degrés.

Si l'on voulait mettre ensemble un kilogramme de glace avec un kilogramme d'eau, la loi que nous venons d'indiquer ne serait plus observée. Pour que le mélange des deux kilogrammes produisît deux kilogrammes d'eau à la température de la glace fondante, il faudrait, par exemple, un kilogramme de glace à *zéro* avec un kilogramme d'eau élevée à 75 degrés au-dessus de la glace fondante. Par conséquent, pour qu'un kilogramme de glace à *zéro* se transforme en un kilogramme d'eau pareillement à *zéro*, il doit absorber 75 thermes. Cette quantité de chaleur n'est, comme on voit, nullement indiquée par le thermomètre; elle est cachée, elle tient à la formation même de l'eau. C'est pour cette raison qu'on l'a nommée *chaleur latente*, c'est-à-dire, chaleur cachée.

Un phénomène analogue a lieu, lorsqu'on prend un kilogramme de vapeur pour le combiner avec $5\frac{1}{2}$ kilogrammes d'eau élevée à *zéro*. Le mélange présente une masse totale de $6\frac{1}{2}$ kilogrammes élevés à la température de 100 degrés, c'est-à-dire, au point où l'eau devient bouillante et est près de se réduire en vapeur. Il y a donc entre un kilogramme d'eau à 100 degrés de température et un kilogramme de vapeur à la même température, une différence de chaleur suffisante pour élever $5\frac{1}{2}$ kilogrammes d'eau de la température *zéro*, à la température de 100 degrés. Ainsi, l'on peut dire qu'un kilogramme de vapeur d'eau contient 650 thermes de plus qu'un kilogramme d'eau à *zéro* de température; de même qu'un kilogramme d'eau à *zéro*, comparée à la glace pareillement à *zéro*, contient 75 thermes de plus. La connaissance de ces quantités de chaleur cachée dans l'eau et dans la vapeur est très-importante pour calculer l'effet des machines à vapeur.

Après avoir indiqué les phénomènes de cha-

DOUZIÈME LEÇON.

leur que l'eau nous présente dans ses différents états de solide, de liquide et de gaz, il faut comparer les actions analogues exercées par la chaleur sur les autres corps. Si l'on met un kilogramme de fer, de cuivre, de mercure, en contact avec un kilogramme d'eau élevée à la même température, aucune portion de chaleur ne passe d'une substance dans l'autre. Si les températures sont différentes, il y a sans doute une portion de chaleur qui passe de la substance qui indique au thermomètre la plus grande chaleur, dans l'autre substance. Mais le degré commun de température entre les deux substances n'est plus la moyenne arithmétique des deux températures, comme lorsqu'il s'agit de deux kilogrammes d'eau. Par conséquent, la quantité de chaleur contenue dans les diverses substances n'est pas la même, et l'on peut évaluer exactement ces quantités en prenant pour terme de comparaison, par exemple, la quantité de chaleur nécessaire pour élever d'un degré un kilogramme d'eau liquide, quantité à laquelle nous avons donné le nom de *therme*. Nous trouverons que les substances énumérées dans le tableau suivant, varient d'un degré de température pour une fraction de thermes représentée par le nombre en regard.

DYNAMIE.

NOMS DES SUBSTANCES.	CHALEUR spécifique relative.	NOMS DES AUTEURS.
Eau commune.	1,0000	
Glace.	0,9000	Kirwan.
Soufre.	0,2085	Lavoisier et Laplace.
Fer forgé.	0,1100	Les mêmes.
Cuivre.	0,1111	Crawford.
Métal des canons.	0,1100	Rumford.
Zinc.	0,0943 / 0,1020	Crawford. / Wilcke.
Argent.	0,0820	Wilcke.
Étain.	0,0475	Lavoisier et Laplace.
Antimoine.	0,0645	Crawford.
Or.	0,0500	Wilcke.
Plomb.	0,0282	Lavoisier et Laplace.
Mercure.	0,0290	Les mêmes.
Bismuth.	0,0430	Wilcke.
Oxide jaune de plomb.	0,0680 / 0,0680	Crawford. / Kirwan.
Oxide de zinc.	0,1369	Crawford.
Oxide de cuivre.	0,2272	Le même.
Chaux vive.	0,2169	Lavoisier et Laplace.
Verre sans plomb.	0,1929	Les mêmes.
Acide nitrique pesant spécifiquement 1,2989.	0,6614 / 0,6200	Les mêmes. / Leslie.
Acide sulfurique. 1,872	0,3400	Le même.
Acide sulfurique. 1,870	0,3346	Lavoisier et Laplace.
Acide sufurique, 4 parties. Eau, cinq parties.	0,6031	Les mêmes.
Sel marin, une partie. Eau, huit parties.	0,8320	Crawford.
Nitre, une partie. Eau, huit parties.	0,8187	Lavoisier et Laplace.
Esprit-de-vin rectifié ou alcool.	0,6400	Leslie.

DOUZIÈME LEÇON.

NOMS DES SUBSTANCES.	CHALEUR spécifique relative.	NOMS DES AUTEURS.
Huile d'olive.	0,5000	Le même.
Huile de lin.	0,5280	Kirwan.
Huile de térébenthine.	0,4720	Le même.
Huile de baleine.	0,5000	Crawford.

Dans ce tableau nous voyons, par exemple, vis-à-vis du fer forgé, le nombre 0,11. Cela signifie qu'un kilogramme de ce fer, lorsqu'il se refroidit d'un degré, perd une quantité de chaleur suffisante pour élever de $\frac{11}{100}$ de degré un kilogramme d'eau. On voit aussi que, pour passer d'une température à une autre, un kilogramme d'eau demande une plus grande quantité de chaleur qu'un kilogramme de chacune des autres substances rapportées dans le tableau ci-joint.

Le même tableau pourrait servir aisément à montrer quelle est la température que doit prendre un mélange de deux quelconques des substances qui s'y trouvent.

Si l'on divisait par 75 chacun des nombres de ce tableau, l'on aurait le poids de la glace qu'un kilogramme de ces substances est susceptible de fondre, en perdant un degré centésimal de température. C'est par la fonte de la glace qu'on a généralement mesuré le calorique spécifique des corps, avec un instrument appelé *calorimètre* : on le doit à MM. de Lavoisier et de Laplace.

Jusqu'ici nous avons examiné suivant quelle

loi s'effectue la communication de la chaleur. Il faut indiquer, maintenant, ce qui se passe lors de la production même de la chaleur; production qui peut être opérée par le frottement ou par la combustion. Ce dernier moyen, étant le plus puissant, est celui que l'on emploie dans les machines où l'on veut faire servir la chaleur comme force motrice. Nous n'entrerons pas ici dans des détails qui appartiennent à la chimie, sur le phénomène de la combustion. Nous nous contenterons de dire que l'air atmosphérique est composé de deux gaz tels que, sur 100 parties de volume, l'un qu'on appelle *azote* et qui ne sert pas à la combustion, occupe 79 parties, et l'autre qu'on appelle *oxigène*, et qui est indispensable à la combustion, occupe 21 parties.

Un mètre cube d'air pèse, à la température zéro, $1^{kilog.},298$; savoir: $1^{kilog.},026$ d'azote et $0^{kilog.},272$ d'oxigène. Ainsi l'air est à peu près 800 fois plus léger que l'eau.

Le principal combustible dont l'industrie méchanique fasse usage est le charbon de terre ou la houille; ensuite viennent le charbon de bois et le bois. On peut encore employer d'autres substances. Nous allons énumérer les principales, plus ou moins importantes, suivant les avantages relatifs que présentent leurs prix et leurs propriétés.

Tableau de la chaleur produite par la combustion d'un kilogramme de diverses substances.

COMBUSTIBLES.	KILOGR. de glace fondue.	THERMES.
Gaz hydrogène pur.	295	22125
Huile d'olive suiv. Laplace 11116 ⎫ moy^{ne} .	134	10080
Idem. . . . . . Rumford 9044 ⎭		
Huile de colza épurée.	124	9307
Cire blanche suivant ⎧ 10500 ⎫ moyenne.	153	9990
les mêmes. . . . ⎩ 9479 ⎭		
Suif, idem. . . . . ⎧ 7186 ⎫ moyenne.	104	7777
⎩ 8369 ⎭		
Phosphore. , ...	100	7500
Naphte, poids spécifique 0,829 à 13°,3.	98	7338
Éther sulfurique. . . . . 0,728 à 20°. .	107	8030
Charbon de bois.	94	7050
Coke pur.	94	7050
Coke donnant 0,1 de cendre.	84,6	6345
Houille, 1re. qualité donn. 0,02 de cend.	94	7050
Idem, 2e. . . . . 0,1.	84,6	6345
Idem, 3e. . . . . 0,2.	76,1	5932
Bois sec quelconque.	48,88	3666
Bois contenant 0,2 d'eau.	38,41	2945
Tourbe bonne.	26,66	2000
Idem mauvaise.	15	1125
Alcool à 42°. . . , ...	82	6195
Idem à 33°.	70	5261

Rappelons-nous qu'avec 650 thermes, nous pouvons vaporiser un kilogramme d'eau à *zéro*. Par conséquent, pour vaporiser 1000 kilogrammes d'eau à *zéro*, il faudra les quantités de combustible indiquées dans le tableau suivant, qui comprend en même temps le poids de vapeur qu'on peut produire avec un kilogramme de combustible, et la valeur de 1.000 kilogr. de vapeur produite par les différents combustibles.

Quantité de combustible nécessaire pour vaporiser 1000 kilogrammes d'eau à la température de la glace fondante.

COMBUSTIBLE, UN KILOGRAMME.	VAPEUR produite par un kilog. de combustib.	KILOGR. de combustible pour 1000 kilog. de vapeur.
	kil.	kil.
Charbon de bois.	7,050	141,18
Coke pur.	7,050	141,18
Coke donnant 0,1 de cendre.	6,345	157,75
Houille, 1re. qualité, donn. 0,02 de cend.	7,050	141,18
Houille donnant. . . . 0,1.	6,345	157,75
Houille donnant. . . . 0,2.	5,932	168,57
Bois très sec de toute espèce.	3,666	272,94
Bois contenant 0,2 d'eau.	2,945	339,55
Tourbe bonne.	2,000	500,00
Idem mauvaise.	1,125	888,88
Alcool à 42°.	6,195	161,42
Idem à 33°.	5,261	190,07

Ces tableaux démontrent l'avantage qu'on trouve à se servir de charbon de terre, même dans les lieux où la cherté des transports rend ce charbon d'un prix assez élevé.

On opère la combustion du charbon en brûlant cette substance qu'on appelle carbone, et qui se transforme en gaz acide carbonique, lorsqu'elle absorbe l'oxigène de l'atmosphère. Le poids du charbon entre dans le gaz pour 274 millièmes, et le poids de l'oxigène pour 726 millièmes. Ajoutons que le poids du mètre cube de gaz acide carbonique, à la température moyenne de l'atmosphère et avec une pression barométrique de $0^{mill.},76$, est de $1^{kilog.},972$.

Il résulte de là qu'un kilogramme de charbon exige, pour être entièrement brûlé, $2^{kilog.},76$ d'oxigène, lequel se trouve dans une quantité d'air qui pèse $12^{kilog.},61$, et qui occupe $9^{mèt.\ cub.},701$. Ces $9^{mèt.\ cub.},701$ correspondant à la température *zéro*, forment 10 mètres cubes à la température de $10\frac{1}{2}$ degrés.

Dans les phénomènes habituels de combustion, tels qu'ils se produisent au sein des fourneaux, une quantité d'air qui surpasserait de beaucoup celle qu'exigerait une décomposition complète, doit passer sur le charbon. Les meilleurs appareils ont besoin d'une quantité d'air double de celle qui suffirait rigoureusement à la combustion. Ainsi, dans les appareils les plus parfaits, tels que les fourneaux fumivores, il faut au moins 20 mètres cubes d'air pour la combustion d'un simple kilogramme de charbon. Ces données sont utiles lorsqu'on veut déterminer la capacité et la forme des foyers, des fourneaux et des cheminées. Elles servent de base aux calculs suivants.

	kilog.
Gaz acide carbonique, le mètre cube pèse . .	1,972
Chaque kilogramme contient . . . . . oxigène.	0,726
charbon.	0,274

Un kilogramme de carbone produit, en brûlant, $\frac{1000}{274}$ mètres cubes d'acide carbonique = 1 kilog.
Poids de l'oxigène = ... $2^{kilog.},650$
Poids de l'azote appartenant à cet oxigène. . . $9^{kilog.},996$
Poids égal au poids ci-dessus d'oxigène et d'azote, représentant l'air non décomposé qui passe dans le fourneau. . . . . $12^{kilog.},646$
Poids total de carbone, d'oxigène et d'azote. $26^{kilog.},292$

Volumes.

Gaz acide carbonique. . . . . $1^{mèt.\,c.},850$
Volume de l'azote de l'air décomposé. . . . $7^{mèt.\,c.},69$
Volume d'air non décomposé. . . . . $9^{mèt.\,c.},925$

Volume total, après la combustion. . . . . $19^{mèt.\,c.},465$

Nous venons de voir que, pour brûler un kilogramme de charbon, il faut employer à très-peu près 20 mètres cubes d'air atmosphérique; ce qui produit au total $19^{mèt.},465$ de fumée, pesant $26^{kilog.},292$. Le mètre cube de fumée produite de la sorte pèse $1^{kilog.},350$, tandis que le mètre cube d'air atmosphérique pèse $1^{kilog.},298$. Ainsi la fumée, à la même température de *zéro* que l'air atmosphérique, descendrait, au lieu de s'élever.

Le volume des gaz s'accroît de $\frac{1}{267}$ pour chaque degré de température. Demandons-nous quel est le nombre de degrés nécessaire pour que la fumée ait la même pesanteur spécifique que l'air atmosphérique? Par une simple proportion nous trouvons qu'il suffit d'élever la température de la fumée à $11°,47$ au-dessus de la température de l'air atmosphérique; cette différence servirait seulement pour mettre la fumée en équilibre avec l'air atmosphérique, sans qu'elle eût à monter ni à descendre : il faut donc qu'elle ait acquis cette différence. Toute la quantité de chaleur supérieure à ce degré de température servira pour rendre la fumée plus légère; et, par conséquent, pour la faire monter dans le tuyau, avec une force motrice donnée par la différence des pesanteurs spécifiques de l'air et de la fumée.

On a voulu déterminer par le calcul la vîtesse de la fumée dans les tuyaux de cheminée, en n'ayant égard qu'à la différence de pression de l'atmosphère, aux deux extrémités de la cheminée; on n'est parvenu qu'à des résultats bien éloignés de la vérité.

Nous conseillons aux personnes qui voudront traiter à fond ce sujet, de faire des expériences directes pour mesurer la vîtesse du mouvement ascensionnel de la fumée, au moyen d'un petit anémomètre qu'elles disposeront à l'entrée du tuyau de cheminée, et d'un autre qu'elles établiront au sommet de ce même tuyau.

Observons, en passant, que l'air atmosphérique non décomposé, qui se mêle à la fumée, en modifie beaucoup l'ascension.

L'on emploie pour les machines à vapeur, le bois, la tourbe et le charbon de terre. Si l'on fait usage du bois, il convient qu'il soit très-sec. S'il est réduit en charbon, son emploi est encore plus avantageux; il ne donne aucune fumée qui puisse diminuer l'effet de la combustion. La houille carbonisée ou coke jouit d'un avantage analogue.

Quand la chaleur agit sur un liquide, les molécules de la couche liquide adhérente à la paroi qui la sépare du feu, se dilatent les premières. Leur pesanteur spécifique diminue et, par cet effet, elles s'élèvent vers la surface du fluide. Une seconde couche remplace la première, et s'élève ensuite de la même manière en globules imperceptibles, à mesure que ces globules viennent d'être échauffés : voilà comment la chaleur se répand dans les liquides. Il y a bien aussi communication immédiate de la chaleur d'une couche à une autre, indépendamment du mouvement insensible que nous venons d'indiquer; mais cette communication est peu considérable. Aussi l'expérience démontre qu'il est beaucoup plus avantageux d'échauffer une masse liquide en faisant passer la chaleur par la partie inférieure; de même qu'il est plus avantageux, pour le refroidissement, de la refroidir par la partie supérieure. Par conséquent, pour échauffer la masse d'eau qui doit servir aux machines à vapeur, il faut que la chaleur agisse principalement sur le fond des chaudières. Plus est considérable la surface du fond, mise en contact avec la chaleur, plus est rapide l'échauffement et par suite la vaporisation. Toutes choses égales d'ailleurs, les meilleures chaudières seront donc celles qui auront le plus de base pour leur hauteur.

Lorsque la chaleur est très-grande et qu'elle pénètre non-seulement la couche inférieure, mais les couches supérieures, les molécules d'eau de la couche la plus basse se transforment en bulles de vapeur qui augmentent de volume à mesure que ces bulles s'approchent de la surface du liquide.

Dès que l'ébullition commence dans un liquide libre, la température y devient stationnaire, et toute la chaleur extérieure qui pénètre dans ce liquide est employée pour en vaporiser une partie de plus en plus grande. Cette chaleur, absorbée par le liquide pour devenir vapeur, est très-considérable, quoique la vapeur immédiatement formée ne présente pas une plus grande élévation de température que le liquide même qui la fournit. Il est facile de s'en assurer au moyen d'un thermomètre alternativement plongé dans le liquide et dans la vapeur.

On a démontré par l'expérience, qu'il faut 650 unités de chaleur ou thermes pour réduire en vapeur chaque kilogramme d'eau à *zéro*.

La pression atmosphérique s'oppose à la vaporisation des liquides. Plus cette pression est considérable, plus il faut de chaleur pour que l'eau passe à l'état de vapeur. Ainsi, dans le fond des mines, elle n'y passe qu'à une température supérieure à 100 degrés; tandis que sur les hautes montagnes, elle se réduit en vapeur à une température inférieure à 100 degrés.

Les gaz ou fluides analogues à l'air s'échauffent comme les liquides, en formant des courants chauds qui montent, et des courants froids qui descendent pour remplacer ceux-ci. La communication directe de la chaleur est plus grande entre les molécules des gaz qu'entre les molécules des liquides.

Quand on compare les quantités de chaleur nécessaires pour élever d'un même degré de température l'eau et différents gaz, on forme le tableau suivant :

	Chaleur spécifique
Eau.	1,0000
Vapeur d'eau.	0,8470
Air atmosphérique.	0,2669
Gaz hydrogène.	3,2936
Acide carbonique.	0,2210
Oxigène.	0,2361
Azote.	0,2754
Oxide d'azote.	0,2369
Gaz oléfiant.	0,4207
Oxide de carbone.	0,2884

A mesure que les gaz sont échauffés, ils se dilatent proportionnellement à l'élévation de leur température. Pour chaque degré de température et sous une pression constante, ils augmentent en volume de 1 divisé par 266,67, ou 0,00375 de leur volume, à la température de *zéro*. C'est à M. Gay-Lussac qu'on doit la démonstration de cette belle propriété des fluides élastiques, entre 0 et 100°. MM. Petit et Dulong l'ont ensuite étendue à des températures plus élevées.

On regarde comme un fait d'expérience, que le temps nécessaire pour convertir en vapeur une quantité d'eau froide, est cinq à six fois aussi considérable que le temps nécessaire pour amener cette eau à la température de l'ébullition.

Un mètre cube d'eau, mesuré au *maximum* de condensation, c'est-à-dire, à peu près à $3°,89$, converti en vapeur sous la pression de 76 centimètres de mercure, occupe un espace de $1696^{\text{mét. cub.}},4$.

D'après cette donnée, on voit qu'un mètre cube de vapeur, sous la pression de 76 centimètres et à la température de l'eau bouillante, doit peser 1.000 kilogrammes divisés par 1.696,4, ou 589 grammes.

Suivant une expérience de M. Gay-Lussac, de l'eau refroidie à $19°,59$ au-dessous de *zéro*, produit dans le vide une vapeur qui fait équilibre à une colonne de mercure haute de $1^{\text{mill.}},353$. A la température de la glace fondante, la vapeur fait équilibre à une colonne de mercure haute de $5^{\text{mill}},059$. C'est la limite de la quantité de vapeur qui peut se former dans le vide, produite au-dessus d'une quantité quelconque d'eau, à la température de la glace fondante. Il y a donc un rapport nécessaire entre la tension de la vapeur et sa température.

Lorsque, par un moyen quelconque, on fait occuper un plus grand espace, à telle quantité donnée de vapeur, on remarque que cette vapeur est refroidie par elle-même.

Toutes les fois qu'on met en contact avec de la vapeur un corps solide ou liquide plus froid que cette vapeur, il tend à la condenser.

Lorsqu'on fait entrer de nouvelle vapeur dans un espace limité, la température de cette vapeur s'élève. La tension de la vapeur augmente jusqu'à un certain terme, au delà duquel une portion de la vapeur se réduit en liquide, et la tension reste constante.

Lorsqu'on met de la vapeur en contact avec un corps d'une température moins élevée, si cette vapeur avait atteint le *maximum* de tension que comportait sa température, elle se refroidit, une portion de vapeur se réduit en liquide, jusqu'à ce que la vapeur restante ait pris la tension due à sa nouvelle température.

Nous allons présenter les résultats obtenus par les physiciens qui ont fait des expériences sur la force de la vapeur à divers degrés de température, et sur le degré de chaleur nécessaire pour produire cette force.

En Angleterre et en France, Watt, Southern et Dalton, Bétancourt, Gay-Lussac, Dulong et Petit, Clément et Desormes, et Christian, ont fait des expériences sur la force de la vapeur à différentes températures.

Les expériences de MM. Southern, Clément et Desormes, et Christian présentent une concordance remarquable que nous allons faire connaître par le tableau suivant :

PRESSIONS EXPRIMÉES en atmosphères.	DEGRÉS DU THERMOMÈTRE CORRESPONDANTS A CES PRESSIONS.		
	SOUTHERN.	CLÉMENT ET DESORMES.	CHRISTIAN.
	degrés.	degrés.	degrés.
1	100	100	100
2	121 30	121 55	122
4	145 33	144 95	144 82
8	173 11	172 13	167 50

On a constaté la vérité du principe de Mariotte, au moins pour des pressions moyennes : que la densité de la vapeur d'eau comprimée, est proportionnelle aux pressions supportées par cette vapeur, et, par conséquent, que le volume est exactement en raison inverse de ces pressions, en supposant que la température reste toujours la même.

D'après les expériences de M. Gay-Lussac,

avons nous dit, pages 372 et 373, la vapeur, à mesure qu'elle change de température, augmente de volume de $\frac{100}{26667}$ pour chaque degré d'élévation; et diminue dans le même rapport, pour chaque degré d'abaissement du thermomètre centigrade.

La connaissance de ces faits a permis de calculer le tableau suivant :

MESURE DES PRESSIONS				VOLUME de 1000 kilogrammes DE VAPEUR	
EN DEGRÉS du thermomètre.	EN atmosphères.	EN HAUTEURS DU BAROMÈTRE		à 100°.	à la température correspondante à sa pression.
		à mercure.	à eau.		
degrés.	degrés.	millimèt.	mètres.	met. cub.	mèt. cub.
182 00	10	7600	103,36	170,00	207,98
177 40	9	6840	93,02	188,89	228,72
172 13	8	6080	82,68	212,50	254,27
166 42	7	5320	72,35	242,85	286,70
160 00	6	4560	62,01	283,33	329,65
156 70	5 50	4180	56,85	309,10	356,86
153 30	5	3800	51,68	340,00	389,38
149 15	4 50	3420	46,52	377,77	428,36
144 95	4	3040	41,34	425,00	477 05
140 35	3 50	2660	36,18	485,70	539,10
135 00	3	2280	31,00	566,70	620,74
132 15	2 75	2090	28,42	618,20	672,36
128 85	2 50	1900	25,84	680,00	733,45
125 50	2 25	1710	23,26	755,50	808,00
121 55	2	1520	20,67	850,00	899,91
117 10	1 75	1330	18,09	971,40	1016,66
112 40	1 50	1140	15,51	1133,30	1171,59
106 60	1 25	950	12,93	1359,90	1384,36
100 00	1	760	10,34	1700,00	1700,00
92 00	0 75	570	7,76	2266,60	2217,20
82 00	0 50	380	5,18	3400,00	3229,36
66 00	0 25	190	2,60	6800,00	6198,38
51 45	0 125	95	1,30	13600,00	11801,00
38 00	0 0625	47,5	0,65	27200,00	19917,50
12 00	0 0141	10,71	0,1456	120670,00	91735,60

DOUZIÈME LEÇON. 377

Watt a le premier reconnu l'avantage d'employer la force de la vapeur, non-seulement à la simple pression d'une atmosphère, mais à la pression de $\frac{1}{2}, \frac{1}{3}, \frac{1}{4},\ldots \frac{1}{8}$ d'atmosphère, en laissant agir sa force naturelle d'expansion. D'après ses données, si l'on compare l'effet de la production d'une quantité constante de vapeur à 100 degrés ou une atmosphère, et de cette vapeur qui se dilate naturellement, on trouve pour une détente. . . . .
de 0 $\frac{1}{2}$ $\frac{2}{3}$ $\frac{3}{4}$ $\frac{4}{5}$ $\frac{5}{6}$ $\frac{6}{7}$
Effet 1 ; 1,7 ; 2,1 ; 2,4 ; 2,6 ; 2,8 ; 3 ; 3,2.

Si l'on multiplie le volume de vapeur produite à chaque température, par la pression que supporte ce volume, l'on a le poids qui peut être élevé à un mètre de hauteur. En partant du principe de Watt sur la force produite durant la détente de la vapeur, l'on calcule, ensuite, le poids que peut soulever la vapeur lors de sa détente. Au moyen de ces données, M. Clément a formé le tableau suivant, qu'il a fait imprimer sur une même feuille avec le précédent.

DYNAMIE.

Atmosphères.	PUISSANCE MÉCHANIQUE			
	due à la production d'un kilogramme de vapeur.	due à la détente, jusqu'à la pression d'un 71ᵉ. d'atmosphère de 12 degrés de température.	totale d'un kilogramme de vapeur contenant 650 thermes.	due à un kilogramme de charbon qui donne en brûlant, 7050 thermes.
	sous-dynames.	sous-dynames.	sous-dynames.	sous-dynames.
10	21,50	106,12	127,62	1384,19
9	21,28	103,80	125,08	1356,63
8	21,04	101,12	122,16	1324,81
7	20,76	98,34	119,10	1291,77
6	20,45	95,11	115,56	1253,37
5 50	20,29	93,31	113,60	1232,13
5	20,13	91,35	111,48	1209,13
4 50	19,93	89,24	109,17	1184,07
4	19,73	86,97	106,70	1158,29
3 50	19,51	84,35	103,86	1126,49
3	19,25	81,41	100,66	1091,77
2 75	19,11	79,77	98,88	1072,57
2 50	18,96	77,97	96,93	1051,33
2 25	18,80	76,02	94,82	1028,43
2	18,61	73,82	92,43	1002,51
1 75	18,39	71,78	89,77	973,65
1 50	18,17	68,70	86,87	942,20
1 25	17,89	65,49	83,38	904,35
1	17,58	61,65	79,23	859,35
0 75	17,19	56,84	74,03	802,95
0 50	16,71	50,30	67,01	726,80
0 25	15,95	39,58	55,53	602,30
0 125	15,25	29,40	44,65	484,38
0 0625	14,61	19,65	34,26	371,60
0 0141	13,39	000,00	13,39	145,23

On se tromperait beaucoup si l'on pensait avoir même une valeur approchée de l'effet utile produit avec les machines à vapeur, au moyen des tableaux, pages 376 et 378. Ils donnent simplement un *maximum* qui malheureusement surpasse de beaucoup la réalité des choses.

D'après le tableau ci-dessus, si l'on veut

calculer le combustible dépensé et l'effet produit par une machine à vapeur agissant sous la pression d'une atmosphère et un quart, cette machine ayant la force de dix chevaux, d'après le système de Watt, et produisant en vingt-quatre heures une force de 73 dynames, on trouvera que la quantité de combustible consommée en vingt-quatre heures est de 1.100 kilogrammes.

Chaque kilogramme de charbon peut donner 7.050 thermes, lesquels divisés par 650, qui sont nécessaires à la production d'un kilogramme de vapeur, donnent $10^{kilog.},94$ de vapeur, et ceux-ci, multipliés par 1.100, donnent 12.034 kilogrammes de vapeur.

La production de mille kilogrammes de vapeur, à une atmosphère et un quart, permet de disposer d'une force représentée par 17,89 dynames. Il faut donc multiplier ce nombre par 12.034, ce qui donne pour produit 215,29 dynames; tandis que la puissance réellement produite est seulement de 73 dynames. Ainsi, les deux tiers de la force, telle que la théorie l'indique, sont perdus dans le jeu des machines. Par exemple, au lieu de 12.034 kilogrammes de vapeur produite, le système de fourneaux et de chaudière de Watt n'en produit au plus que 5.800, c'est-à-dire, un peu moins que la moitié de la chaleur développée par la combustion du charbon. Les autres déperditions de force sont effectuées dans le cylindre, par la condensation avec l'eau réfrigérante, par l'échappement de la vapeur au piston, par les pompes de service employées pour l'extraction de l'eau chaude et de l'air qui sortent du réfrigérant, par les frottements, etc.

Il faut donc regarder les tableaux précédents comme des indicateurs bons en eux-mêmes, pour nous éclairer sur la production de la chaleur et sur l'effort absolu qu'elle est susceptible de produire, et comme donnant des termes de comparaison susceptibles d'indiquer jusqu'à quel point, dans la pratique, on s'approche des effets rationnels.

Si l'on considère dans leur ensemble les différentes manières d'employer la force de la vapeur, on verra d'abord qu'on peut l'employer à basse pression, par la seule puissance qui résulte de la production de la vapeur à 100 degrés, sans détente ni condensation. Lorsqu'on laisse ensuite la détente produire son effet, on ajoute une nouvelle force à la première, ainsi que Watt l'a remarqué, et suivant les proportions qu'il a indiquées.

Lorsqu'on produit la vapeur à une pression supérieure à celle de la simple atmosphère, on peut profiter simplement de la force de la vapeur sans condensation, en laissant perdre à chaque fois la vapeur produite. On peut ensuite ne laisser échapper cette vapeur qu'après l'avoir laissée se détendre jusqu'à la simple pression d'une atmosphère. On peut encore ajouter à cet effet, en condensant la vapeur produite. Enfin, on peut porter plus loin l'effet utile, en poussant la détente au-dessous de la pression atmosphérique. Ces différentes combinaisons, dont chacune ajoute au résultat total, son effet particulier, donnent lieu à diverses combinaisons de machines. Nous montrerons, dans la XIIIe. leçon, comment, avec le système de Watt, on opère à basse pression et même à une pression qui peut aller jusqu'à une atmosphère et demie, en profitant à la fois de la détente et de la condensation. Dans la XIVe. leçon, nous parlerons des combinaisons qui ont lieu pour ce qu'on appelle les moyennes pressions et qui vont jusqu'à quatre et cinq atmosphères, et pour les machines à haute pression qui agissent à un plus grand nombre d'atmosphères.

M. Christian a fait, sur la production de la vapeur, des expériences que nous allons rapporter succinctement. Il s'est servi d'une chaudière de fonte fort-épaisse, exactement fermée par un couvercle de même matière, rodé sur ses bords avec ceux de la chaudière, et solidement fixé par plusieurs boulons. On a pris toutes les précautions pour que la fermeture de ce couvercle fût parfaite. Un thermomètre centigrade pénétrait dans l'intérieur de la chaudière par une boîte à étoupes ajustée avec soin sur le couvercle. Un court tuyau coulé du même jet avec le couvercle, s'élevait au milieu de celui-ci; il portait une bride sur laquelle on fixait successivement des plaques de cuivre présentant des orifices de diverses figures et de diverses dimensions. Un petit cylindre solide en cuivre, suspendu au bout d'un fil de cuivre très-fin et fixé à un levier d'équilibre, servait de flotteur et faisait connaître le niveau de l'eau dans la chaudière; ce qui permettait d'apprécier les quantités d'eau évaporée. Un petit manchon de toile métallique recevait le flotteur dans l'intérieur de la chaudière et le maintenait en repos, malgré les secousses de l'ébullition. Un autre tuyau, débouchant près du fond de la chaudière, traversait le couvercle sur lequel il était bien joint par une bride à vis et à garniture; il communiquait avec un corps de pompe foulante destinée à fournir de l'eau à la chaudière. Surface totale intérieure de la chaudière, 3.640 centimètres quarrés. Les 10 litres d'eau, qui d'ordinaire formaient la charge de la chaudière, étaient en contact avec une portion de surface intérieure de cette chaudière, égale à 1.893$^{\text{cent. quarr.}}$,82. Le foyer était aussi grand que la chaudière pouvait le comporter par ses dimensions, et disposé de manière que la flamme circulât à l'entour de la chaudière, avant de passer dans la cheminée. Le tirage du fourneau était parfait; on le modérait à volonté et fort-aisément. Sans eau, le fond de la chaudière aurait pu rougir très-fortement, avec le feu qu'on était le maître de faire durant les expériences. Quand le feu était poussé le plus possible, le tuyau de tôle formant la base de cheminée était constamment rouge, dans une hauteur d'environ 4 décimètres.

Première série d'expériences, pour déterminer la production de la vapeur et son dégagement par divers orifices, avec le feu le plus fort qu'on pût entretenir dans le fourneau et qu'on maintenait avec soin à ce degré d'intensité. Hauteur du baromètre, 765 millimètres : 1°. ouverture rectangulaire ayant 12 millimètres de long sur 3 de large. Il résulte de douze expériences, que la température de l'eau et de la vapeur est restée dans la chaudière à $105 \frac{0}{10}$ degrés. Avec la chaleur qu'on employait, un litre ou kilogramme d'eau se vaporisait en 3 minutes.

2°. Ouverture rectangulaire ayant 6 millimètres de long sur 3 de large; température *maximum* dans la chaudière, 115 degrés; un litre d'eau s'est vaporisé en 3 minutes.

3°. Ouverture rectangulaire ayant 3 millimètres de long sur 3 de large; température *maximum* de l'eau dans la chaudière, 138 degrés; un litre d'eau s'est vaporisé en 3 minutes.

4°. Ouverture circulaire de 25 millimètres de diamètre ; température *maximum* 100 degrés ; un litre d'eau s'est vaporisé en 3 minutes.

5°. Ouverture circulaire de $12\frac{1}{2}$ millimètres de diamètre : température dans la chaudière 101 degrés; un litre d'eau s'est vaporisé en 3 minutes.

6°. Ouverture circulaire $6^{mill.},25$ de diamètre; température *maximum* dans la chaudière, 112 degrés ; un litre d'eau s'est vaporisé en 5 minutes.

7°. Le couvercle de la chaudière étant ôté, température dans la chaudière 100 degrés; 9 litres d'eau vaporisés en $27\frac{1}{2}$ minutes.

Il résulte de cette première série d'expériences que la production de la vapeur exige la même quantité de combustible, quel que soit le degré de tension auquel on porte cette vapeur.

Ces expériences montrent en même temps comment on détermine la moindre ouverture des orifices pour obtenir de la vapeur à une tension donnée ou simplement de la vapeur à 100 degrés.

De ces expériences M. Christian conclut que la surface d'ouverture la plus petite possible dans une chaudière, pour ne produire en jet continu que de la vapeur à 100 degrés, doit être à peu près la 1.000ᵉ. ou la 1.200ᵉ. partie de la surface de l'eau exposée au feu.

Rapport de la surface de l'orifice à la surface de l'eau exposée au feu.	Élevation de la température de la vapeur, en sortant par cet orifice.
1.000 à 1200.	100 degrés.
5.260.	100,05
10.521.	115
21.042.	138

Les expériences qui viennent d'être citées font voir que $\frac{6}{10}$ de mètre quarré de surface de chaudière exposée au feu, produisent par minute un kilogramme de vapeur; résultat très-simple et très-facilement applicable dans la pratique. Il faut observer, cependant, que ce résultat correspond au feu le plus fort qu'il soit possible de produire sous une chaudière; feu qu'on ne fait pas dans la pratique habituelle. Par conséquent, on doit considérer comme un *maximum*, le résultat que nous indiquons. Avec un feu ordinaire, entretenu régulièrement et sans trop le pousser, on n'obtient qu'entre le tiers et la moitié de la quantité qui vient d'être indiquée.

Deuxième série d'expériences, servant à déterminer le temps de l'écoulement d'un litre d'eau en vapeur, par divers orifices; la température moyenne de l'eau dans la chaudière ayant été maintenue à 101 degrés centigrades pour tous les orifices. Hauteur du baromètre, 767 millimètres : 1°. ouverture rectangulaire, 12 millimètres sur 3. Un litre d'eau vaporisé par cette ouverture en $8\frac{1}{2}$ minutes; 2°. ouverture rectangulaire de 6 millimètres sur 3; durée moyenne de l'évaporation d'un litre d'eau par cette ouverture, 18 minutes.

3°. Ouverture rectangulaire de 3 millimètres sur 3; durée moyenne de l'évaporation d'un litre d'eau par cette ouverture, 34 minutes.

Dans ces expériences, il a fallu modérer le feu pour ne pas dépasser 101 degrés centigrades; ce qui explique la plus longue durée de la vaporisation de l'eau. Par conséquent, avec un orifice dont l'aire serait la 5260°. partie de la surface de l'eau exposée à un feu assez modéré pour ne pas élever la vapeur à plus de 101 degrés centigrades, $\frac{6}{10}$ de mètre quarré ne suffiraient qu'à la vaporisation d'un kilogramme d'eau en 3 minutes.

Les expériences qui viennent d'être citées font voir que la durée du dégagement d'un poids donné de vapeur, par un orifice, est à peu près en raison inverse de la surface des orifices; ce qui démontre que la vîtesse avec laquelle la vapeur sort par les orifices, est proportionnelle à la surface de ces orifices : résultat remarquable. Il importe de remarquer aussi que nous parlons d'orifices assez petits pour permettre à l'eau de s'élever au-dessus de 105 degrés.

La première série d'expériences a démontré

qu'au de là d'une certaine ouverture, proportionnellement à la surface de l'eau exposée au feu, l'eau ne s'élevait plus qu'à 100 degrés comme si le couvercle de la chaudière était complètement enlevé.

Troisième série d'expériences pour déterminer la durée de l'écoulement d'un poids donné de vapeur, par une ouverture constante de 9 millimètres quarrés, à différents degrés de température : avec une élévation du baromètre égale à 762 millimètres.

Température de la vapeur dans la chaudière.	Temps mis par la vapeur à passer par l'orifice.
105 degrés.	13 minutes.
110.	$8 \frac{1}{2}$
115.	$6 \frac{1}{6}$
120.	$5 \frac{1}{6}$
125.	$4 \frac{1}{2}$
130.	$3 \frac{3}{4}$
135.	3

Quatrième série d'expériences, où l'on augmente la température de 10 en 10 degrés.

100 degrés.	40 minutes.
110.	$8 \frac{3}{4}$
120.	$5 \frac{1}{2}$
130.	4

Dans les expériences ci-dessus, l'aire de l'orifice par où s'échappe la vapeur est à la surface de l'eau exposée au feu, comme 1 est à 21.142. Cette proportion peut être employée en grand.

Il est très-remarquable qu'à 100 degrés la durée de l'écoulement d'un kilogramme de vapeur, soit de 40 minutes; tandis qu'à 120 degrés, elle n'est que de $5\frac{1}{2}$ minutes. On doit remarquer qu'à cette dernière température, la vapeur ne supporte pas seulement une pression presque double, mais qu'elle possède une densité à peu près double; de sorte qu'un nombre double de molécules passent à la fois par la même ouverture, avec une vîtesse beaucoup plus grande.

La matière des tuyaux de conduite, leur longueur et leur diamètre influent pour affaiblir plus ou moins la température, et, par conséquent, la tension de la vapeur qui s'écoule par ces tuyaux, dans un temps donné. M. Christian a fait sur cet objet plusieurs expériences que nous devons indiquer. Il s'est servi de tuyaux de conduite en plomb, parce que ce métal est moins bon conducteur que le cuivre ou le fer.

Première série d'expériences, avec un tuyau de plomb, ayant 12 mètres de long sur 9 millimètres de diamètre intérieur.

Température de la vapeur, à l'entrée du tuyau.	Température à la sortie.
100 degrés	$99\frac{1}{3}$
101	$99\frac{1}{2}$
102	$99\frac{3}{4}$
103	100
110	$101\frac{2}{3}$
115	$103\frac{3}{4}$
118	105

DOUZIÈME LEÇON. 389

Deuxième série d'expériences, en couvrant toute la longueur du tuyau avec des lisières de drap.

100 degrés.	99
101.	99 $\frac{2}{3}$
102.	99 $\frac{3}{4}$
103.	99 $\frac{4}{5}$
104.	100
110.	101 $\frac{2}{3}$
115.	103 $\frac{4}{5}$
118.	105

Troisième série d'expériences, avec le tuyau précédent, couvert de lisière et réduit à 8 mètres de longueur.

100 degrés.	99 $\frac{1}{2}$
101.	99 $\frac{3}{5}$
102.	99 $\frac{4}{5}$
103.	100
110.	102 $\frac{3}{5}$
115.	105

Quatrième série d'expériences, avec le tuyau de 8 mètres, sans lisière.

100 degrés.	99 $\frac{1}{3}$
101.	99 $\frac{3}{5}$
102.	99 $\frac{3}{4}$
103.	100
110.	102 $\frac{1}{4}$
115.	104 $\frac{1}{2}$

Cinquième série d'expériences, avec le tuyau réduit à 4 mètres de long, sans lisière.

100 degrés. . . . . 99 $\frac{1}{2}$
101. . . . . 99 $\frac{2}{3}$
102. . . . . 100 $\frac{1}{4}$
110. . . . . 104 $\frac{1}{5}$
111. 105

Sixième série d'expériences; tuyau de 4 mètres, couvert de lisière.

100 degrés. . . . . 99 $\frac{3}{5}$
101. . . . . 99 $\frac{5}{6}$
102. . . . . 100 $\frac{1}{4}$
110. . . . . 104 $\frac{1}{3}$
111. 105

Septième série d'expériences, avec le tuyau de 4 mètres de long, sans lisière. On le mouille avec de l'eau froide à 105 degrés, sur environ moitié de la longueur et à plusieurs reprises.

100 degrés. . . . . point de vapeur.
101. . . . . 99 $\frac{1}{2}$
102. . . . . 99 $\frac{1}{2}$
103. . . . . 99 $\frac{1}{2}$
104. . . . . 99 $\frac{3}{4}$
105. 100
110. 103
111. . . . . 103 $\frac{1}{2}$

D'après ces expériences, on voit qu'il ne paraît pas que la nature de la substance dont les tuyaux de conduite sont composés influe très-sensiblement sur la perte de chaleur que peut éprouver un courant de vapeur, dans les limites de longueur qu'on vient de citer. On voit aussi que la longueur du tuyau de conduite influe très-sensiblement sur la déperdition de chaleur; puisqu'en supposant que cette longueur fût successivement égale à 12 mètres, à 8 mètres et à 4 mètres, il fallait que la vapeur, à l'entrée du tuyau, fût, à la température de 118 degrés, de 115 degrés et de 111 degrés, pour qu'à la sortie de ces tuyaux respectifs, la température fût simplement réduite à 105 degrés.

Lorsque le diamètre de la conduite est très-petit relativement à la quantité de vapeur à laquelle elle livre passage en un temps donné, la perte de chaleur est considérable; ainsi qu'on le voit en comparant les expériences faites avec le tuyau de 9 millimètres de diamètre et d'autres expériences faites avec le tuyau de 20 *millimètres*, 23 de diamètre. En effet, avec ce dernier tuyau, lorsqu'on élève la température à 106 degrés dans la chaudière, elle n'est abaissée qu'à 105 degrés à la sortie du tuyau de 4 mètres de long.

Ces expériences, qui nous ont paru très-dignes d'être citées, peuvent conduire à des recherches du même genre qui ajouteront beaucoup à la fixation éclairée des dimensions qui conviennent aux diverses parties des machines à vapeur.

Pour produire un dyname de force, avec des machines à vapeur, suivant le système de Watt, il faut : 1°. 85 kilogrammes de vapeur, et par conséquent, autant d'eau à introduire dans la chaudière; 2°. 18 kilogrammes de charbon. Six fois autant d'eau et six fois autant de charbon donneront la force dite d'un cheval, pour vingt-quatre heures. Ces données très-simples pourront servir au calcul des dimensions que doivent avoir les principales parties des machines que nous décrirons dans la leçon suivante.

Dans cette leçon, nous parlerons des fourneaux tels que Watt les emploie. Il y a d'autres fourneaux disposés de manière à faire passer la fumée dans le foyer pour la brûler. Tels sont les foyers ou fourneaux *fumivores*. Ils ne peuvent produire beaucoup d'avantages que quand on doit brûler à la fois une assez grande quantité de combustible. Ils atteignent d'abord le but d'économiser une partie du combustible perdu d'après le mode ordinaire, sous forme de fumée. De plus, ils diminuent l'inconvénient grave de ces énormes masses de fumée, qui s'échappent des cheminées de machines à vapeur, appesantissent l'atmosphère, et salissent les objets sur lesquels elles déposent des parcelles de suie et de charbon.

Une telle incommodité devient insupportable dans les villes telles que Birmingham et Londres, où l'on consomme du charbon de terre, dans une innombrable quantité de foyers domestiques et de fourneaux industriels.

TREIZIÈME LEÇON.

Machines à vapeur, d'après le système de Watt.

Le marquis de Worcester a le premier présenté, en 1663, la description d'un méchanisme analogue à celui des machines à vapeur, en proposant d'employer la force de l'eau vaporisée, pour élever de l'eau à plus de 12 mètres de hauteur. Une personne était obligée de tourner alternativement deux robinets; afin que, l'eau vaporisée dans un premier vase étant épuisée, un second vase rempli d'eau froide pût travailler à son tour, et ainsi de suite.

Quelque temps après, Papin inventa son *digesteur*, vaisseau clos dont l'eau est échauffée au point de pouvoir dissoudre les os et d'autres substances solides animales. Il s'efforça de mettre à profit la très-grande force élastique de la vapeur, comme force motrice; mais ses essais n'eurent aucun succès.

Le capitaine Savéry, plus heureux que Papin, réussit assez bien à élever des quantités médiocres d'eau, à de petites hauteurs; mais il ne put réussir dans l'épuisement des mines profondes. Plusieurs machines furent exécutées d'après le principe qu'il proposa pour élever l'eau à une hauteur qui n'excède pas 10 mètres. On en construisit une considérable dans une des salines du sud de la France, où l'on devait élever l'eau seulement à $5^{mèt}$,50. Le principal inconvénient de la machine de Savéry était le danger des explosions, la grande dépense de vapeur et par conséquent de combustible. Des expériences ont fait voir que les $\frac{11}{12}$, au moins, de toute la vapeur produite, se trouvaient condensés sans utilité, et que $\frac{1}{12}$ seulement était employé d'une manière utile. On a fait de nombreux efforts pour diminuer la perte de la vapeur dans le système dont nous parlons, qui a le grand inconvénient de mettre cette vapeur en contact avec l'eau qu'elle élève.

Parmi les ingénieurs des mines de Cornouailles qui s'occupèrent beaucoup des moyens d'appliquer la machine à vapeur à l'épuisement de ces mines, Newcomen, marchand de fer ou forgeron, fut celui qui résolut ce problème. Voici l'idée du méchanisme qu'il imagina.

La vapeur se dégage d'une grande chaudière, et, par un tuyau vertical, s'élève dans un cylindre qui contient un piston. La partie inférieure du tuyau est exactement fermée par une plaque métallique tournant autour d'un axe vertical, laquelle est mise en mouvement au moyen d'une petite manivelle. Le piston porte une tige verticale à l'extrémité de laquelle se trouve une chaîne qui s'adapte sur un arc de cercle, lequel est lui-même fixé sur un levier. L'autre branche du levier porte un pareil arc de cercle et une chaîne suspendue au piston d'une pompe destinée à élever les eaux. Un peu plus haut que le cylindre se trouve une citerne qui, par un tube recourbé, communique avec la base inférieure du cylindre. Un robinet à manivelle intercepte à volonté le passage de l'eau par ce tube recourbé. Maintenant il est facile de comprendre le jeu de la machine. Quand on veut soulever le piston du cylindre, on ferme le robinet qui peut intercepter l'entrée de l'eau dans le cylindre, et l'on ouvre le robinet qui livre passage à la vapeur, laquelle, se dilatant aussitôt dans le cylindre, fait monter le piston. Quand le piston parvient au terme de sa course, on ferme le robinet à vapeur, on ouvre l'autre robinet; à l'instant l'eau du réservoir jaillit dans le cylindre, et comme elle est plus froide que la vapeur, elle sert à la condenser. Cette vapeur se réduisant à un volume beaucoup moins considérable, la pression de l'atmosphère qui agit sur le piston, devient prépondérante et fait descendre à la fois ce piston et la branche correspondante du levier, tandis que l'autre branche s'élève par le même mouvement et, par conséquent, élève le piston de la pompe qui sert à l'épuisement des eaux.

D'après l'exposé qui précède, on voit que le système de Savéry était de faire agir sa pompe par la pression alternative de la vapeur et de l'atmosphère; tandis que la machine de Newcomen élève complètement l'eau par la pression de l'atmosphère; la vapeur est employée seulement comme un moyen plus rapide de produire un vide au moyen duquel la pression atmosphérique peut agir sur le levier qui doit transmettre la force motrice. On n'a plus besoin, avec la machine de Newcomen, d'employer de la vapeur extrêmement condensée; on peut opérer à des degrés de chaleur assez modérés, épargner, par conséquent, une grande quantité de combustible, et ne pas craindre d'explosion dangereuse. On voit aussi que la limite de la puissance de la machine de Newcomen tient, non plus à la force des chaudières et des cylindres, pour résister à la pression de la vapeur, mais aux dimensions qu'il est possible et avantageux de leur donner, ainsi qu'à toutes les autres parties de la machine. Enfin, le système de Newcomen peut être appliqué facilement, pour communiquer la force motrice à toute espèce de machines, au moyen du levier dont on fait usage.

En 1705 on commença de mettre ce système en pratique; et, dès 1712, un grand nombre de difficultés d'exécution se trouvèrent complètement aplanies. L'on imagina de supprimer l'emploi des hommes pour ouvrir et fermer tour à tour les robinets, et l'on fit exécuter ce travail par le mouvement même du grand balancier. Depuis 1717, la machine n'a plus éprouvé de perfectionnement remarquable. Il faut donner une idée de l'effet utile produit par la machine de Newcomen.

On a mesuré la chaleur de l'eau employée pour condenser la vapeur dans cette machine, au moment où cette eau sort du cylindre, après avoir opéré la condensation. On a trouvé que la température de cette eau variait de 60 à 80 degrés centigrades : élévation de température considérable et qui doit montrer que la vapeur dans le cylindre, lors même qu'elle cède à la pression de l'atmosphère, doit conserver encore une assez forte résistance. La machine de Newcomen présente un autre inconvénient grave ; c'est de refroidir le piston et le cylindre, par l'injection de l'eau. En effet, le cylindre et le piston, ainsi refroidis, contribuent ensuite à refroidir la vapeur lors de la nouvelle injection, et rendent l'effet utile moins rapide et moins puissant.

Les méchaniciens ont reconnu que, dans le mouvement alternatif du piston qui sert pour épuiser les eaux, il faut que l'élévation de ce piston soit plus rapide que sa descente. Dans la descente on diminue la résistance, et dans la montée on diminue la perte de l'eau.

La machine de Newcomen est restée appliquée uniquement à l'élévation des eaux, jusqu'à l'époque actuelle. Cependant, en 1758, M. Keane Fitz-Gerald a donné, dans les *Transactions philosophiques*, un procédé pour changer le mouvement alternatif de la machine de Newcomen en mouvement de rotation continu, par une combinaison de roues dentées et de pignons, la première roue dentée étant fixée au grand levier. Mais Watt est le premier qui ait exécuté une transformation de ce genre, et il l'a fait d'une manière beaucoup plus avantageuse. Le principal inconvénient de la machine de Newcomen tient à la dépense considérable de combustible. Une semblable machine, dont le cylindre aurait $1^{\text{mèt.}},21$ de diamètre et qu'on emploierait jour et nuit, consommerait environ 4.651.200 kilogrammes de bon charbon durant l'année. Si l'on veut épuiser les eaux des mines de charbon, comme on est maître d'employer, pour combustible, des débris de charbon à peine susceptibles d'être vendus, ces machines rendent alors d'utiles services. On peut les employer aussi pour d'autres mines, et pour fournir les eaux nécessaires à de vastes et riches cités, ainsi que pour quelques autres objets; en un mot, toutes les fois qu'il est permis de faire une grande dépense de combustible, afin d'atteindre un but déterminé. Mais, dans la plupart des cas, cette grande dépense de combustible empêche qu'on puisse employer de telles machines.

Lorsque le docteur Black eut découvert l'énorme quantité de chaleur latente absorbée par l'eau pour se transformer en vapeur, on put profiter de cette découverte afin de donner à la machine de Newcomen un nouveau degré de perfection, ou plutôt afin d'en faire une machine tout-à-fait nouvelle. Tel est le service immense que James Watt rendit aux sciences et à l'industrie. Black a reconnu par l'expérience que la quantité de vapeur produite par une chaleur supérieure à celle de l'ébullition, est toujours proportionnelle à la surface du vase exposée immédiatement au feu ; soit qu'on laisse la vapeur se dissiper à mesure qu'elle se produit, soit qu'on laisse la chaleur s'accumuler dans l'eau, et qu'on ouvre ensuite le vase pour laisser échapper la vapeur.

Il résulte de ces faits, qu'il n'est pas possible d'épargner la quantité de chaleur nécessaire pour réduire de l'eau en vapeur ; mais qu'on peut économiser la chaleur, de manière à empêcher qu'il s'en perde beaucoup. C'est ce que fit James Watt. Il remarqua d'abord l'échauffement presque immédiat du cylindre de la machine de Newcomen, et le refroidissement qu'on doit faire éprouver à ce cylindre; ce qui produit une perte de chaleur sans aucun avantage réel. Cette remarque le conduisit à produire hors du cylindre la condensation de la vapeur : voilà le grand, l'essentiel perfectionnement qu'on doit à Watt.

Nous avons donné dans la pl. VIII, la projection horizontale et verticale d'une chaudière à vapeur, d'après le système de Watt. La fig. 1 représente l'élévation longitudinale de la chaudière vue extérieurement. La fig. 2 représente l'élévation de cette chaudière, dans un sens perpendiculaire à celui de la fig. 1, et regardée du côté du foyer. La fig. 3 représente la projection horizontale du foyer et de l'emplacement de la chaudière. Nous allons donner quelques détails de construction.

Le foyer F se compose d'une suite de barres parallèles, plus épaisses vers le milieu que vers leurs extrémités, et laissant entr'elles des jours suffisants pour le passage de l'air. L'espace D, qui reste vide, est le cendrier que couvre la grille G. C, chaudière, qui peut être construite en feuilles de fer ou de cuivre, réunies au moyen de rivets indiqués dans la figure. Cette chaudière a la forme d'un cylindre dont les arêtes sont horizontales et dont les bases sont verticales. Le contour d'une des bases, ainsi qu'on le voit dans la fig. 2, est convexe et demi-circulaire en dessus; il est concave des deux côtés comme en dessous. On remarquera, dans la partie supérieure de cette chaudière, une ouverture T, qu'on appelle *le trou de l'homme*; elle sert pour introduire dans la chaudière l'ouvrier qu'on charge de la nettoyer ou de la réparer. Cette ouverture devant être réduite au plus petit espace possible, sa grandeur reste la même, quelle que soit la capacité de la chaudière.

Dans les fig. 1 et 2, t représente le tuyau qui sert pour conduire la vapeur dans le cylindre de la machine. La soupape de sûreté est représentée en S. On peut voir une soupape de ce genre, dessinée, pl. XII, fig. e, f. Enfin, A, fig. 1 et 2, représente le tuyau alimentaire par lequel l'eau est fournie à la chaudière. La fig. 4 offre une coupe détaillée de ce tuyau. Nous expliquerons bientôt le méchanisme qu'on y adapte.

Il est facile de voir, à l'inspection des fig. 1 et 2, la marche que suit la chaleur, lorsqu'elle se dégage du foyer F. Une partie circule sous la chaudière et vient à l'extrémité E; elle peut, en même temps, de là, passer le long des côtés, en E', E', fig. 2, et venir en E'', fig. 1. Ainsi la chaudière se trouve échauffée, non-seulement dans sa partie inférieure, mais dans toute l'étendue de ses quatre côtés verticaux. Après avoir circulé de la sorte, la flamme et la fumée arrivent dans le conduit I, fig. 3, puis dans la cheminée, dont la projection horizontale est représentée par K, fig. 3.

Décrivons, maintenant, l'appareil alimentaire de la fig. 4. C représente une section faite verticalement dans le sens de la longueur de la chaudière. A représente, ainsi que nous l'avons déjà dit, le tuyau alimentaire ; il plonge, par son extrémité inférieure, dans l'eau de la chaudière ; à son extrémité supérieure, il porte un petit réservoir R, qui communique avec le tuyau par une ouverture que ferme un tampon. Ce tampon porte une tige t, attachée au levier LL′, auquel est suspendu, par la tige t', un flotteur F qui nage sur l'eau de la chaudière. Ce flotteur monte et descend avec le niveau de l'eau contenue dans la chaudière. Quand l'eau monte, elle fait monter aussi le bras L′ et baisser le bras L du levier LL′; la tige t descend et finit par fermer, avec le tampon fixé à cette tige, l'ouverture du tuyau alimentaire. Au contraire, quand l'eau contenue dans la chaudière s'abaisse, le flotteur descend de plus en plus, le bras L′ du levier s'abaisse, le bras L s'élève et en même temps la tige t avec le petit tampon : ce qui permet à l'eau alimentaire de descendre du réservoir dans la chaudière. Par ce moyen, l'on empêche que la chaudière n'ait jamais ni trop ni trop peu d'eau pour le service de la machine à vapeur.

Un autre flotteur *f*, placé dans le tuyau alimentaire A, est suspendu par une chaîne SSS. Cette chaîne traverse le réservoir en passant dans un conduit métallique vertical, et fait retour sur deux poulies P, P', pour aller se rattacher au regître du fourneau. Quand la vapeur devient trop condensée, l'eau du tuyau A étant poussée par une force considérable, le flotteur *f* monte avec cette eau, et le regître du fourneau se ferme proportionnellement à l'élévation du flotteur. On diminue de la sorte l'activité de la combustion et, par suite, la tension de la vapeur dans la chaudière.

La fig. 5 représente un flotteur F; le levier LL' porte un indicateur I, lequel peut courir sur un arc gradué HB : cette graduation sert à faire connaître la hauteur précise de l'eau dans la chaudière.

Après avoir décrit la manière dont la vapeur est produite, expliquons le jeu de la machine de Watt, dans le système le plus facile : celui qu'on appelle à *simple effet*. Nous expliquerons ensuite le jeu dit à *double effet*.

La machine de Watt à simple effet, comme l'est celle de Newcomen, en diffère en ce que la vapeur agit constamment, soit pour faire monter, soit pour faire descendre le piston; au lieu que, dans la machine de Newcomen, la vapeur n'agit que pour faire monter le piston.

Voici quel est l'état général de la machine, fig. 2, pl. IX.

Y, pompe à épuisement représentant l'effet utile de la machine et jouant par l'action du balancier PCQ. BB', cylindre. X, piston dont la montée et la descente font osciller le balancier PCQ.

A, chaudière qui doit conduire la vapeur tantôt au-dessus, tantôt au-dessous du piston X, par le tuyau b, à travers deux soupapes T et T'.

Le cylindre BB' est fermé, en haut et en bas, par des plaques de fer solidement vissées au contour de ce cylindre.

A présent, supposons que le piston X se trouve au plus haut de sa course.

Alors la soupape T' se ferme, la soupape T s'ouvre; et la vapeur passe, de la chaudière dans la partie supérieure B du cylindre : le piston descend par son poids et par la répulsion de cette vapeur.

Quand le piston arrive au point le plus bas de sa course, la soupape supérieure T se ferme; et la soupape inférieure T' s'ouvre.

Alors la vapeur accumulée dans la capacité B, trouve un libre passage par la soupape S, par le tuyau Vv, et par V' dans la capacité inférieure B' du cylindre.

Elle passe en effet dans cette capacité inférieure à mesure que le poids de tout l'équipage suspendu au bras CQ du balancier, l'emporte, et soulève l'autre bras CP qui fait monter le piston X.

Ici la vapeur, en vertu de son élasticité, presse également le dessus et le dessous du piston ; par conséquent, cette vapeur n'influe nullement sur le balancement du levier PCQ.

Lorsque le piston X est parvenu au haut du cylindre, la soupape inférieure T' se referme, la soupape supérieure T se rouvre; alors, de nouvelle vapeur s'introduit dans la capacité supérieure B, pour faire descendre de nouveau le piston, comme nous venons de l'expliquer.

Afin que le piston puisse descendre, il faut que l'on fasse disparaître la vapeur accumulée dans la capacité inférieure B' du cylindre. Cela s'opère avec l'appareil du *réfrigérant* ou *condenseur* : le seul qui nous reste à décrire.

Cet appareil présente un tuyau uzKL, qui continue par le bas du tuyau V, et forme deux coudes K et L, dans chacun desquels est une pompe à eau ordinaire. Ces deux pompes sont mises en mouvement par le balancier PCQ.

Dans le tuyau Vv pénètre la branche i d'un syphon, dont l'autre branche j est plongée dans l'eau refrigérante que contient le bassin E.

Une soupape j permet de faire entrer ou d'empêcher d'entrer dans le syphon, l'eau du refrigérant.

Cela posé, dès que la soupape T' se ferme, la soupape j s'ouvre, l'eau réfrigérante monte par la branche i du syphon et jaillit vers la vapeur contenue dans les capacités B', V' et V. Cette eau condense la vapeur et retombe en pluie vers le fond u; elle ouvre une soupape m, et passe dans la partie z : il passe, en même temps, de la vapeur non condensée et de l'air atmosphérique dégagé de l'eau réfrigérante.

Ce passage est facilité par la pompe aspirante K, dont le piston s'élève quand le piston X s'abaisse par le jeu du balancier PCQ. L'air atmosphérique se dégorge par l'action de cette pompe et de la pompe Z.

Par ce moyen, la vapeur condensée, l'eau réfrigérante, l'air qui s'est dégagé de cette eau, et la vapeur non condensée à une température d'environ $40°$, passent en z, et ne peuvent plus rétrograder. En effet, aussitôt que le piston X, parvenu au point le plus bas de sa course, commence à remonter, la vapeur qui plus légère que l'air est en dessus, réagit par son élasticité pour repousser l'air qui la sépare de l'eau réfrigérante; elle presse l'eau réfrigérante en contact avec la soupape m, et fait fermer cette soupape. Cependant le piston K descend à mesure que le piston X remonte : il faut alors que l'air et l'eau contenus en u, z, passent en dessus du piston K, pour être ensuite refoulés en L, lorsque le piston K remontera.

La seconde pompe aspirante et foulante Z, fait ensuite passer l'eau parvenue en L, dans le dégorgeoir G, pour descendre dans la chaudière A. L'air, en vertu de sa légèreté spécifique, s'élevant plus vite que l'eau, s'échappe par le tuyau t, avant que l'eau du réfrigérant ne descende dans la chaudière.

Des moyens particuliers sont employés pour diminuer à volonté l'ouverture de la soupape j, et, par là, modérer la rapidité de la condensation de la vapeur.

Tous les mouvements que nous venons de décrire sont si bien combinés qu'ils s'exécutent par le seul jeu du balancier et des pistons : l'action intelligente de l'homme n'a qu'un soin à prendre et qu'une fonction à remplir, c'est d'entretenir le feu sous la chaudière.

Avant de faire connaître les détails du méchanisme de la machine à vapeur à double effet, fig. 1, pl. IX, indiquons d'une manière sommaire comment le mouvement général est reçu et transmis. Au sortir de la chaudière la vapeur est conduite entre deux cylindres CC, C'C', qui ont même axe, et tels, par conséquent, que C'C' enveloppe CC. Par le méchanisme d'un tiroir T qui peut monter et descendre, et par les ouvertures u, v, la vapeur passe alternativement en dessus et en dessous du piston P', qu'elle contraint tour à tour de descendre et de monter; ce piston est invariablement fixé à une tige verticale t, laquelle transmet son mouvement, au moyen d'un parallélogramme LMNO, à un levier LL' qui se meut dans un plan vertical, autour d'un axe horizontal X. Ce levier monte et descend avec le piston P'. Sa branche L' fait alternativement monter et descendre une bielle inflexible F qui fait tourner la manivelle G autour d'un axe horizontal Y. Ce même axe Y, porte un volant VV, qui sert à transmettre le mouvement avec régularité. Enfin, l'axe Y transmet l'action de la machine à vapeur, à ce qu'on appelle l'*arbre de couche*.

Le système que nous venons de décrire change par conséquent un mouvement rectiligne de haut en bas et de bas en haut, tel que celui du piston P', en un mouvement circulaire et continu tel que celui du volant VV et de l'arbre de couche mû par l'axe Y.

Nous allons maintenant expliquer comment la vapeur passe tantôt en dessus et tantôt en dessous du piston, et comment, tandis que la vapeur s'accumule d'un côté du piston, la vapeur précédemment accumulée du côté opposé est soustraite par l'effet de la condensation.

La fig. 1 de la pl. IX représente pour la machine à double effet, une section faite parallèlement au plan du grand levier LL et du volant VV.

Par l'explication de la pl. VIII, nous connaissons la manière dont la vapeur est produite ; nous avons vu qu'au sortir de la chaudière elle passe par le tuyau t.

La pl. IX, fig. 1, représente d'abord un cylindre droit vertical CC, dans lequel joue le piston P ; un cylindre extérieur C'C', ayant même axe que le cylindre CC, lui sert d'enveloppe : c'est entre ces deux cylindres que la vapeur arrive de la chaudière et par le tuyau t de la fig. 1, pl. VIII.

On voit en T, fig. 1, pl. IX, ce qu'on appelle le *tiroir*. C'est un demi-cylindre vertical et creux, qui joue dans un emboîtement de même forme, et dont on voit sur une plus grande échelle, pl. X, le plan T, fig. 2, et l'élévation, fig. a et b. Entre le tiroir et le cylindre extérieur ou enveloppe C'C', est un vide par lequel s'effectue un passage alternatif de vapeur, que nous allons expliquer.

Dans la fig. 1, pl. IX, et la fig. a, pl. X, le tiroir est monté le plus haut possible. Dans la fig. b, pl. X, il est descendu le plus bas possible. Voici quel est le jeu de la vapeur pour ces deux positions.

Dans la position, fig. 1, pl. IX et a, pl. X, où le tiroir est le plus haut possible, la vapeur que fournit la chaudière, passe de S entre le tiroir T, et le cylindre C', pour gagner le haut du cylindre CC, par le conduit u; elle tend à faire descendre le piston. Dans cette position du tiroir, le bas du cylindre est en communication, par les ouvertures v et v', avec le tuyau v'', fig. 1, pl. IX, qui mène au réfrigérant ou condenseur. Alors, la vapeur introduite sous le piston se condense, et le piston descend.

Quand le piston arrive au bas de sa course, le tiroir remonte et prend la position qu'indique la fig b, pl. X. La vapeur qui vient de la chaudière et passe par S, descend en v sous le piston qu'elle tend à faire remonter. Au contraire, la vapeur accumulée sur le piston descend par u et le milieu T du tiroir, jusqu'en D'', pour se rendre par v', dans le condenseur. Alors le piston remonte.

La fig. 1 de la pl. X, nous fait connaître la manière dont la soupape S est plus ou moins ouverte : effet que bientôt nous expliquerons.

Il faut dire, à présent, de quelle manière on fait alternativement monter et descendre le tiroir T. On place un excentrique E, fig. 1, pl. X, sur l'axe Y du volant; un collier métallique dans lequel peut tourner cet excentrique est fixé au triangle MNM. Le sommet N de ce triangle est boulonné avec un levier coudé NPQ. P représente un axe fixe, autour duquel ce levier tourne quand l'excentrique tourne avec le volant. L'excentrique fait tour à tour avancer et reculer le triangle MNM, ce qui donne un petit mouvement de va et vient au levier coudé NPQ et, par conséquent, fait alternativement monter et descendre l'extrémité Q; laquelle agit pour élever et pour abaisser la tige verticale FF, fixée à l'extrémité inférieure du tiroir T, fig. a, b. Lorsque le volant fait un tour complet, le piston fait une course complète de montée et de descente, le tiroir fait également une course de montée et de descente; et, quand une fois le mouvement a commencé, il doit continuer avec régularité.

Passons à la partie du méchanisme relative à la condensation de la vapeur. On remarque un levier horizontal l, fig. 1, pl. IX, dont l'extrémité fait alternativement monter et descendre une tige verticale l', pour ouvrir et fermer le passage e, à l'eau qui se projette dans le condenseur. Ce mouvement alternatif est, comme celui du tiroir, réglé par le levier coudé NPQ. La pompe p, sert pour extraire l'eau qui vient d'être employée dans le condenseur. Cette pompe est mise en mouvement par la partie ON du parallélogramme LMNO; par conséquent, les deux pistons P' et p, montent et descendent en même temps.

Dans la machine à double effet, comme dans

la machine à simple effet, l'eau réfrigérante, après avoir absorbé la vapeur, puis être retombée de K en K', est élevée par une première pompe p et par une seconde p'.

La fig. 1 présente une modification qui mérite d'être remarquée. C'est un conduit ff', dans lequel passe l'air et l'eau réfrigérante, aspirés par la pompe p. L'air, en soulevant le clapet f', se dégage librement. L'eau réfrigérante, purgée de cet air, tombe dans le réservoir r, d'où elle est refoulée dans la chaudière, au moyen de la pompe $p'p'$.

Une troisième pompe $p''p''$, sert pour aspirer de l'eau fraîche, et remplir un réservoir R qui fournit en e l'eau destinée au réfrigérant.

La pl. XI offre, sur une plus grande échelle, divers détails importants de la machine de Watt, représentée fig. 2, pl. IX.

Dans les deux planches, nous avons désigné par les mêmes lettres : pp, le piston de la première pompe qui épuise l'eau du réfrigérant; et par f, le tuyau de dégorgement de cette eau, avec le clapet f'; les fig. 5, 6, 7, pl. XI, donnent de plus grands détails. On voit que l'eau du réfrigérant, une fois aspirée sous le piston p, est retenue par le clapet E. Le piston p est garni de deux clapets H, H, qui s'ouvrent quand le piston s'élève; alors, ils sont retenus par les arrêts L, L, représentés en grand, fig. 5 et 6.

Une boîte à étoupe M, laisse passer avec précision la tige du piston *pp*.

Les fig. 1, 2, 3, 4, de la pl. XI, présentent les détails de la structure d'un piston métallique. Ce piston est composé d'une base cylindrique coulée d'un seul jet et formant le noyau tel qu'on le voit représenté en *ff*, dans la coupe, fig. 4. Sur la partie saillante de cette base sont posées circulairement deux doubles rangées de segments sphériques *ab*, *ab*, dont la coupe est représentée dans la fig. 4, l'élévation dans les fig. 1 et 3, et le plan dans la fig. 2. Ces segments sont combinés de manière que les joints bout à bout d'une rangée, sont à l'aplomb du milieu de chaque segment d'une autre rangée. Enfin, des ressorts à boudin *c*, *c*, sont enfilés sur des goujons horizontaux *dd*, goujons implantés sur le noyau *ff*; ces ressorts, dis-je, se trouvent comprimés par leur élasticité; ils poussent à l'extérieur la rangée de segments et la forcent à s'appliquer constamment avec une parfaite précision contre la paroi intérieure du cylindre dans lequel joue le piston, malgré l'usé graduel et du cylindre et du piston. On voit, dans la fig. 4, un couvercle *ee* à écrou, lequel achève de consolider le système. La même fig. 4 nous montre la tige du piston qui a la forme d'un coin renforcé dans le bas *h*, en contact avec le noyau du piston. Une clavette horizontale *i* serre la tige sur le noyau. Cet assemblage est aussi simple que solide.

Au-dessus de la fig. 2, on a représenté, en c, c', d, d', deux projections des boudins et des goujons sur lesquels ils sont enfilés. Ces boudins sont fixés à vis dans le noyau du piston.

La fig. 8 représente, sur une plus grande échelle, le mouvement du *modérateur* ou *gouverneur* Z, Z, de la fig. 1, pl. IX. Les sphères métalliques Z, Z, par l'effet de la force centrifuge, ainsi que nous l'avons expliqué, 2°. vol., MÉCHANIQUE, VII°. leçon, tendent à s'écarter de l'arbre vertical BB, quand le mouvement de rotation de cet arbre acquiert plus de rapidité. En s'écartant de l'arbre, les sphères élèvent le manchon D, qui entoure l'arbre BB, et qui, par un collet inférieur, soulève la branche F' du levier FF'. Par conséquent, la branche F de ce levier s'abaisse; ce qui fait tourner la manivelle G, et ferme de plus en plus la soupape S. Cette soupape à gorge s'ouvre, au contraire, à mesure que le mouvement se ralentit et que les sphères se rapprochent de leur axe de rotation.

Dans la pl. XI, les fig. 9 et 10 représentent, sur une grande échelle, deux projections de l'assemblage du balancier LL', fig. 1, pl. IX, avec la bielle qui transmet le mouvement aux volants. A, tête du balancier; B, bielle se divisant en deux branches 1, 2; C, C, brides en fer embrassant chacune des branches de la bielle; D, D, coussinets en cuivre, maintenus par les brides C, C;

E, axe de rotation ; F, clavette servant à fixer les brides aux branches de la bièle, et à serrer plus ou moins les coussinets D contre l'axe E.

J'ajouterai d'autres détails sur la machine de Watt.

Sur le couvercle du piston, on place un entonnoir x, fig. 1, pl. IX, en cuivre, communiquant avec l'intérieur du cylindre. Cet entonnoir est muni d'un robinet à sa partie inférieure. Lorsqu'on veut graisser les parois du cylindre : 1°. pour adoucir le frottement du piston ; 2°. pour intercepter le passage de la vapeur du dessus au dessous et réciproquement, on remplit l'entonnoir d'huile et on le bouche avec un couvercle qui ferme bien juste. Ensuite on saisit le moment où le piston est en haut de sa course ; on ouvre le robinet de l'entonnoir, durant le temps nécessaire pour que l'huile qu'il contient tombe sur le piston, et coule sur sa surface, laquelle est inclinée du centre à la circonférence.

Dans la plupart des machines à vapeur, la disposition est telle que le volant est placé à quelques pouces de distance d'un mur qui sépare la machine du lieu où le mouvement est transmis. Alors, on prend quelquefois une précaution assez utile : elle consiste à fixer d'une manière solide contre le mur, une plaque de fonte percée de plusieurs trous placés sur un arc de cercle d'un rayon moindre que celui du volant. Quand on fait des réparations à la machine, on a souvent besoin de faire monter ou descendre le piston. Dans ce cas, au moyen de leviers qu'on implante dans les trous de cette plaque de fonte, et qu'on appuie contre les bras du volant, on parvient à faire tourner celui-ci facilement.

L'effet des machines à vapeur dépend essentiellement de l'effort que le piston peut exercer d'après l'action de la vapeur. Au moyen d'une espèce de baromètre à mercure appelé *manomètre*, qu'on met en communication avec la vapeur que fournit la chaudière, on mesure la pression que cette vapeur exerce. Supposons qu'elle exerce $1^{kilog},035$ par centimètre quarré, c'est-à-dire, qu'elle agisse à la pression d'une simple atmosphère. Si l'on multiplie le nombre de centimètres quarrés de la surface du piston par $1^{kilog},0336$, on aura la pression totale exercée sur le piston supposé immobile. En multipliant ce nombre par l'espace que le piston parcourt dans sa course complète, on aura le moment, l'effet dynamique produit par un coup de piston. Enfin, cet effet, multiplié par le nombre de coups de piston que la machine peut fournir dans un jour, donnera l'effet total journalier de la machine. Ces calculs ne sont, comme on voit, qu'un mode approximatif; puisqu'ils supposent que la vapeur agit également sur le piston, durant toute sa course, comme s'il était en repos.

QUATORZIÈME LEÇON.

Machines à vapeur à moyenne et à haute pression.

Arthur Woolf a fait servir avec succès la force de la vapeur à des pressions plus élevées que la simple pression de l'atmosphère. Le système qu'on lui doit mérite une description particulière. Sa machine présente deux cylindres au lieu d'un seul. Ces cylindres ont même hauteur; ils sont placés l'un à côté de l'autre, et leurs axes sont verticaux, comme l'axe du cylindre unique employé dans le système de Watt.

Désignons par les lettres C, c, fig. 4, pl. XIII, les deux cylindres dans lesquels se meuvent les pistons P, p, que fait agir un même balancier. Le cylindre c reçoit directement la vapeur motrice qu'il peut recevoir de la chaudière par les ouvertures a, b. La partie supérieure du cylindre c, communique avec la partie inférieure du cylindre C, de même que la partie supérieure du cylindre C communique avec la partie inférieure du cylindre c. Enfin, le grand cylindre C a deux communications e, f, avec le condenseur. Par un système de soupapes, on peut ouvrir et fermer la communication de chaque conduit a, b, e, f, avec les cylindres. Lorsqu'on ouvre la communication a de la chaudière avec le petit cylindre, la communication h, entre le bas du petit cylindre et le haut du grand, se trouve pareillement ouverte, ainsi que la communication f entre le fond du grand cylindre et le condenseur. Les trois autres communications b, i, e, sont fermées ; elles s'ouvrent, quand les trois précédentes se ferment. Enfin, il faut observer que les deux pistons montent et descendent en même temps. Supposons, par exemple, que tous deux soient parvenus au point le plus élevé de leur course, quand la vapeur commence à passer de la chaudière, par le tuyau a, dans le cylindre c; elle pousse de haut en bas le petit piston ; par cette même pression, la vapeur contenue sous le piston p, passe par h, dans le grand cylindre, sur le piston P, qui se trouve ainsi sollicité à descendre comme le petit. Quant à la vapeur qui se trouve en dessous du grand piston, comme elle est pressée par ce piston, elle se rend dans le condenseur, où l'attire d'ailleurs l'eau réfrigérante. Par ce moyen, les deux pistons arrivent au point le plus bas de leur course. Alors les communications a, h, f, se ferment, les communications b, i, e, s'ouvrent, et l'effet contraire est produit : de nouvelle vapeur passe d'abord de la chaudière sous le petit piston, la vapeur qui se trouvait au-dessus du petit piston, passe sous le grand, qu'elle soulève; enfin la vapeur accumulée au-dessus du grand piston, se rend au condenseur par la communication. e, jusqu'à ce que les pistons soient remontés et parvenus au point le plus élevé de leur course.

Il faut remarquer que le petit piston est poussé par la vapeur avec toute la force de pression que cette vapeur peut avoir dans la chaudière ; tandis que la vapeur qui passe du petit cylindre dans le grand, étant obligée d'occuper un espace plus considérable, agit en se dilatant, et, par conséquent, comme si l'on profitait de sa force expansive. Si l'on considère quelle est la totalité de la vapeur condensée à chaque coup de balancier, on voit qu'on ne condense la vapeur que quand sa force élastique est employée d'une manière utile, dans une grande partie de sa détente : ce qui présente un grand avantage. Dans la machine de Watt, employée sans détente de vapeur, on consomme à chaque coup de piston, un volume de vapeur égal au volume du cylindre, depuis le piston jusqu'à la base inférieure, quand le piston est au point le plus haut, et jusqu'à la base supérieure, quand il est au point le plus bas. Il y a donc, dans les machines de Woolf, une source d'économie remarquable, et qui nous explique la supériorité d'effets utiles produits par les machines construites suivant un tel système.

Nous allons actuellement présenter des considérations exposées au sujet des machines à haute et à moyenne pression, dans un rapport rédigé pour l'Académie des sciences, au nom d'une commission (1) chargée d'examiner quels sont les avantages et les inconvénients que présente l'emploi des machines à vapeur à haute et à moyenne pression, spécialement sous le point de vue de la sécurité publique. Nous reprendrons ensuite la description des machines de Woolf, que nous ferons suivre de la description des machines de Trevithick et d'Évans.

Avantages comparés des machines à vapeur.

« Au nombre des avantages reconnus des machines à pression élevée, on doit compter celui d'occuper le moins d'espace possible. Si l'on veut suffire à la dépense d'une force donnée, il faut de moins grandes capacités pour contenir de la vapeur très-comprimée, que pour contenir de la vapeur dont la pression diffère très-peu de celle de l'atmosphère.

» Il suit de là que les machines à pression élevée, toutes choses égales d'ailleurs, sont d'un

---

(1) Les membres de cette commission étaient MM. de Laplace, de Prony, Ampère, Girard et Charles Dupin, rapporteur.

emploi d'autant plus avantageux que les lieux où l'on doit s'en servir sont moins spacieux, et que le prix du terrain est plus considérable.

» Si l'emploi des machines à haute pression présente des avantages, c'est donc surtout dans les lieux où beaucoup d'établissements d'industrie et d'habitations particulières ne permettent à chaque établissement de prendre qu'un espace peu développé, dans lequel on veut cependant faire agir une très-grande force pour produire des résultats importants.

» L'emploi des machines à haute pression est pareillement avantageux dans l'intérieur des mines, où l'on ne peut disposer librement que d'un espace beaucoup moindre qu'en plein air.

» Aussi voyons-nous que les machines à pressions élevées sont beaucoup employées dans les villes manufacturières, et dans les travaux des mines.

» Un second avantage des machines à haute pression, plus grand encore que le premier, tient à l'économie de combustible, qui résulte des effets d'une température élevée.

» Nous pouvons démontrer cette économie, de la manière la plus positive, d'après l'état officiel et comparatif de l'effet des grandes machines à vapeur employées aux travaux des mines du comté de Cornouailles, en Angleterre.

» Pour se former une idée de l'importance

que les propriétaires et les exploitateurs des mines de Cornouailles ont dû mettre à chercher les moyens d'augmenter le produit des machines à vapeur, ainsi qu'à mesurer de la manière la plus précise l'effet des moyens propres à donner une augmentation de ce genre, il suffira de présenter cette observation : l'entretien et le service des machines pour épuiser l'eau dans une seule grande mine de charbon, coûtent annuellement la somme de 25.500 livres sterling, c'est-à-dire environ 630.000 francs.

» Pour ces motifs, en 1811, plusieurs grands propriétaires des mines de cuivre et d'étain du comté de Cornouailles désirèrent connaître avec certitude le travail exécuté par leurs machines à vapeur. Ils convinrent d'adapter à chacune de ces machines, un compteur formé par un engrenage de roues, comparable aux engrenages d'horlogerie. Ce compteur fut disposé de manière que les aiguilles indicatrices marquaient, sur un cadran, le nombre d'oscillations du balancier de la machine à vapeur. L'établissement et la surveillance de ces compteurs furent donnés à un méchanicien digne de confiance. Le système entier de chaque compteur fut établi dans une boîte fermant à clef, afin qu'aucune autre personne que celle qui s'en trouverait positivement chargée ne pût déranger les aiguilles indicatrices.

» Pour toutes les machines ainsi munies d'un compteur on a tenu des états qui présentent : 1°. Le nom de la mine; 2°. la dimension du cylindre, simple ou double, de la machine à vapeur employée à l'exploitation de cette mine; 3°. la pression supportée par le cylindre, en raison de sa surface, et la longueur du jeu du piston dans le cylindre; 4°. le nombre d'étages de pompes; 5°. la hauteur verticale de chaque étage; 6°. la durée du travail; 7°. la consommation du charbon, estimée en boisseaux (1); 8°. l'étendue parcourue par le piston, dans la pompe; 9°. le poids en nombre de livres (2) élevées à un pied (3) de hauteur par boisseau de charbon; 10°. le nombre des coups de piston par minute; 11°. le nom des constructeurs de chaque machine, et les observations essentielles à faire sur cette machine.

» C'est d'après ce beau cadre d'expériences faites sur la plus grande échelle désirable, qu'on a comparé l'effet de diverses espèces de machines à vapeur, depuis plus de dix années.

» Au mois d'août 1811, les machines employées dans les mines de Cornouailles, et soumises à l'examen dont nous parlons, élevaient

---

(1) Un boisseau ras contient $35^{lit.},24$, ou $38^{kilog.},052$ de charbon.
(2) La livre anglaise (*avoirdupois*) équivaut à 453 grammes.
(3) Le pied anglais égale 3 décimètres et 5 millimètres.

à un pied de hauteur 15.760.000 livres (*avoir-dupois*), par boisseau de charbon consommé (1).

» Dès le mois de décembre de la même année, les perfectionnements dans le service des machines, ou dans quelques-unes de leurs parties, avaient porté le produit moyen total, de 15.760.000 liv. à 17.075.000 liv.

» Par suite d'améliorations du même genre, et par la construction de nouvelles machines plus parfaites que les anciennes, ce produit était,

» En décembre 1812, de 18.200.000 liv.
» En décembre 1814, de 19.784.000.
» En mai 1815, de 20.766.000.

» On sera frappé sans doute de cette amélioration progressive, qui, dans le court espace de trois ans et demi, accroît de plus de trente pour cent le produit moyen des machines à vapeur, pour une même quantité de combustible consommé. Depuis 1815, le produit s'est encore augmenté par les perfectionnements apportés à la construction des foyers, des chaudières, et de toutes les parties du mécanisme.

» Aujourd'hui l'on calcule que les machines de Watt, perfectionnées, élèvent, en consommant un boisseau de charbon, plus de trente millions de livres d'eau, à un pied de hauteur.

---

(1) Nous donnerons, page 436, la réduction comparée des résultats que nous offrons ici, faite en mesures françaises.

» A côté de cette augmentation, nous devons placer celle qui résulte de l'emploi des machines à pressions qui surpassent la pression simple. Ce sont les machines construites d'après le système de Woolf. D'après ce système, on a fait pour la mine de Whealvor, en Cornouailles, une machine à double cylindre : le grand cylindre a pour diamètre 53 pouces anglais, c'est-à-dire, $1^{mèt.},35$; le petit a pour diamètre $0^{mèt.},135$.

» Cette machine a élevé 49.980.882 livres à un pied de hauteur, par boisseau de charbon consommé, tandis que le produit moyen des autres machines n'était que de 20.479.350 livres élevées à la même hauteur.

» En 1815, deux machines de Woolf ont donné pour produit moyen 46.255.250 livres élevées à cette hauteur.

» Un des inconvénients qu'on trouve aux machines à moyenne et à haute pression, c'est de diminuer de puissance par l'usé des parties les plus délicates de leur structure, et par la déperdition de vapeur qui en résulte. Tout en reconnaissant la vérité d'une telle objection, il est juste de remarquer que des perfectionnements récents, apportés à la construction des boîtes à vapeur, ont sensiblement diminué ce grave inconvénient.

» Nous avons puisé les résultats que nous rapportons sur les machines à vapeur employées aux mines de Cornouailles, dans la collection du *Philosophical Magazine*, recueillie et publiée par le docteur Tilloch, membre de la société royale de Londres. Ces résultats s'y trouvent avec les attestations des propriétaires des mines et de l'inspecteur des machines à vapeur employées pour les épuisements. On peut voir aussi, dans les encyclopédies anglaises les plus récentes, des développements qui confirment les faits que nous venons de rapporter.

» Nous présenterions comme une dernière preuve de l'économie relative des machines à moyenne pression, sur les machines à simple pression, les quantités de combustible consommé dont le *maximum* est garanti par les fabricateurs de ces diverses machines, si l'on pouvait être certain que l'unité de puissance qu'on appelle *force d'un cheval* est la même pour les deux espèces de machines; alors il ne resterait aucun doute si l'on donnait une égale confiance aux tarifs publiés par les deux plus grands ateliers où l'on fabrique, en France, des machines à vapeur, suivant l'un et l'autre système.

» Il serait à désirer qu'on adoptât pour unité de mesure de la force des machines à vapeur, au lieu d'une indication vague et mal définie, un poids constant élevé à une hauteur déterminée (1): quantité d'action qu'on désignerait très-convenablement par le nom de *dyname*. Alors l'effet utile de la machine serait connu par la simple indication du nombre de dynames que sa force produit; et l'on pourrait toujours s'assurer qu'une machine à vapeur possède tel degré de puissance, en faisant supporter à son piston une pression suffisante et déterminée, puis en comptant l'espace que le piston fait parcourir à ce poids, durant une seconde.

» Quant à la mesure de la tension de la vapeur, en lui donnant pour unité la pression de l'atmosphère, il faudrait constamment rapporter cette pression à celle qu'indique une colonne barométrique de 76 millimètres de hauteur, à la température de la glace fondante.

» En revenant au premier objet de notre rapport, d'après tous les détails où nous venons d'entrer, nous croyons pouvoir conclure comme d'un fait d'expérience irrécusable, qu'il y a économie à prendre pour force motrice la vapeur élevée à une température qui surpasse de plusieurs unités, celle qui correspond à la simple pression de l'atmosphère. Mais jusqu'à quel terme convient-il de porter la tension de

---

(1) Sur la proposition de M. de Prony, une commission s'est occupée de cette question importante; elle vient de présenter son rapport à l'Académie. Voyez XVe. leçon, page .

la vapeur? quelle est la loi mathématique qui donne le produit des machines à vapeur, en fonction de la température et des tensions qui en résultent? C'est ce qu'on ne peut pas encore décider d'une manière rigoureuse, par la seule théorie.

» Des expériences nouvelles, faites avec soin, accompagnées de calculs convenables pour donner les unités qui manquent aux évaluations, et la valeur de chaque espèce de déperdition de chaleur et de mouvement, pourront seules donner à la théorie un complément qui lui manque et qui fasse concorder numériquement ses résultats définitifs, avec l'action réelle des machines à vapeur, pour les différents degrés de pression.

» Quant à présent, il nous suffit que des expériences, faites en grand et durant plusieurs années, aient montré, d'une manière positive, qu'on trouve une économie considérable, dans l'usage de machines où la vapeur supporte une pression supérieure à celle de deux atmosphères, pour fixer nos idées à l'égard de l'avantage des pressions qui sont au-dessus de la pression simple.

» Jusqu'ici nous n'avons comparé les machines à simple pression qu'avec les machines à moyenne pression : comparons-les maintenant avec les machines à haute pression, qui, comme on sait, ont pour caractère de fonctionner sans condensation de vapeur.

» En Angleterre M. Trevithick, en Amérique M. Olivier Évans, ont les premiers exécuté des machines à haute pression.

» Au Pérou, plusieurs des mines les plus riches tombaient en décadence, et quelques-unes devenaient inexploitables, par l'impossibilité de les assécher au moyen du travail de l'homme. Dans cet état de choses, le directeur général des mines eut l'idée de s'adresser à M. Trevithick pour obtenir des machines à haute pression, propres à l'épuisement des eaux dans ces mines précieuses. En peu de mois, neuf de ces machines furent construites dans le sud de l'Angleterre, et portées au Pérou, vers la fin de 1814.

» Elles y rendirent de tels services, que le trésorier de cette province proposa d'élever à M. Trevithick une statue en argent, comme un monument de la reconnaissance du nouveau monde.

» Parlons maintenant des machines à haute pression qui sont dues à l'invention d'Olivier Évans. Cet habile ingénieur en a construit un grand nombre qui toutes ont présenté des économies considérables dans la consommation du combustible.

» A Philadelphie, lorsqu'on remplaça la machine à simple pression qui servait pour élever les eaux nécessaires à la consommation de la ville, par une machine à haute pression construite d'après le système d'Olivier Évans, l'économie du combustible seul fut de 85 francs par jour : ce qui fait plus de 30.000 francs par an. Ce fait est cité par M. Partington, dans son *Histoire des machines à vapeur*. Il est fâcheux que M. Partington ne donne ni la quantité totale des eaux élevées, ni l'élévation de ces eaux, ni le poids du combustible employé pour produire cet effet.

» Heureusement M. Marestier a rapporté, dans ses mémoires sur la marine des États-Unis d'Amérique, les particularités essentielles au fait que nous citons. La machine établie à Philadelphie élève, en vingt-quatre heures, plus de vingt mille tonneaux d'eau à 30 mètres de hauteur, et consomme par jour $43\frac{1}{2}$ stères de bois. La machine à haute pression qui produit ces résultats n'a coûté que 123.000 francs; tandis qu'une machine de même force et à simple pression, dit M. Marestier, aurait coûté 200.000 francs pour la faire exécuter en Amérique, ainsi que la première.

» Les machines d'Évans font travailler la vapeur sous une pression de huit et même de dix atmosphères. Un grand nombre de ces machines sont construites en Amérique, où elles rendent des services essentiels.

» Le congrès des États-Unis ayant fait en 1814 un rapport sur les progrès des arts utiles, dans les États de l'Union, Olivier Évans fut cité dans ce rapport comme un des bienfaiteurs de son pays. Le congrès voulut lui donner un autre témoignage solennel de sa reconnaissance, en lui accordant, par une faveur spéciale, la prolongation, pour dix années (1), du brevet d'invention relatif à ses machines à haute pression; faveur pareille à celle que Watt et Boulton avaient obtenue du parlement d'Angleterre, pour leurs machines à simple pression.

» L'usage des machines à pression élevée, comme nous l'apprend M. Marestier dans son voyage en Amérique, s'est multiplié de plus en plus aux États-Unis. D'après les renseignements que l'un de nous a pris auprès de personnes dignes de toute confiance, l'usage de ces machines, loin de se restreindre, s'étend au contraire dans la Grande-Bretagne.

» L'emploi de la vapeur condensée est une industrie encore dans l'enfance; et, malgré l'importance des services qu'elle a déjà rendus, on doit considérer cette industrie comme bien éloignée des services qu'elle rendra, quand on connaîtra mieux l'art de tirer parti de ses effets. »

Il est juste de dire que Hornblower avait

---

1) De 1815 à 1825.

pris, dès 1781, un brevet d'invention pour une machine à vapeur agissant avec deux cylindres à la simple pression de l'atmosphère, et dans l'intention de faire servir la vapeur introduite dans le premier cylindre, en la faisant détendre de manière à remplir le second cylindre.

En 1804, Woolf a repris la même idée; mais, au lieu d'employer dans son premier cylindre de la vapeur fournie par la chaudière, à la température de 100 degrés, ou à la simple pression d'une atmosphère, il s'est servi de vapeur élevée à plusieurs atmosphères : ce qui lui a donné le moyen de produire une détente beaucoup plus considérable, et d'obtenir un effet utile beaucoup plus avantageux que celui qu'on pouvait attendre du méchanisme de Hornblower. Ce n'est pas que les calculs donnés par Woolf ne soient fort-erronés en principe. A mesure que la température s'élève elle produit des pressions beaucoup moins fortes que Woolf ne le suppose.

Mais, quoique Woolf se soit considérablement trompé, ainsi que l'avait fait Hornblower, ainsi que l'ont fait Évans et Trevithick, sur les avantages de sa machine, il ne s'ensuit point pour cela que cette machine n'ait pas un avantage réel, et cet avantage est démontré par le tableau que nous avons rapporté, XIIIe. leçon, p. 378, sur la force produite par la vapeur élevée à une chaleur qui correspond à une pression de plusieurs atmosphères, et ensuite par la détente de cette même chaleur.

Dans le système de Woolf, comme dans le système de Watt, il faut toujours retrancher de la pression produite par la vapeur motrice, la résistance de pression due à la vapeur imparfaitement condensée; résistance dont on aura la valeur, dès que l'on connaîtra la température à laquelle s'opère la condensation.

On doit à Woolf d'autres améliorations de son système, afin d'empêcher la déperdition de la chaleur. Pour prévenir cette déperdition il entoure ses cylindres d'une enveloppe; puis il introduit de la vapeur entre cette enveloppe et ces cylindres, afin que l'extérieur des cylindres ne soit pas exposé à l'action immédiate de l'air extérieur, et n'éprouve pas une aussi grande déperdition de force motrice par l'effet du refroidissement.

On a proposé de fournir la vapeur qu'on fait circuler autour des cylindres dans l'enveloppe dont nous venons de parler, par le moyen d'une chaudière et d'un foyer séparés; ce qui peut présenter un avantage d'économie.

Woolf a remarqué que les machines de Watt pouvaient être améliorées en y appliquant son système de vapeur comprimée lors de sa production et dilatée dans son action. Il suffit pour cela de donner plus de force à la chaudière ainsi qu'à l'enveloppe du cylindre, et de proportionner la structure et les dimensions des soupapes, de manière que la vapeur qui vient de la chaudière arrive graduellement dans le cylindre, par un passage qui s'élargisse de plus en plus. Par ce moyen la vapeur fortement comprimée a le temps de se dilater avant d'arriver sous le piston, et ne le frappe pas avec une impétuosité dangereuse pour la machine.

On ne doit faire entrer ainsi qu'une quantité de vapeur, telle qu'après sa détente elle remplisse toute la capacité du cylindre. Donc, il faut dans ce système, fermer la soupape d'admission de la vapeur, bien avant que le piston n'ait atteint le terme de sa course. Il est facile de calculer à quelle hauteur il convient que le piston parvienne, au moment où la soupape doit être fermée.

Cette modification offre une analogie évidente avec celle que Watt même a fait subir à l'usage de sa machine par l'expansion de la vapeur, pour une détente au-dessous de la pression d'une atmosphère. Il y a seulement l'addition que nous avons fait remarquer, laquelle a pour effet de diminuer graduellement l'ouverture de la soupape à vapeur, lorsque le piston descend, au lieu de s'arrêter complètement à un certain point de la descente; disposition qui a l'avantage de rendre l'action de la machine plus uniforme.

Woolf a pris ensuite un nouveau brevet d'invention pour chauffer la vapeur dans le cylindre même où elle travaille. En 1810, il prit un troisième brevet pour perfectionner le précédent et prévenir toute perte de la vapeur par son échappement entre le cylindre et le piston. A cet effet, il ne permet pas à la vapeur d'agir sur un piston, mais sur un fluide tel que l'huile ou quelque métal liquide, la vapeur étant introduite dans une capacité isolée du cylindre et du piston avec lesquels elle communique par un conduit rempli du liquide dont nous venons de parler. Ces diverses modifications sont plus ingénieuses que réellement applicables.

En 1815, deux grandes machines à vapeur furent construites dans le comté de Cornouailles, aux mines connues sous le nom de Wheal-Vor et Wheal-Abraham, pour élever des eaux. Ces deux machines sont celles que nous avons citées dans le rapport mentionné, page 425. Dans ce même rapport, nous avons présenté les poids d'eau élevés par les machines, en mesures anglaises. Nous allons maintenant les réduire en mesures françaises, et nous évaluerons en unités dynamiques le produit de ces machines. Nous formerons ainsi le tableau suivant :

LIVRES D'EAU élevées à un pied de hauteur avec un boisseau de charbon.	COMBUSTIBLE POUR PRODUIRE,		
	UN DYNAME D'EFFET UTILE.	6 DYNAMES D'EFFET UTILE,	
		par 24 heures.	par heure.
	kilog.		
15,760,000	20,71	124,26	5,17
	19,05	114,30	4,76
18.200.000	17,94	107,64	4,48
19.784.000	16,49	98,94	4,12
20.766.000	15,88	95,28	3,93

En employant les machines de Watt à une pression sensiblement supérieure à celle de la simple atmosphère, on est parvenu à leur faire produire un effet utile représenté par

30.000.000	9,31	55,86	2,33

Effets utiles des machines de Woolf.

46.255.225	7,06	42,36	1,76
47.980.882	6,53	39,18	1,63

Il est juste de remarquer que, dans les machines de Woolf, l'effet utile diminue avec le temps, par les déperditions de force qui proviennent de l'usé des pistons, des soupapes et des cylindres. Mais une telle diminution de force ne nous semble pas aussi considérable qu'on aurait pu le croire, et laisse toujours à ces machines un avantage remarquable. On peut en juger par le tableau suivant, des produits de la moins avantageuse des deux grandes machines établies d'après le système de Woolf.

Mois.	Produits.
Mai 1815	49.980.882 liv. élev. à un pied.
Mars 1816	48.432.702
Avril 1816	44.000.000
Mai 1816	49.500.000
Juin 1816	43.000.000

On voit : 1°. que le mois de mai des deux années donne un produit presque identique ; 2°. que, même en prenant le produit du mois de juin 1816, comme la valeur ordinaire du travail à cette époque, il en résulte qu'après treize mois de travail, le produit d'une machine construite suivant le système de Woolf, présente encore un avantage d'au moins 30 pour cent sur le système de Watt perfectionné, et en supposant que l'on employât les machines de Watt avec une pression sensiblement supérieure à celle d'une simple atmosphère.

Les chaudières dont Woolf fait usage sont nécessairement différentes de celles qui servent à des machines où la vapeur ne doit être produite qu'à une pression peu différente de la simple pression de l'atmosphère. L'eau qu'il veut vaporiser est placée dans de petits cylindres ou tubes de fer coulé, que l'on appelle des tubes bouilleurs. Ces tubes, placés dans une position horizontale, sont immédiatement exposés à l'action de la flamme. Ils offrent une communication par laquelle la vapeur peut s'élever et se rendre au petit cylindre. On emploie un nombre de tubes bouilleurs d'autant plus grand que la force de la machine est plus considérable. Il est facile de voir pourquoi Woolf emploie plusieurs tubes bouilleurs d'un diamètre peu considérable, au lieu d'un seul grand cylindre. C'est parce que la force des cylindres métalliques, pour résister à la pression d'un fluide élastique qu'ils contiennent, est en raison inverse du diamètre de ces cylindres.

Il est essentiel de faire ces tubes avec de la fonte de fer parfaitement douce et qui soit d'une égale résistance dans toutes ses parties, afin qu'on n'ait pas à redouter de rupture.

Il ne faut pas croire non plus qu'on puisse donner une épaisseur indéfinie aux tubes bouilleurs. L'expérience a fait voir, en effet, lorsqu'on dépasse une certaine épaisseur, que l'expansion de la surface intérieure qui, par l'effet de la chaleur, ne devrait être que simplement égale à l'expansion de la surface extérieure, ne peut pas l'être par l'effet de la forme cylindrique, et que la surface extérieure doit finir par se crevasser, quand l'épaisseur du cylindre dépasse certaines limites.

Dans la pl. XII, les fig. 2, 3 représentent la coupe longitudinale et la coupe transversale d'une chaudière en fonte, avec deux tubes bouilleurs B, B, et son fourneau. CC, chaudière composée de deux pièces se réunissant au moyen des brides intérieures A ; T, trou de l'homme ; *v*, tubulure du tuyau d'alimentation; *t*, tubulure du tuyau à vapeur; S, soupape de sûreté; B, tube bouilleur communiquant, par les tubulures *a*, *a*, avec la chaudière ; F, foyer.

M. Edwards, associé de Woolf, a introduit en France et fabriqué des machines à vapeur qui réunissent le double effet de celles de Watt, à la haute pression de celles de Trevithick. Ses chaudières ressemblent à celle dont nous venons de parler. Il emploie le condenseur, et les injections ont lieu comme dans les machines de Watt, à double effet.

Il a construit pour M. Richard, une machine de ce genre forte de six chevaux, ou trente-six dynames; elle sert à faire mouvoir des cardes à laine grasse. Elle remplace un manége à quatre chevaux pour le service duquel il fallait tenir douze chevaux disponibles.

Dans cette machine, le fourneau est placé en dehors : il consume sa propre fumée. Deux pistons à garniture métallique, deux robinets et deux soupapes suffisent pour diriger la circulation de la vapeur qui fait aller la machine. Un balancier en fonte est porté par quatre colonnes disposées en pyramide quadrangulaire. A l'une de ses extrémités, il reçoit le mouvement de la tige des pistons par l'intermédiaire d'un double parallélogramme ; il communique ce mouvement à la pompe à air renfermée dans le condenseur. Cette pompe, en élevant l'eau froide d'un puits, dispense de l'emploi d'une bâche ou réservoir. Le balancier communique aussi son mouvement à la manivelle de l'arbre du volant, par l'intermédiaire d'une bielle. Cet arbre communique son mouvement de rotation au modérateur, qui gouverne le robinet d'admission de la vapeur ; aux deux soupapes d'écoulement de la vapeur, lesquelles sont fermées par un double ressort, et s'ouvrent alternativement au moyen d'un va et vient, résultant d'un mouvement de rotation fort ingénieux pour mettre la vapeur en communication avec le condenseur. C'est à l'arbre du volant qu'on adapte l'arbre qui imprime le mouvement aux cardes à laine.

Après que la petite pompe alimentaire a fait passer dans la chaudière la quantité nécessaire d'eau chaude sortant du condenseur, quantité qu'on peut régler à volonté, le surplus s'écoule dans la rue.

Les deux cylindres de vapeur (inégaux en diamètre) sont renfermés dans une même enveloppe de fonte, et continuellement environnés d'une vapeur qui les entretient au même degré de chaleur que l'intérieur de la chaudière.

La garniture métallique des pistons est composée de plusieurs segments de cercle de cuivre, pressés de dedans en dehors, par des ressorts à boudin, contre les parois intérieures des cylindres à vapeur. Cette garniture, par son frottement, polit l'intérieur des cylindres plutôt que de les user, à cause de son peu de pression latérale. Au contraire, les garnitures ordinairement en usage les détériorent à la longue, et nécessitent un renouvellement fréquent et dispendieux. M. Edwards assure que les pistons à garniture métallique peuvent travailler pendant plusieurs années, sans qu'on ait besoin d'y faire aucune réparation. Il en résulte une grande économie dans l'entretien de la machine.

Il règne une parfaite harmonie dans le jeu des robinets, ainsi que dans celui des soupapes d'écoulement pour la condensation, lesquelles sont placées dans une boîte à vapeur d'une seule pièce de fonte, adaptées latéralement près du sommet de l'enveloppe des deux cylindres à vapeur.

MM. Aitkin et Steel ont ingénieusement modifié le système de Woolf, en employant trois cylindres au lieu de deux, avec un fourneau fumivore à foyer tournant que nous avons représenté pl. XIII, fig. 2, 3.

La fig. 2 représente le plan de la grille G tournant sur un axe horizontal. Un cône métallique C, lequel est garni de dents obliques ou spirales, sert à faire tomber régulièrement le poussier de charbon, comme une noix de moulin pour la farine, dans une trémie LT, fig. 3. Il suffit, par conséquent, de charger de temps à autre la trémie en L, au-dessus du cône. Le mouvement même de la machine à vapeur fait tourner ce cône, descendre le charbon, et tourner la grille G, qui reçoit uniformément du combustible sur tout son pourtour.

Passons maintenant aux machines à haute pression d'Olivier Évans et de Trévithick.

Olivier Évans ainsi que Woolf s'étaient exagéré la puissance méchanique de la vapeur pour les températures élevées. Ils en concluaient des avantages beaucoup trop grands par l'emploi de la vapeur, dans les machines dites à haute pression. Mais, en réduisant de beaucoup les évaluations d'Évans, le système que cet homme ingénieux a produit n'en reste pas moins très-important, sous le point de vue de l'économie du combustible : surtout dans les machines loco-motives où il importe que la machine ait très-peu de poids comparativement à sa force. Évans a fait paraître un manuel du méchanicien constructeur de machines à vapeur, dans lequel il expose ses principes et ses moyens de construction.

Évans propose d'employer, pour chaudières, deux cylindres semblables à ceux qu'on a représentés c, C, fig. 5, pl. XIII. L'un des cylindres se trouve placé dans l'autre, un peu au-dessous du centre du premier, quand ils sont couchés horizontalement. On laisse ainsi la place nécessaire pour la formation de la vapeur au-dessus de l'eau qui doit couvrir entièrement le cylindre inférieur. La longueur des deux cylindres est la même, et tous deux doivent être fixés aux mêmes fonds. On fait le feu dans le cylindre inférieur qui se trouve totalement entouré d'eau. Enfin, le système est enclavé dans une maçonnerie, et le tuyau qui communique à la cheminée, conduit la chaleur dans le cylindre extérieur qu'il frappe immédiatement sous toute sa longueur. Évans emploie pour ses chaudières la meilleure tôle de fer; il ne fait les fonds en fonte douce qu'en s'assurant que ces fonds ne puissent avoir aucun contact immédiat avec le feu.

La machine à vapeur peut être construite d'après un système semblable à celui de Watt; pourvu que le régulateur soit arrangé de telle manière, qu'au moment où le piston s'élève au terme de sa course, une soupape s'ouvre afin de laisser pénétrer dans le cylindre une petite portion de vapeur qui l'oblige à descendre. Cette soupape doit se fermer dès qu'elle a laissé passer une quantité de vapeur telle que, dilatée jusqu'à la pression d'une atmosphère, elle ait obligé le piston à descendre au point le plus bas de sa course. A l'extrémité inférieure du cylindre, une autre soupape permet d'introduire une petite quantité de vapeur élevée à une haute pression et suffisante pour faire remonter le piston jusqu'au point le plus haut de sa course. Le terme de la détente de la vapeur étant toujours un peu supérieur à la simple pression de l'atmosphère, l'expérience seule peut indiquer ce qu'il faut de vapeur élevée à une haute pression déterminée, pour que cette vapeur, par sa détente, remplisse un espace donné, en se réduisant à une autre pression déterminée.

Évans rapporte qu'une chaudière, dont le fourneau consomme 35 kilogrammes et quelque chose de charbon par heure, et qui porte un robinet dont l'ouverture est suffisante pour laisser échapper la vapeur dans le vide, à la pression d'une simple atmosphère, imprime à cette vapeur une vitesse de 406 mètres par seconde.

Quand Évans veut employer une pression de 8 atmosphères, il trouve qu'il suffirait, à la rigueur, de laisser entrer de la nouvelle vapeur dans le cylindre ou par le piston, jusqu'au moment où ce piston a parcouru la huitième partie de toute sa course; la grande condensation suffit pour qu'elle se dilate d'elle-même, en poussant le piston et faisant jouer la machine jusqu'au bout de la course de ce piston. Néanmoins Évans établit ses calculs sur l'hypothèse qu'on laissera entrer de nouvelle vapeur dans le piston jusqu'au moment où le piston aura déjà parcouru le quart de chaque course nouvelle.

Pour alimenter la chaudière, Évans emploie une petite pompe foulante qui répare les pertes de l'évaporation. Si cette eau n'était pas déjà fort-chaude, elle ferait éprouver une diminution considérable à la température intérieure de la chaudière. C'est pourquoi l'on construit une petite chaudière à côté de la grande; on la chauffe, soit en y faisant passer la vapeur qui sort du cylindre de la machine, soit en y faisant passer le tuyau de chaleur qui conduit à la cheminée, après qu'il a quitté la grande chaudière.

Avec cette disposition, la petite pompe alimentaire tire l'eau froide d'un puits, d'un réservoir ou d'un cours d'eau, pour la refouler dans la petite chaudière, qui reste toujours pleine, quoiqu'elle fournisse constamment à la grande chaudière par un tuyau de communication.

Lorsque Évans a fait usage du condenseur de la vapeur, il s'est occupé des moyens d'en perfectionner le jeu.

Dans la machine de Watt, une partie de l'eau qui a servi à la condensation et qu'on retire par une pompe aspirante, est refoulée dans la chaudière, afin de l'alimenter. Comme l'injection nécessaire pour condenser la vapeur introduit constamment de nouvelle eau dans le condenseur, et que cette eau est continuellement renvoyée à la chaudière, le dégagement de l'air contenu dans cette eau est continuel, ainsi que le dépôt des matières que l'eau tenait en dissolution, et qu'elle dépose au fond de la chaudière lorsqu'on la vaporise. Ce sédiment forme une croûte non conductrice de la chaleur; ce qui fait brûler le métal de la chaudière et en abrège beaucoup la durée. Ajoutons qu'il en coûte du temps et de l'argent chaque fois qu'on veut nettoyer le fond de la chaudière, opération qu'il ne faut que trop souvent répéter. Voici comment Évans obvie à ces inconvénients. Il plonge dans l'eau froide, qui entoure le condenseur, un vaisseau en métal muni d'un réservoir d'air. L'eau contenue dans le vaisseau est forcée par l'élasticité de cet air à former un jet continu qui pénètre dans le condenseur. La pompe de dégorgement qui retire l'air et l'eau chaude par le fond du condenseur, renvoie au vaisseau d'injection autant d'eau qu'il en peut contenir; le reste de l'eau qui se trouvait dans le condenseur est forcée par la même pompe de dégorgement d'entrer dans la chaudière alimentaire, après avoir laissé échapper l'air par une ouverture à soupape, pratiquée vers le haut d'un réservoir d'air préparé à cet effet sur le passage de l'eau, depuis le condenseur jusqu'à la chaudière alimentaire. On introduit l'eau de condensation par une extrémité du vaisseau d'injection, tandis qu'elle sort par l'autre extrémité, afin qu'elle puisse se refroidir et devenir propre à la condensation. Par là, l'on évite l'introduction de toute eau nouvelle, et l'on continue de faire aller la machine avec la même quantité qu'elle avait au commencement du travail. En distillant continuellement la même eau, elle se débarrasse promptement de l'air qu'elle contient, et le vide devient moins imparfait, lorsqu'on absorbe la vapeur d'eau par l'injection de l'eau froide.

Nous allons donner la légende explicative d'une machine d'Évans, Pl. XII.

Fig. 1. A, cylindre à vapeur; B, cylindre renfermant un serpentin dans lequel la vapeur vient se condenser en passant par le tuyau CC; b, tuyau de décharge; D, pompe à eau froide, communiquant par le tuyau dd, avec la capacité qui renferme le serpentin; E, pompe alimentaire; GG, balancier; P, point fixe du parallélogramme; I, point d'attache de la tige du piston au balancier; OO, verge attachée d'une part au boulon fixe P, et de l'autre au balancier pour empêcher que ce dernier entraîne la tige du piston hors de la direction verticale, en le faisant céder sur son support à articulation L; M, bielle; NN, volant. Fig. 4. Coupe verticale d'une boîte à vapeur et d'une soupape horizontale A, ayant un mouvement de rotation continu; B, arbre communiquant le mouvement à la soupape A, au moyen d'un emboîtement quarré q. Fig. 5. Coupe horizontale suivant la ligne XX et vue de haut en bas. Fig. 6. Face inférieure de la soupape. Fig. 7. Plan du fond FF, fig. 4, de la boîte sur laquelle tourne la soupape A, et dans laquelle sont pratiquées les ouvertures circulaires *aa*, *bb*; la soupape A est traversée d'un vide quarré *d*, de même largeur et à la même distance de l'axe commun de la boîte et de la soupape, que les ouvertures circulaires *a*, *b*. La boîte FF est percée verticalement de trois ouvertures *aa*, *bb*, *cc*; *a*, conduit sous le piston du cylindre à vapeur; *b*, sur ce piston; *c*, autre ouverture plus rapprochée de la boîte, communique avec le condenseur. La vapeur arrive par l'ouverture V, passe par *d*, dès que *d* se trouve à l'aplomb de *a* ou de *b*, et par conséquent conduit la vapeur de la chaudière, tantôt dessus, tantôt dessous le piston du cylindre: le dessous de la boîte présente un creux *e*, fig. 4, 5, dont la largeur est suffisante pour couvrir tantôt les ouvertures *aa* et *cc*, tantôt *bb* et *cc*. Ce qui fait communiquer avec le condenseur, la vapeur qui se trouve du côté du piston, tandis que la vapeur passe de la chaudière à l'autre côté du piston. Fig. 8. Soupape de sûreté (coupe); *c*, clapet dont la partie fermante s'applique sur l'extrémité du tuyau T, fig. 8, communiquant avec la chaudière. L'autre partie qui entre dans le tuyau est percée de trois ouvertures, pour donner passage à la vapeur. Fig. 9. Plan de la soupape; R, R, levier pressant sur le clapet au moyen du poids P. Fig. *g*, élévation du clapet. Fig. *h*, plan horizontal.

En 1802, MM. Trevithick et Vivian prirent en Angleterre un brevet d'invention pour une machine à vapeur à haute pression, sans condensation, appliquée à tirer des voitures sur des routes ordinaires. Ayant trouvé de trop grandes difficultés pour mettre leurs idées en pratique; ils se bornèrent à chercher le moyen d'appliquer la force de la vapeur au tirage des chariots sur les routes-ornières.

En 1804, cette nouvelle conception fut réalisée sur la route en fer de Merthyn Tydvil, dans le pays de Galles.

En 1811, M. Blenkinsop introduisit l'usage d'ornières dentées sur lesquelles roulaient des roues de chariot, pareillement dentées et mises en mouvement par la force de la vapeur. Cette amélioration permit de suivre des pentes plus ou moins fortes, sans craindre que la machine ne glissât sur les ornières comme sur des plans inclinés.

En 1812, MM. Edwards et William Chapman prirent une patente pour faire agir leur machine motrice sur une chaîne étendue dans toute la longueur de la route et bien fixée aux extrémités. Cette chaîne faisant un double tour dans une gorge creusée sur un cylindre horizontal mis en mouvement par la force de la vapeur. C'est un moyen comparable à celui que les marins emploient pour se haler sur une ancre, avec un cabestan.

On doit à M. Brunton un système ingénieux, qui fait agir la force de la vapeur sur des leviers ou jambes artificielles, par lesquelles le chariot à vapeur est poussé sur la route comme une brouette est poussée par l'ouvrier qui la dirige.

Nous avons représenté, pl. XIII, fig. 5 et 6, deux vues

verticales d'un chariot à vapeur, employé sur la route-ornière de Killingsworth, dans la Grande-Bretagne.

On voit le grand cylindre, enveloppe de la chaudière, qui en contient un petit c, dans lequel on fait le feu, comme on l'a dit page 442.

Les cylindres A, B, sont implantés dans la chaudière qu'ils traversent jusqu'en A', B', où ils sont vissés sur la plate-forme du chariot. Les tiges de piston sont, par le haut, fixées à des leviers transversaux LL, L'L'; à ces tiges sont attachées des bièles X, X, qui font tourner les quatre roues du chariot, au moyen d'une cheville fixée à un des rayons de chaque roue et jouant dans une mortaise au bas de la bièle. On voit en T, T', fig. 5, deux guides verticaux pour régler le mouvement des pistons et pour empêcher que les bièles ne les dérangent de leur marche verticale. Un jeu de tiroirs pareils à ceux que nous avons décrits, fait alternativement passer la vapeur dessus et dessous chaque piston. On voit en VV le tuyau qui sert à reconduire la vapeur dans la cheminée où elle peut se dissiper. Pour ouvrir et fermer le tiroir, un petit excentrique e, fixé sur chaque essieu fait mouvoir un levier coudé 1, 2, 3, lequel donne un mouvement de va et vient à la tige 4, et, par conséquent, un mouvement de rotation oscillatoire au petit levier 5, 6, pour ouvrir et fermer la soupape à vapeur.

F, fig. 5, petite pompe foulante pour alimenter la chaudière. U, fig. 6, chariot qui porte l'eau et le combustible nécessaires à la machine; V', chaîne d'attache des chariots traînés par la machine. La fig. 7 représente un des chariots, on y voit un frein avec le grand bras de levier qui sert à le faire agir dans les descentes. Z, fig. 6, chaîne sans fin qui s'engrène sur deux pignons fixés aux essieux, afin que les bièles aient un mouvement relatif constamment le même.

Fig. 1, manomètre dont nous avons parlé leçon XIII.

QUINZIÈME LEÇON.

Bateaux à vapeur; mesure du travail des machines à vapeur.

Une des applications les plus importantes des machines à vapeur est celle qu'on a faite à la navigation. Nous allons présenter à ce sujet la substance de notre rapport à l'Académie des sciences, sur l'excellent mémoire composé par M. Marestier, relativement à ce genre de navigation. Nous y joindrons des détails techniques qui n'auraient pas été convenablement insérés dans ce rapport, et qui doivent trouver leur place dans notre cours.

On sait combien est lente la navigation des rivières et des fleuves dont il faut remonter le courant, et quelle immense force d'hommes et de chevaux est consommée par le dur travail du halage. La navigation sur les grands lacs et sur les mers est rendue plus facile et moins pénible pour l'homme, par l'action des vents et par le méchanisme des voiles, mais ne s'opère pas sans de grandes fatigues; elle éprouve parfois des obstacles insurmontables, durant les tempêtes et surtout durant les calmes; elle est toujours lente et pénible, quand règnent les vents contraires. Ainsi, des causes nombreuses et puissantes diminuent l'avantage que présente la force des vents pour la navigation.

C'est un Français, M. Duquet, qui, le premier, fit quelques essais heureux pour suppléer à la force du vent par d'autres moyens méchaniques; les expériences de M. Duquet eurent lieu, de 1687 à 1693, dans le port du Havre.

En 1698, dans l'année même où le capitaine Savéry, profitant des idées répandues en Angleterre par le marquis de Worcester, faisait connaître la machine à vapeur, ce marin présentait un projet de bateaux mis en mouvement par des roues à aubes : moyen qui devait, un siècle après, être reproduit avec tant de succès dans le nouveau mode de navigation.

Mais le capitaine Savéry n'eut pas même la pensée de proposer pour force motrice, celle qu'il avait mise en action par sa machine à vapeur, laquelle n'était point assez parfaite pour donner un semblable résultat.

En 1736, Jonathan Hull, s'appuyant sur les perfectionnements de cette machine, dus à Newcomen, crut pouvoir l'appliquer à mouvoir les navires par des roues à aubes. Il prit une patente à cet effet. Il s'efforça, mais vainement, d'intéresser l'amirauté d'Angleterre en faveur de ses projets; il fut repoussé.

Parmi les objections sur lesquelles était fondé le refus de l'amirauté, se trouvait celle-ci : « La force des lames de la mer ne brisera-t-elle pas en morceaux toute partie de machine qu'on placera de manière à la faire mouvoir dans l'eau? » A quoi Jonathan Hull répond d'abord : « Il est impossible de supposer que cette machine sera employée à la mer, dans une tempête, et lorsque les lames font ravage. »

Ce que Jonathan Hull, l'inventeur même des bateaux à vapeur, ne supposait pas qu'on pût regarder comme possible, quatre-vingts ans plus tard, l'expérience en a prouvé la possibilité et l'avantage.

Cette particularité montre parfaitement le progrès des idées, depuis la naissance de l'invention jusqu'aux développements que cette même invention a pris de nos jours.

Il paraît que les projets de Jonathan Hull n'ont jamais reçu d'exécution. C'est en 1775 que notre ancien collègue, M. Périer, construisit, pour la première fois, un bateau à vapeur. Ce bateau, mis à flot sur une eau tranquille, aurait marché, quoique avec peu de vitesse, parce que la force de la machine motrice n'équivalait qu'à celle d'un cheval. Avec des moyens aussi faibles le bateau ne put remonter la Seine, et M. Périer abandonna ses tentatives.

En 1781, M. de Jouffroy fut plus heureux;

il fit construire à Lyon un bateau à vapeur d'une grande dimension : ce bateau avait 46 mètres de longueur. La Saône, rivière d'un cours très-lent, et que pour cette raison César appelait *lentissimus Arar*, la Saône était parfaitement propre aux essais de ce genre. Néanmoins des accidents, qui n'auraient pas dû faire abandonner l'entreprise, en arrêtèrent la poursuite; la révolution survint, et M. de Jouffroy quitta la France.

Quinze ou dix-huit ans après ces premiers essais, M. Desblancs obtint du gouvernement français une patente pour construire un bateau à vapeur.

Bientôt après vint à Paris un méchanicien qui devait acquérir une grande célébrité : c'était Fulton, qui commença diverses expériences sur le même sujet, auprès de l'île des Cygnes. Depuis 1785 jusqu'en 1801, MM. Miller de Dalwinston, Clarke et Symington, en Écosse; lord Stanhope et MM. Bunter et Dickinson, en Angleterre, faisaient aussi des essais de bateaux à vapeur : mais aucune tentative n'obtenait un succès décisif.

De 1785 ou 1786 à 1790, on voit en Amérique MM. Fitch et Rumsey appliquer à la navigation la force de la vapeur. Malgré des essais qui devaient donner beaucoup d'espérances, se voyant mal accueillis dans leur patrie, ils vinrent en Europe pour tenter d'y faire adopter leurs inventions.

Quelques années plus tard, par un contraste bien digne de remarque, Fulton, ne trouvant dans la navigation commerciale de la France, ni d'assez grandes facilités, ni des avantages assez certains ; voyant rejeter les offres qu'il fit, au premier consul, d'employer les bateaux à vapeur pour former la flottille qu'on voulait construire afin d'exécuter une descente en Angleterre, Fulton, sans espoir de succès au milieu de la vieille Europe, tourna les yeux vers sa jeune patrie. Il résolut de transporter en Amérique la nouvelle industrie qu'il venait de créer au sein de la France.

Il fut surtout encouragé dans ce dessein par M. Livingston, alors ambassadeur des États-Unis auprès du gouvernement français. M. Livingston était lui-même auteur de nombreuses tentatives pour faire naviguer des bateaux en pleine mer par l'action de la vapeur ; il transmettait cette action, tantôt par des roues horizontales, tantôt par des roues à ailes de moulin, des surfaces en hélice, des pattes d'oie, des pagaies et des chaînes sans fin.

L'importance de la navigation par la vapeur était si bien sentie, et la possibilité de suppléer à la force du vent avec des moyens méchaniques, tellement reconnue en Amérique que, dès 1798, l'état de New-York avait accordé à M. Livingston un privilége de vingt ans, sous la condition expresse qu'avant le 20 mars 1799, il produirait un bateau qui ferait quatre milles par heure.

M. Livingston, par l'usage qu'il fit d'une machine à vapeur cinq ou six fois plus grande que celle de M. Périer, obtint des succès plus marqués; mais il n'atteignit point le degré de vitesse exigé par le législateur, parce qu'il employait une force encore trop peu considérable : Fulton fit plus que tripler cette force.

Fulton chargea la compagnie anglaise de Watt et Boulton, d'exécuter une machine à vapeur dont la puissance était équivalente à celle de vingt chevaux; il la fit transporter en Amérique, pour l'établir sur le premier bateau qu'il construisit à New-York. En 1807, ce bateau commença ses voyages. Pour parcourir la distance de cent vingt milles, qui sépare New-York d'Albany, il mit trente-deux heures en allant et trente en revenant.

Une expérience aussi décisive porta la conviction dans tous les esprits. Des associations opulentes se formèrent de toutes parts, afin d'entreprendre la construction et l'exploitation des bateaux à vapeur; les revenus de quelques-unes furent immenses, et les avantages retirés de cette belle innovation, par les États-Unis, surpassèrent les espérances les plus hardies.

Le succès des bateaux à vapeur en Amérique fut bientôt connu dans l'Europe. Alors on vit une découverte qui s'était transportée de l'ancien monde dans le nouveau, puis du nouveau dans l'ancien, puis de l'ancien dans le nouveau, revenir une dernière fois pour se naturaliser sur la terre des premiers inventeurs.

C'est en 1812 que fut construit, pour naviguer sur le Clyde, le premier bateau à vapeur qui ait obtenu dans la Grande-Bretagne un succès décidé; et, dès 1816, lorsque j'ai visité l'Angleterre, j'y trouvai cette navigation florissante et très-étendue. J'informai le ministère de la marine et des colonies, de l'état où l'on avait déjà porté cette navigation en Écosse; là, j'eus le bonheur de trouver le célèbre Watt, et d'apprendre le commencement des essais que le fils de celui qui avait tant perfectionné les machines à vapeur, entreprenait pour perfectionner l'application de ces machines à la navigation.

Cependant, en France, dès 1815, des essais étaient tentés; mais la route qu'on suivait était mauvaise, les machines qu'on employait étaient imparfaites, les difficultés locales étaient grandes. Les tentatives échouèrent, et les associations se trouvèrent ruinées.

Ainsi, le gouvernement français avait à la fois sous les yeux l'exemple de grands désastres produits par des innovations mal calculées, le tableau fidèle des résultats plus heureux obtenus dans la Grande-Bretagne, et le tableau bien plus brillant des succès obtenus en Amérique; pays dont l'éloignement prêtait davantage à l'exagération des récits, ainsi qu'à la croyance aux prodiges racontés par les voyageurs.

Dans cet état de choses, le ministère de la marine suivit la seule voie qu'indiquât la prudence. Il résolut d'envoyer aux États-Unis un ingénieur habile et sage, qui prît sur les lieux une connaissance complète et détaillée des travaux déjà faits en ce genre, et des résultats obtenus. Tel fut le motif de la mission si bien remplie par M. Marestier.

En même temps, le ministère de la marine donna l'ordre à M. de Montgéry, capitaine de frégate, de se rendre, avec le bâtiment qu'il commandait alors, dans les ports d'Amérique, et d'examiner les bateaux à vapeur sous le point de vue de leur service nautique et militaire.

Il est à désirer que M. de Montgéry publie ses utiles et ingénieuses observations sur les bateaux à vapeur, à la suite de l'ouvrage plein d'érudition, qu'il a commencé de faire paraître sur les machines à vapeur.

M. Marestier a détruit beaucoup d'illusions; il a ramené dans les justes limites de la vraisemblance et de la réalité, les effets extraordinaires qu'on attribuait à la navigation par la vapeur en Amérique. Il a tout soumis à des observations rigoureuses, à des mesures exactes, et n'a rien recueilli ni rien présenté qui ne soit digne de croyance et de confiance.

M. Marestier conclut néanmoins qu'en réduisant les choses à leur juste valeur, il reste encore d'assez grands avantages au nouveau système de navigation, pour en motiver l'adoption sur les mers et sur les rivières de l'Europe aussi-bien que sur celles d'Amérique, quoique avec un avantage relatif dont l'importance est beaucoup moindre : l'Angleterre en offre déjà la preuve.

C'est au moment des grands besoins que naissent les grands services. Jamais maxime n'a mieux été vérifiée que par l'invention des bateaux à vapeur, et pour le pays qui le premier vit cette invention devenir fructueuse en sa faveur.

C'est peu après que la Louisiane, cédée par la France, eut livré à l'Union-Américaine le cours entier d'un des plus grands fleuves du Nouveau-Monde; c'est lorsque les sauvages repoussés ou domptés, abandonnent ou concèdent, dans l'intérieur des terres, d'immenses contrées pour ainsi dire impénétrables en suivant toute autre route que le cours des rivières qui s'y ramifient à d'immenses distances ; c'est alors que paraît avec succès un genre de navigation qui triomphe de la rapidité des cours d'eau; qui n'a besoin ni de la force du vent, qui s'élève et s'abat sans que l'homme puisse la retenir et la garder, ni d'un chemin de halage, impraticable sur les bords de fleuves vaseux, hérissés de toutes parts de forêts vierges encore.

Dans le court intervalle de quinze années, beaucoup de villes se sont formées sur des rives où l'on comptait à peine les habitations d'une bourgade; des villages ont entouré les habitations isolées, sur une foule de points où les bateaux sont allés porter la vie et l'activité du commerce qui, lui-même, a changé son cours, en faveur des anciens et des nouveaux peuples de l'Union.

Un simple moyen méchanique a rendu possible et commode l'habitation de contrées auparavant désertes. Là, des nations nouvelles se sont déjà formées, et ce moyen de communication, qui n'existe que depuis quinze années, a fait naître des états qui sont admis dans les rangs de la grande confédération du nord de l'Amérique. Voilà les bienfaits de la science et de l'industrie en faveur des sociétés humaines.

Aujourd'hui, lorsqu'on part de l'embouchure du Mississipi, le même bateau à vapeur peut remonter ce fleuve et le Missouri jusqu'à la rivière de la Pierre-Jaune, en parcourant deux mille sept cents milles marins, ou 5.000 kilomètres (1.260 lieues de poste), c'est-à-dire, en parcourant sur un seul cours d'eau naturel des États-Unis, un espace supérieur à la longueur totale des cent cinquante canaux creusés par la main des hommes, sur le territoire de la Grande-Bretagne.

Dans plusieurs états de l'Union le charbon fossile se trouve en abondance. En certains endroits, les bateaux qui transportent les voyageurs et les produits de l'industrie, passent au voisinage des mines qui doivent leur fournir la force motrice; à défaut de ce combustible, les rives des plus beaux fleuves présentent d'immenses forêts, dont les bois sont, pour ainsi dire, sans autre valeur que le prix de leur exploitation.

Sans doute, ainsi que nous l'avons avancé déjà, l'Europe, surtout dans sa partie la plus civilisée, ne saurait présenter au même degré toutes ces facilités et tous ces avantages. La navigation par la vapeur ne produira point dans l'ancien monde, des changements aussi rapides, aussi fortunés que dans le nouveau, parce que déjà les nations européennes possèdent une foule de moyens de transport qui manquent à l'Amérique. Mais, en beaucoup de circonstances et dans beaucoup de localités, le nouveau système de transport aura des avantages marqués, assez nombreux pour mériter que le savant cherche à les perfectionner de plus en plus par la théorie appliquée à l'expérience, et l'ingénieur par la pratique assistée de la théorie.

Les premiers bateaux que Fulton a construits étaient plats comme nos prames. En 1813, on a commencé d'arrondir la forme de leur carène. Depuis ce temps, on a construit tous les bateaux en donnant à la courbure de leur carène une grande continuité dans le sens longitudinal et dans le sens transversal, mais en les faisant très-plats, afin qu'ils tirent peu d'eau.

Peut-être, dit avec raison M. Marestier, quand le tirant d'eau n'est pas limité, serait-il avantageux de se rapprocher encore plus de la forme des galères, que plusieurs siècles d'expérience avaient probablement rendues très-propres à naviguer à la rame.

Longueur des bateaux.

Ordinairement de 35 à 45 mètres, rarement au delà de 50 mètres.
La largeur varie . . . . de 4,5 à 10 mètres.
Le creux varie ordinairement . . . . . de 2 à 3
Le tirant d'eau varie . . . . de 1,2 à 2

Les premiers bateaux étaient fort-étroits; ils n'avaient en largeur que le dixième de leur longueur. Ils ont aujourd'hui pour largeur, du quart au cinquième de cette longueur. L'accroissement de la largeur a permis de diminuer la longueur et la profondeur ou le tirant d'eau de la carène, sans diminuer la capacité du navire;

et surtout sans nuire à la stabilité, qu'on a même augmentée par ce moyen, lorsqu'on n'a pas trop diminué la contenance du navire.

Enfin, pour un même tirant d'eau, dans un bateau large, les sections transversales ayant plus de superficie que dans un navire étroit, la partie du navire qui doit supporter le poids énorme de la machine à vapeur et des roues avec tout leur équipage, est plus volumineuse; par conséquent, elle est supportée par un plus grand poids d'eau.

Ainsi le navire tend moins à se déformer par l'inégale répartition des poids qui agissent de haut en bas, et des pressions du fluide qui réagissent de bas en haut.

Dans quelques bateaux destinés à porter des marchandises, la machine à vapeur est sur le pont. Dans les bateaux destinés au transport des voyageurs, elle est dans la cale. Tantôt l'arbre des roues est au milieu de la longueur du bateau, tantôt il est une fois plus loin de l'arrière que de l'avant; le plus souvent il varie entre ces deux limites.

Rarement, dans les bateaux mus par des machines à simple pression, la tension de la vapeur surpasse de deux tiers la tension due à la simple pression de l'atmosphère, c'est-à-dire que rarement la hauteur du mercure dans un tube qui d'un bout communique avec la vapeur de la chaudière, et de l'autre avec l'air libre, s'élève à plus de 50 centimètres, lorsque la pression moyenne de l'atmosphère donne 76 centimètres de hauteur barométrique.

Une observation fort-importante, et que nous avons indiquée précédemment, c'est que les personnes qui tentèrent, à diverses reprises, d'exécuter des bateaux à vapeur ont échoué, bien moins pour n'avoir pas imaginé le meilleur méchanisme qu'il fût possible de concevoir, que pour s'être contentées d'une force motrice trop peu considérable.

Il eût fallu demander avant tout, quelle est la puissance nécessaire pour imprimer une vîtesse donnée à un navire aussi donné. Il eût fallu tenir compte des pertes de puissance dues à toutes les espèces de résistance, et, d'après cette évaluation, fixer la force de la machine à vapeur destinée à faire mouvoir le bateau.

Fulton est le premier qui ait entrepris ces calculs, et Fulton a réussi. Il est parti des expériences faites, en Angleterre, par la société instituée pour le perfectionnement de l'architecture navale. Ces expériences ne lui fournirent sans doute que des données approximatives; mais cette approximation était suffisante pour lui indiquer entre quelles limites il devait se tenir. Dès lors le succès de son entreprise acquit la certitude mathématique.

Nous insistons sur ces faits, parce qu'ils montrent à quoi tient la réussite des inventions les plus ingénieuses, et parce qu'ils font voir aux artistes qu'il ne leur suffit pas de combiner, avec un rare talent, les éléments de leurs machines. Ils ne peuvent compter sur des résultats certains, s'ils n'éclairent leur marche par l'expérience soumise ensuite au calcul.

On regarde Fulton comme un homme de génie, parce qu'il a le premier réussi dans la navigation par la vapeur; et probablement on refuse ce titre à la plupart de ses devanciers dans la même carrière. Cependant ils avaient presque tout fait pour son propre succès. L'un avait consacré l'emploi des roues à aubes, l'autre l'emploi de la machine à vapeur. On avait montré qu'il était facile de changer l'action alternative de cette machine en un mouvement de rotation tel que celui qui convient aux roues à aubes. On avait même construit des bateaux à vapeur qui, réunissant tous ces moyens, marchaient, quoiqu'avec peu de vîtesse : il ne manquait plus que d'accroître convenablement cette vîtesse en augmentant la force motrice, sans recourir à des combinaisons méchaniques autres que les combinaisons déjà connues. C'est, ainsi que nous venons de le dire, ce qu'a fait Fulton, en s'aidant, pour cela, des données de l'expérience et des moyens du calcul. Après le succès, tout le mérite de ses devanciers s'est anéanti dans l'opinion du vulgaire. Lui seul a recueilli les fruits de la renommée, et les autres sont à peine cités, par souvenir, dans quelques introductions historiques.

Fulton est loin d'avoir poussé ses recherches théoriques autant qu'il aurait fallu le faire pour amener à la perfection le système de navigation par la vapeur. Il n'a point déterminé rigoureusement la position, la grandeur et la forme qui conviennent le mieux à toutes les parties dont se composent la charpente et le méchanisme d'un bateau à vapeur. M. Marestier a tourné ses vues de ce côté; il a commencé par recueillir les données relatives à cette position, à cette grandeur, à cette forme des principales parties, pour les bateaux les plus estimés parmi ceux qu'on emploie aux États-Unis. Ensuite il a déduit des données fournies par l'expérience, sur la vîtesse des mêmes bateaux, des rapports mathématiques, lesquels peuvent servir de règle pratique aux constructeurs qui voudront exécuter d'une manière raisonnable, des navires à vapeur.

Sans doute, les lois mathématiques auxquelles sont assujetties et la marche du navire et l'action de la vapeur, d'après l'élévation de sa température et la perte de force due aux frottements de toute espèce; ces lois, dis-je, ne sont pas encore assez exactement connues, pour qu'on puisse espérer d'atteindre à des résultats parfaitement exacts dans l'évaluation des effets qui dépendent de ces lois. Il n'y a pas seulement incertitude numérique plus ou moins étendue dans les valeurs finales auxquelles on arrive ; l'incertitude s'applique aux rapports mêmes qu'on essaie d'établir entre les quantités qu'on veut soumettre au calcul.

Néanmoins, en consultant avec soin l'expérience, on peut s'assurer, *à posteriori*, si les relations mathématiques auxquelles on s'est élevé par des hypothèses plausibles, s'éloignent ou se rapprochent des véritables résultats donnés par la nature et par les essais de l'art. On obtient alors des règles pratiques auxquelles on ne serait jamais arrivé sans une théorie d'approximation. Tel est l'esprit qui doit guider les ingénieurs dans les parties de leur art où la science ne peut pas encore donner des solutions parfaitement rigoureuses. Telle est la marche que M. Marestier a suivie.

Il a cherché les rapports qui doivent exister, ou du moins qu'on peut sans inconvénient regarder comme établis entre la force des machines à vapeur, la grandeur des roues et de leurs aubes, et les dimensions principales du navire.

En partant de ces données, prises sur dix-huit bateaux dont il avait observé la marche, il a comparé :

1°. La tension habituelle de la vapeur ; 2°. le nombre de tours faits par les roues, dans une minute ; 3°. la vitesse du piston, correspondante à cette vitesse de roues ; 4°. le rapport de la surface d'une aube à celle d'un rectangle ayant la largeur du bateau pour base, et le tirant d'eau pour hauteur ; 5°. l'espace parcouru, dans une seconde, par l'arête intérieure des aubes ; vîtesse qui doit être au moins aussi grande que celle du bateau, si l'on ne veut pas que la partie intérieure des aubes frappe le fluide dans un sens opposé à la marche du bateau ; 6°. la vîtesse du bateau estimée en mètres, durant une seconde, pour le calcul mathématique, et en nœuds, durant une heure, pour l'usage des marins ; 7°. le nombre par lequel il faut multiplier la vîtesse du bateau, divisée par le nombre des doubles oscillations du piston, pour avoir le diamètre des aubes ; 8°. le multiplicateur qui fait connaître le rapport de la vîtesse du navire avec le nombre suivant : *Le diamètre du cylindre de la machine, multiplié par la racine quarrée du produit de l'espace que le piston parcourt, et de la hauteur de la colonne de mercure que supporte la vapeur ; et ce résultat, divisé par la racine quarrée du produit de la largeur du bateau, de son tirant d'eau et du diamètre des roues à aubes.*

Par des calculs donnés dans les notes du premier mémoire, M. Marestier arrive à plusieurs conclusions qu'on ne doit regarder, pour la plupart, que comme des expressions approchées des véritables lois qui nous sont inconnues. Voici l'énoncé des rapports approximatifs auquel l'auteur est parvenu.

1°. Le cube de la vîtesse du bateau est plus petit que la force de la machine divisée par la résistance du bateau. Le cube de la vîtesse moyenne des aubes surpasse cette même quantité, qui est la limite du cube de l'une et de l'autre vîtesse. Pour que cette limite fût atteinte, il faudrait que les aubes fussent infinies.

2°. La vîtesse du bateau est en raison directe de la racine cubique de la force de la machine, et en raison inverse de la racine cubique de la résistance du bateau et de la quantité $1 + \frac{b}{a}$; la résistance du bateau étant représentée par b^2 et celle des aubes par a^2.

3°. Le rapport de la quantité $\sqrt[3]{1 + \frac{b}{a}}$, déterminée pour un bateau, à la quantité analogue $\sqrt[3]{1 + \frac{b'}{a'}}$, déterminée pour un autre bateau, différant peu de l'unité, la *vîtesse d'un bateau est à peu près proportionnelle à la racine cubique de la force de la machine, divisée par la racine cubique de la résistance du bateau.*

4°. La vîtesse d'un bateau est, par suite, à peu près égale à un coefficient constant, multiplié par la racine cubique du *produit*....

De la hauteur de la colonne de mercure que la vapeur peut supporter,

Du quarré du diamètre du piston,

De la course du piston,

Et du nombre de fois qu'il s'élève en une minute;

Ce *produit*, divisé par la racine cubique du produit de la largeur du bateau,

Et par son tirant d'eau.

Ce dernier rapport conduit à la valeur que nous avons déjà donnée pour *multiplicateur* de la simple vitesse.

Ce multiplicateur n'est pas un nombre constant; il varie de 20,29 à 27,65 pour les bateaux que M. Marestier soumet à ses calculs.

La moyenne de tous les multiplicateurs, à l'exception d'un seul que M. Marestier rejette, parce qu'il n'est pas sûr de la vitesse du bateau correspondant, cette moyenne, dis-je, égale 23,41. Cependant M. Marestier préfère le nombre 22 : les exemples mêmes auxquels il applique ce dernier multiplicateur nous semblent démontrer qu'il vaudrait mieux employer le premier.

En appliquant le nombre 22 à la recherche de la vitesse du bateau à vapeur l'*Africain*, construit par la marine française, M. Marestier trouve une vitesse trop faible de 0,04; en prenant 23,41 on trouve une valeur qui ne diffère pas de 2 pour cent de la vitesse donnée par l'expérience.

Si l'on prenait 22 pour valeur moyenne du multiplicateur, ainsi que M. Marestier le fait dans son mémoire, on pourrait, dans plusieurs cas, n'avoir pas la véritable vitesse à un dixième près. Voilà ce qui arrive, par exemple, au bateau la *Virginie*, pour lequel une vitesse de $3^{\text{mèt.}},3$ par seconde exige un multiplicateur égal à 25,24. Alors, 22 pris pour multiplicateur, donnerait une vîtesse trop faible d'environ 15 pour cent.

En prenant 23,41 pour multiplicateur, on trouverait une vîtesse qui ne serait trop faible que d'un peu moins de 8 pour cent.

Quant aux deux bateaux la *Delaware* et les *États-Unis*, qui donnent des multiplicateurs au-dessous de 22, il faudrait connaître si, dans les particularités de leurs formes, il n'y a rien d'extraordinaire qui puisse expliquer la diminution de ces multiplicateurs. Or, on voit dans les notes de M. Marestier, qu'un des deux bateaux avait les formes très-massives et peu favorables à la marche : il est probable qu'il existe une cause analogue pour l'autre bateau.

Il importe de remarquer que le multiplicateur cherché par M. Marestier dépend de la bonté de la machine à vapeur, de l'engrenage plus ou moins bien exécuté pour la transmission des mouvements, de la structure du navire, des formes mêmes et des proportions de la carène, etc. A mesure qu'on perfectionnera ces diverses parties, le multiplicateur de la vîtesse augmentera de grandeur, toutes choses égales d'ailleurs; mais cet accroissement même, constaté soigneusement par d'habiles ingénieurs, fera connaître le progrès de l'art.

Par une application fort-simple de la méthode *de maximis et minimis*, M. Marestier arrive à cette conclusion : *la vîtesse d'un bateau qui remonte un cours d'eau quelconque, doit être une fois et demie la vîtesse du courant, pour que la consommation de force payée* (*c'est-à-dire la consommation du combustible*) *soit la moindre possible* ; mais, presque toujours, cette vîtesse est au-dessous de celle qu'il faut atteindre pour satisfaire aux besoins du commerce, et, surtout, aux besoins de la circulation des voyageurs.

Dans le cas où le bateau remonte avec une fois et demie la vîtesse du courant, il faut trois fois plus de force motrice, si cette force agit à bord, soit par une machine à vapeur, soit par un manége, qu'en se halant d'un point fixe sur le fond ou sur le rivage (1).

Lorsque le courant est très-rapide, si la force qu'on fait agir est à bord, il devient avantageux de remonter en se halant du bord même, sur un cordage fixé à quelque point du navire. Mais on doit préférer l'emploi des roues à aubes mues par la force intérieure du bâtiment: 1°. s'il faut remonter, quand le courant a peu de vîtesse; 2°. dans tous les cas, s'il faut descendre. Les caractères de ces modes d'action ont été reconnus par plusieurs méchaniciens ; ils ont fait usage du premier mode pour passer les ponts ou remonter les fleuves rapides, tandis qu'ils ont généralement préféré le second pour des-

---

(1) Ce principe explique l'avantage qu'on trouve à se haler sur des points fixes : moyen qu'on essaie de mettre en usage sur la Seine et sur le Rhône.

cendre les cours d'eau. Les résultats que nous venons d'énumérer ne sont qu'indiqués dans le corps du mémoire. Toutes les méthodes de calcul sont rejetées dans une note : par ce moyen l'auteur a mis son mémoire à la portée des lecteurs qui ne sont pas versés dans les applications de l'analyse à l'effet des machines.

Il a pareillemment rejeté dans une note les calculs nécessaires à la recherche approximative de l'effet des machines à simple et à haute pression, et des machines à rotation immédiate employées pour faire marcher les bateaux. Il reconnaît une grande économie de combustible dans l'emploi des machines à haute pression, et ne partage nullement les craintes qui les ont fait abandonner, en Europe, pour la navigation.

Après avoir exposé l'ensemble des résultats mathématiques auxquels est parvenu M. Marestier, nous allons le suivre dans ses descriptions des bateaux à vapeur exécutés en Amérique.

Il accompagne de détails de construction, de structure et d'installation, les plans parfaitement dessinés des bateaux, le *Chancelier-Livingston*, navire de 400 tonneaux, mû par une machine équivalente à la force de soixante chevaux; le *Fulton*, bateau remarquable en ce qu'il est le premier dont la carène n'ait pas un fond plat et horizontal; le *Washington*, le *Savannah* qui porte trois mâts verticaux et qui a fait les voyages de New-York à Liverpool et à Pétersbourg, en employant tour à tour la force de ses voiles et celle de sa machine; enfin, le *Paragon*, destiné par l'auteur à présenter le modèle d'un bateau à vapeur qui porte des voiles sur deux mâts verticaux.

On voit en Amérique ainsi qu'en Angleterre, des bateaux à double carène, employés au passage des rivières. La vaste plate-forme, établie sur les deux carènes et sur l'espace qui les sépare, espace où jouent les roues à aubes, rend ces bateaux très-commodes pour le passage des chevaux, des voitures, des bestiaux, etc.; mais ces bateaux vont moins vite que s'ils n'avaient qu'une carène continue dont la capacité fût égale à celle des deux carènes isolées. Quand ils sont près d'aborder le rivage, on change la direction du jeu des roues, et l'on amortit promptement la vitesse acquise, en vertu de laquelle le bateau se briserait contre les quais.

Aux États-Unis, on remplace quelquefois par un manége de chevaux la machine à vapeur des bateaux à double carène. L'auteur décrit les communications de mouvement que ce système nécessite : 1°. quand le plan du manége est horizontal ; 2°. quand il est incliné. Dans ce dernier cas, l'on tire sans doute un plus grand parti de la force des chevaux, mais on les fatigue beaucoup plus. M. Marestier observe avec justice que la première idée de faire avancer les bateaux par un manége a pris naissance dans notre patrie : on peut s'en assurer en consultant le recueil des machines approuvées par l'Académie, pour l'année 1732.

La quatrième partie du premier mémoire, l'une des plus importantes, est consacrée à la description des machines à vapeur employées sur les bateaux d'Amérique.

Depuis plusieurs années, les Américains ne font plus qu'en cuivre les chaudières qui doivent servir aux machines à vapeur ordinaires, entretenues avec de l'eau de mer. Le dépôt de cette eau adhère peu au cuivre qui se gerce moins aisément que le fer, et qui est plus ductile. Lorsque les bateaux font de longs voyages, il faut chaque jour renouveler plusieurs fois par portion l'eau de la chaudière, afin d'empêcher qu'un sédiment trop copieux ne se précipite. On se contente, à la fin de chaque voyage, de nettoyer les bateaux dont le trajet ne dure pas plus de vingt-quatre heures. Ce nombre d'heures suffit pour qu'il se forme un précipité dont l'épaisseur va jusqu'à un millimètre et demi. Comme ce sédiment est très-dur, on pourrait, dit l'auteur, par la vaporisation de l'eau marine, à une certaine température, se procurer des empreintes assez solides, faites sur des moules donnés.

Les notes du mémoire dont nous venons de

présenter l'analyse contiennent des explications et des démonstrations que l'auteur n'a pas cru devoir donner dans le texte.

Une première note est consacrée aux bateaux à vapeur les plus remarquables que l'auteur a vus dans les différents ports, ou sur lesquels il a navigué. Il rapporte avec soin les vitesses qu'il a calculées lui-même, soit d'après la durée totale ou partielle de leurs voyages, soit d'après le temps qu'ils ont mis à parcourir un espace égal à leur longueur.

Au sujet des bateaux de l'état de New-York, M. Marestier présente le tableau de la grande navigation intérieure que les Américains travaillent maintenant à compléter.

New-York est au fond d'une vaste baie, à l'extrémité d'une île située au milieu du fleuve Hudson. En partant d'Albany ou de New-York, quarante-six écluses élèveront les bateaux à 128 mètres au-dessus de l'Hudson; en parcourant 182 kilomètres, ils arriveront à Rome, descendront de là dans le bassin du Ténessée, remonteront au moyen de vingt-cinq écluses, puis entreront dans le lac Érié, à 262 kilomètres du Ténessée. Alors ils se trouveront élevés de 112 mètres au-dessus de l'Hudson.

Des embranchements du canal, formés par des rivières rendues navigables, conduiront au lac Ontario, séparé maintenant du lac Érié par la grande chute du Niagara, impraticable à la navigation.

Le seul bassin du Mississipi comprend une superficie égale à six fois celle de la France. Ce fleuve, qui charie beaucoup de limon, a ses bords trop vaseux; il a des hausses et des baisses trop grandes pour qu'on puisse pratiquer sur ses bords des chemins de halage.

C'est d'ordinaire à force de rames et quelquefois en se halant sur des points fixes, au moyen d'un cordage tiré du bord, que les bateaux remontent le fleuve; ils ne peuvent guère avancer que de 14 à 15 milles par jour, malgré le grand nombre de mariniers et leur attention à naviguer dans les parties du fleuve où le courant a le moins de rapidité.

L'on croyait que la vitesse du Mississipi était de trois nœuds et demi, tandis qu'elle n'est en réalité (terme moyen) que de deux nœuds et demi. C'est pourquoi l'on a demandé des bateaux à vapeur qui pussent marcher fort-vite afin de remonter le fleuve. Cette erreur fut donc favorable aux progrès de l'art, et fit faire des efforts de plus en plus grands, pour obtenir de meilleurs bateaux marcheurs. Dès 1811, Fulton mérita d'obtenir le privilége exclusif qu'il obtint, en effet, de l'état de la Louisiane, pour naviguer sur ce fleuve avec des bateaux à vapeur.

Les bateaux employés en Amérique présentent beaucoup de variétés : la plupart ont deux roues sur les côtés, quelques-uns n'ont qu'une roue placée à l'arrière, comme pour les bateaux qui naviguent actuellement sur la Seine.

M. Marestier présente une liste des principaux bateaux à vapeur qui naviguent sur le Mississipi et sur les rivières qui se jettent dans ce fleuve ; il accompagne de notes explicatives le nom de chaque bateau sur lequel il a pu se procurer des renseignements particuliers.

L'estimation de la vitesse des bateaux à vapeur, intéressante pour juger des effets de la machine, dépend de la durée des voyages et de la longueur des distances. M. Marestier discute ces distances, et cherche à déterminer les plus vraisemblables partout où il y a des différences dans les valeurs indiquées par les marins ou les géographes. Il donne ensuite l'idée des calculs de Fulton pour déterminer les effets de la force de la vapeur appliquée à la navigation.

Trois notes fort-remarquables, et dont nous avons déjà parlé, présentent les recherches nécessaires au calcul du travail des diverses espèces de machines à vapeur employées à bord des bateaux.

La neuvième et dernière note offre la description des divers moyens imaginés ou seulement exécutés par les Américains, pour remplacer l'action des rames par d'autres agents méchaniques.

J'ai représenté dans la pl. XIV la projection verticale fig. 1, et la projection horizontale, fig. 2, du méchanisme d'un bateau à vapeur; on y voit la roue à aubes placée contre le flanc du navire, et la machine à vapeur ainsi que la chaudière placées contre une des murailles du navire; un système semblable est symétriquement établi de l'autre bord.

Il me reste maintenant à présenter des *observations sur la mesure du travail dans l'emploi des forces motrices*, mesure applicable surtout aux machines à vapeur. J'extrais ces observations d'un projet de rapport que j'ai rédigé pour l'Académie des sciences.

Pour mettre en mouvement une machine et produire un effet méchanique, on peut employer des moteurs animés ou des moteurs inanimés, des hommes, des chevaux, des bœufs, etc., ou la force de l'eau, du vent, de la vapeur aqueuse, etc.

Ces forces peuvent différer de vitesse et d'intensité; agir d'une manière intermittente ou continue; elles n'en seront pas moins comparables dans leurs effets, et l'on pourra prendre l'une quelconque de ces forces pour terme de comparaison relativement à toutes les autres.

Les méchaniciens ont pris pour terme de

comparaison, pour unité de mesure, le poids qu'un cheval pourrait élever en un jour de travail ou dans une fraction de jour de travail, si la force horizontale de traction était transformée, sans perte, en force verticale : voici comment s'est introduit cet usage.

La plupart des machines à manége étaient mues par des chevaux, lorsqu'on a remplacé la force de ces animaux par celle de la vapeur. Chaque manufacturier voulant faire servir autant que possible toutes ses machines, et ne changer que le manége, a dû demander une machine à vapeur qui fît le travail de 2, 3, 4.... chevaux. De là l'usage suivi par les constructeurs de machines à vapeur, de les désigner par la force du nombre de chevaux dont elles représentent le travail dans un temps donné.

La force, comme la vîtesse des chevaux, varie prodigieusement, suivant la taille, le poids, la conformation, et l'espèce à laquelle chacun de ces animaux appartient. La différence peut aller au moins d'un à trois, soit pour la masse des poids portés ou traînés, soit pour la vîtesse de la marche ou de la course, entre des chevaux de même âge mais de race différente. Ajoutons que les soins plus ou moins multipliés et bien ou mal entendus, le choix et la quantité de la nourriture, sont d'autres causes de la diversité qu'on observe dans la quantité d'action qu'un cheval peut produire et dans la vîtesse moyenne qu'il peut prendre lorsqu'il travaille durant un temps donné.

La première conséquence à tirer de ces grandes différences, c'est qu'entre toutes les quantités de mouvement, comme entre toutes les vîtesses, la moins propre à servir d'unité de mesure est celle qu'un cheval peut fournir.

En effet, dans les transactions entre les constructeurs de machines et les particuliers, lorsque la bonne foi n'a pas présidé aux conventions, les fabricants de machines ont représenté celles qu'ils voulaient vendre comme ayant une force au moins égale à celle des meilleurs constructeurs, et désignées par le même nombre de chevaux; mais, lorsqu'ils ont livré ces machines, ils se sont contentés de prouver qu'elles pouvaient exécuter un travail journalier équivalent à celui des plus médiocres chevaux de manége. Un pareil moyen de déception, plus d'une fois employé, a donné naissance à des procès, et, dans beaucoup de circonstances, les tribunaux n'ont pas osé décider que le fabricant eût manqué à ses engagements, quoique tout annonçât qu'il ne tenait point envers le manufacturier la promesse qu'il avait faite et telle que l'acheteur l'avait entendue. L'existence même de ces graves inconvénients a souvent réclamé l'arbitrage de plusieurs membres de l'Académie.

C'est à la suite d'expériences entreprises par M. de Prony, pour mesurer avec exactitude la force des machines à vapeur, qu'il a fait la proposition formelle d'une unité de mesure que l'Académie soumettrait au gouvernement. Une commission antérieurement nommée par l'Académie, pour aviser aux mesures de sûreté que pouvait réclamer l'usage des machines à vapeur à haute pression, et qui comptait pour membres MM. de la Place, de Prony, Girard, Ampère et Charles Dupin, rapporteur, avait pareillement fait sentir la nécessité d'établir une mesure de ce genre. Ce rapport est cité page 427, de ce volume.

En ce moment même, M. le préfet de la Seine adresse au gouvernement un mémoire dans lequel il insiste sur la nécessité de fixer une unité de mesure officielle, pour la force des machines à vapeur.

Les détails dans lesquels nous venons d'entrer semblent démontrer qu'une pareille unité de mesure est, en effet, l'une de celles qu'il importe le plus à la sécurité de l'industrie et du commerce de voir fixer par l'autorité.

Quelques personnes ont fait cependant, contre l'établissement d'une pareille unité de mesure des objections qu'il est de notre devoir d'examiner. D'abord on a prétendu que cette unité n'était point nécessaire et qu'il suffisait, pour chaque cas, d'indiquer en mesures métriques le poids que la force motrice de chaque machine pourrait élever, dans un temps donné. Sans doute, une telle expression peut suffire au géomètre; mais elle n'a point les caractères qui doivent la rendre usuelle dans les arts. C'est une idée très-compliquée pour les artistes, que celle d'un nombre de mètres cubes exprimé par beaucoup de chiffres, et que le produit de ce nombre par un temps donné, pour se représenter nettement la force d'une machine et les rapports de diverses évaluations de ce genre. Relativement à des mesures qui n'exigeaient aucune combinaison, l'on n'a pas hésité un seul instant à créer une dénomination spéciale; par exemple, pour le mètre cube qu'on a nommé stère, pour le décimètre cube qu'on a nommé litre. Remarquons aussi, qu'avec l'objection telle qu'on l'a faite contre une unité de mesure des forces motrices, on aurait dû s'abstenir de donner un nom à l'unité de mesure des poids, en se contentant de substituer partout le poids d'un centimètre cube d'eau au gramme et le poids d'un décimètre cube au kilogramme, pourvu qu'on y joigne la notion de pesanteur spécifique. Il est facile de voir cependant, que, si le même nombre peut exprimer une certaine quantité de kilogrammes et de décimètres cubes d'eau, l'indiquer en kilogrammes présente une idée de poids immédiate et beaucoup plus claire pour les usages de la vie et pour les arts, que la notion compliquée du poids d'un certain fluide renfermé dans un certain volume, à une certaine température. Cette raison s'applique, avec plus de force, à un poids qui doit être élevé à une certaine hauteur durant un certain temps. Voilà trois éléments différents, le volume, l'espace parcouru, et le temps écoulé. Si donc il a paru convenable de créer une dénomination spéciale pour un simple poids, à plus forte raison doit-on juger convenable de donner une dénomination spéciale à l'unité de travail, laquelle se compose d'un certain poids élevé à une certaine hauteur, dans un temps déterminé. Un nombre quelconque d'unités de ce genre sera représenté par les mêmes chiffres, tant que la somme du travail sera la même, quoique la vitesse puisse varier en raison inverse du poids.

Nous allons maintenant examiner si, dans la définition de l'unité du travail, nous devons rapporter cette unité à la durée du jour ou seulement à la durée de quelque fraction du jour : à la seconde par exemple : déjà nous avons vu par quelles considérations compliquées certains praticiens y parviennent.

Sans doute, en rapportant le travail des machines à la *seconde* prise pour unité de temps,

QUINZIÈME LEÇON. 483

on se procurerait une facilité plus grande pour comparer les calculs où l'on fait entrer en considération la vitesse des moteurs, surtout si l'on observe que la vitesse due à la gravité se mesure habituellement par l'espace que parcourt un corps grave, durant une seconde. Mais il faut remarquer que cet espace et la vitesse qu'il indique, ne sont point exprimés par un nombre rond en mesures métriques; de plus, cette vitesse varie, pour les lieux diversement éloignés du centre de la terre; par conséquent, une grande partie de l'avantage qu'on voudrait obtenir ne serait pas atteinte. De plus l'emploi de la vitesse due à la gravité ne peut être fait que par des personnes ayant des connaissances de calcul bien suffisantes pour opérer les réductions nécessaires d'une vitesse donnée par la durée d'un jour, à la vitesse qui correspond à la durée d'une seconde. Une autre difficulté se serait d'ailleurs présentée. L'ancienne division du temps qui compte vingt-quatre heures dans la journée, soixante minutes dans une heure, soixante secondes dans une minute, et ainsi de suite, est celle que l'on suit habituellement dans les usages de la vie et de la société. La division du jour en dix heures, de l'heure en cent minutes, de la minute en cent secondes, telle que l'avaient proposée les auteurs du nouveau système de poids et mesures, cette division qui présente de grands avantages dans les calculs astronomiques, aurait dû laisser indécis sur le choix de la seconde à prendre pour unité de temps, dans la détermination de l'unité des forces métriques.

On obvie à ces inconvénients lorsqu'on choisit pour unité de temps la durée du jour astronomique, durée qu'on peut ensuite subdiviser suivant le système d'heures, de minutes, de secondes, que l'on croira devoir préférer pour les usages de la vie ou pour les calculs scientifiques.

En choisissant pour unité des forces motrices, celle qui peut être produite dans l'intervalle d'un jour à un autre par des moteurs animés ou inanimés, nous ne faisons que suivre l'exemple qui nous est donné par les méchaniciens les plus célèbres.

Ainsi Watt, pour mesurer la puissance de ses machines à vapeur, a le premier choisi pour unité la force qui serait produite en vingt-quatre heures, par un cheval tirant sans s'arrêter et relayé dès l'instant où sa force journalière serait épuisée.

Le savant Coulomb, auquel on doit des recherches si lumineuses sur la force motrice que peuvent fournir l'homme et les animaux, s'est appliqué surtout à calculer l'action journalière des moteurs animés, en la ramenant à l'élévation d'un certain poids à une hauteur donnée.

Dans un sens contraire à ces premières considérations, une objection s'est naturellement présentée : les travaux de l'homme et des animaux ne peuvent avoir lieu qu'un certain nombre d'heures par jour ; lorsqu'on évalue un travail pour vingt-quatre heures, on ne peut donc plus rapporter la vitesse qui en résulte au travail intermittent des êtres vivants, ni des machines dont l'emploi n'est pas continu. A cet égard, voici quelle sera notre réponse.

Toutes les fois qu'on emploie des machines d'un grand prix à des travaux qui nécessitent l'emploi de capitaux considérables, les manufacturiers trouvent un extrême avantage à faire travailler constamment leurs machines. Pour les machines à vapeur, ils trouvent encore un bénéfice particulier dans cette continuité ; c'est qu'ils n'ont pas besoin de perdre chaque jour une nouvelle quantité de chaleur, avant que leurs machines commencent à travailler, ni de perdre le temps plus ou moins considérable qui s'écoule entre le moment où les ouvriers arrivent, et celui où la machine peut opérer. Le progrès naturel de l'industrie d'un peuple étant d'employer des machines de plus en plus parfaites, de mettre à profit des capitaux toujours croissants et de leur donner toute l'activité désirable, il en résulte que les ateliers doivent tendre à travailler durant un nombre d'heures de plus en plus grand chaque jour, et doivent finir par un travail continu. On pourrait citer beaucoup de professions où déjà le travail a lieu sans intermittence, sur le territoire français ; proportion gardée, ce nombre est beaucoup plus considérable sur le territoire britannique. Il s'accroîtra chez nous à mesure que notre industrie fera des progrès.

Ainsi l'unité de mesure, fixée au jour complet, sera celle dont tous les travaux tendront sans cesse à s'approcher.

Observons d'ailleurs, quant aux travaux des hommes et des animaux, qu'il est une partie aliquote ordinairement très-facile à déterminer de la durée totale du jour. Le travail des chevaux, par exemple, lorsqu'on les emploie au roulage ou dans les manéges, est généralement de huit heures, c'est-à-dire, le tiers du jour.

Lorsque trois relais de chevaux robustes offrent, en vingt-quatre heures, le travail continu d'un cheval, toujours dispos et toujours agissant, on trouve que cette force journalière équivaut au moins à 6.000 mètres cubes d'eau élevés à un mètre de hauteur. Si l'on prenait pour unité de mesure 10 mètres cubes élevés à 10 mètres de hauteur, il en résulterait que l'ancienne unité de force du cheval, suivant les méchaniciens français, devrait être représentée par le nombre 60.

Ainsi, lorsqu'on voudrait une machine à vapeur susceptible d'exécuter seulement le travail de seize chevaux, il faudrait parler d'une machine dont la force serait exprimée par 960 unités. Il a semblé préférable de choisir pour unité dynamique un poids équivalent à celui de 1.000 mètres cubes d'eau comparable élevés à un mètre, durant un jour astronomique, ou si l'on veut, d'un mètre cube d'eau comparable élevé à un kilomètre; ce mètre cube étant l'unité de poids adopté dans la marine sous le nom de *tonneau*.

Nous appellerons *Dyname*, l'unité de force motrice représentant 1.000 mètres cubes d'eau distillée, réduite à sa plus grande densité, ou 1.000 tonneaux de marine élevés à un mètre de hauteur, durant un jour astronomique.

Si l'on comptait le temps suivant la division décimale, le dyname ou quantité de forces uniformément dépensées en un jour, donnerait 1.000 mètres cubes élevés à un mètre, pour travail du jour entier; un mètre cube élevé à un mètre, pour travail effectué durant une minute; et 10 kilogrammes élevés à un mètre, pour travail effectué durant une seconde.

Si l'on compte le temps suivant l'ancienne division, l'on trouve pour le travail effectué durant une seconde, la 86.400^e. partie du dyname, ou 11$^{kilog.}$,574, élevés à un mètre durant une seconde.

Dans les calculs approximatifs de l'industrie, on pourrait se contenter de représenter le travail journalier du dyname par celui de $11^{kilog.},6$, élevés à un mètre dans une seconde ordinaire. Ce nombre serait exact environ à deux millièmes près : approximation bien supérieure à celle qu'il est possible d'obtenir dans les machines construites avec le plus de précision.

Quelques rapprochements que nous allons présenter, feront voir avec quelle facilité l'unité de mesure du travail journalier, telle que nous la proposons, donnera l'expression du travail des hommes et des chevaux.

D'après les expériences de Coulomb, le travail journalier d'un homme de force ordinaire peut être évalué à 50 tonneaux élevés à la hauteur d'un mètre : c'est la vingtième partie de l'unité ou du dyname. Par conséquent, lorsqu'une machine motrice quelconque aura la force d'un dyname, elle représentera le travail journalier de vingt hommes employés à monter des fardeaux.

Douze séries d'expériences officiellement présentées au parlement d'Angleterre, sur le travail des prisonniers employés à faire tourner des roues à marches, ont permis à l'un de nous de calculer la quantité moyenne d'action des hommes soumis à ce genre de labeur ; elle est de 200 tonneaux élevés à un mètre : c'est la cinquième partie du dyname. Par conséquent, nous dirons, lorsqu'une machine a la force d'un dyname, elle équivaut au travail de cinq hommes employés à monter sur la circonférence des roues à marches.

Suivant des expériences citées par M. de Prony, des ouvriers libres qui marchent dans des roues à tambour, produisent une quantité d'action journalière fort approchée de 250 tonneaux élevés à un mètre; donc la force d'un dyname équivaut à celle de quatre ouvriers libres, employés dans les roues à tambour.

En appliquant ces rapprochements à deux autres manières d'employer la force humaine, on verra qu'une machine motrice ayant la force d'un dyname exécutera le même travail journalier que 14 hommes tirant à la sonnette pour battre les pieux, et que 8 hommes tournant à la manivelle.

Ces rapprochements présentés aux méchaniciens pratiques, auront un grand avantage : ils les convaincront de l'extrême importance qu'il y a de comparer les diverses manières d'employer la force des hommes, et de l'extrême différence des résultats qu'on obtient, suivant la préférence qu'on accorde à ces diverses manières. Une fois éclairés sur ce point, ils chercheront, dans tous les cas, à se rapprocher des modes les plus avantageux. Par l'emploi de ces modes, avec un même nombre d'hommes, ils pourront produire la plus grande quantité de travail utile. De semblables considérations s'appliqueront de de même à l'usage intelligent de la force des animaux.

Comparons, à présent, le travail exécuté par des chevaux avec l'unité dynamique telle que nous la proposons. Un cheval de force très-ordinaire peut exercer une traction de 60 kilogrammes, en parcourant $1^{mèt.},20$ par seconde, et soutenir ce travail durant huit heures par jour. On trouve alors que la totalité de son action journalière représente un poids de 2.093.600 kilogrammes élevés à un mètre. C'est par conséquent, à $\frac{1}{28}$ près, une force motrice égale à deux dynames. En France, les constructeurs de machines prennent une unité presque triple pour un travail d'une durée triple. Ils supposent qu'un cheval puisse exercer une traction de 140 livres avec une vîtesse de 200 pieds par minute, et ils admettent que ce cheval fictif travaille 24 heures par jour. Alors ils trouvent pour la totalité du travail effectué, 5.984 tonneaux élevés à un mètre; c'est comme on voit, à moins de $\frac{1}{2}$ pour cent près, 6 dynames. Par conséquent, si l'on adoptait l'unité de mesure que plusieurs méchaniciens français ont mise en usage afin d'évaluer la force de leurs machines à vapeur, il faudrait dire : *si l'on divise par* 6 *le nombre de dynames exprimant la force d'une machine*, on aura le nombre de chevaux fictifs équivalent au travail journalier continu de cette machine; et réciproquement, toutes les fois qu'un manufacturier voudra faire construire une machine à vapeur, ayant la force continue d'un certain nombre de chevaux, il faudra multiplier par 6 ce nombre de chevaux, et l'on aura le nombre de dynames exprimant la puissance de la machine.

James Watt a pris une première unité un peu supérieure à celle des méchaniciens français. Cette unité représente pour travail journalier et continu d'un cheval, 6.360 tonneaux élevés à un mètre. Par conséquent, la force journalière et continue du cheval, prise pour unité de mesure des machines de Watt, est représentée par 6 dynames $\frac{1}{3}$, en négligeant une fraction qui n'est pas de 3 pour mille, et qui, par conséquent, est bien au-dessous des inégalités inévitables que présentent les machines construites avec le plus de précision. Nous pensons qu'il serait utile que l'on établît dans l'industrie et dans le commerce, pour force officielle du cheval supposé travailler 24 heures avec toute sa vigueur, la valeur de *six* dynames, comme étant plus facile à retenir et comme appartenant d'ailleurs aux estimations françaises.

Watt a pris ensuite une autre unité égale à

7.300 mètres cubes élevés à un mètre : elle est d'un dyname supérieure à la précédente.

D'après les détails où nous venons d'entrer, on doit voir que les espèces principales de travail seront représentées avec une extrême simplicité par la nouvelle unité métrique que nous proposons. Lorsqu'on voudra mesurer des forces motrices peu considérables, il sera facile d'employer pour unité le mètre cube élevé à un mètre de hauteur. Alors on se servira d'une unité mille fois plus petite que la première et qu'on pourrait appeler *sous-dyname* ou bien millidyname. Cet emploi de deux mesures analogues présentera les mêmes avantages que celui du tonneau pour les grandes mesures de la marine, et du kilogramme, qui en est la millième partie, pour les pesées ordinaires.

Nous terminerons ce volume par la liste générale des villes de l'intérieur pour lesquelles l'autorité centrale ou locale a créé des cours de géométrie et de méchanique appliquées aux arts. Quelques professeurs ne sont pas encore nommés. Beaucoup d'autres villes se préparent à suivre l'exemple honorable de celles que nous citons ici (1).

---

(1) En publiant la seconde édition de notre cours, nous les ferons connaître et nous offrirons le tableau général de la propagation du nouvel enseignement dans les cités de la France.

FIN.

NOMS

Des départements.	Des villes.	Des professeurs.
Ain............	Bourg..........	Pelloux.
	Nantua.........	»
Aisne...........	Saint-Quentin...	Héré.
Alpes (Hautes)...	Gap............	Janson.
Ardennes........	Mézières.......	»
	Sedan..........	»
Bouches-du-Rhône.	Aix............	Dumonteil.
Cantal..........	Aurillac........	Wendeling.
Charente........	Angoulême......	Lescalier fils.
Côtes-d'Or......	Dijon...........	Quirin.
Drôme..........	Valence........	Papy.
Eure...........	Évreux.........	Lévesque.
	Louviers.......	»
Gard...........	Nîmes..........	»
Hérault.........	Montpellier.....	Bros de Puechredon.
	Lunel..........	Cuche.
Haute-Garonne...	Toulouse.......	Vitry.
Ille-et-Vilaine...	Rennes.........	Legrand.
Indre-et-Loire...	Tours..........	»
Jura............	Salins..........	Bourgeois.
Loire...........	Saint-Étienne...	Blavier.
Loiret..........	Orléans........	Lacave.
Manche.........	Saint-Lô.......	»
Moselle.........	Metz...........	Poncelet.
	Idem...........	Bergery.
	Idem...........	Lemoine.
Nièvre..........	Nevers.........	Boucaumont.
	Idem...........	Morin.
Nord...........	Douai..........	Chenoux.
Oise............	Liancourt......	»
Pas-de-Calais....	Arras..........	»
Puy-de-Dôme....	Clermont-Ferrand.	Darlay.
Rhin (Bas)......	Strasbourg.....	Finck.
Rhin (Haut)....	Colmar.........	Lœillet.
	Mulhausen.....	Mainbourg.
Rhône..........	Lyon...........	Prevost.
Seine...........	Paris...........	Ch. Dupin.
	Idem...........	Dubrunfault.
	Idem...........	Didiez.
	Idem...........	Thieberge.
	Idem...........	Boutereau.
Seine-Inférieure..	Elbeuf.........	»
Seine-et-Marne...	Versailles......	Lacroix.
Somme..........	Amiens.........	»
Tarn............	Alby...........	Le profr. du collége.
Tarn-et-Garonne.	Montauban.....	Bergis.
Vaucluse........	Avignon........	Barthe.
Vienne..........	Poitiers........	Miet.
Vienne (Haute)..	Limoges........	Lassimonne.
Yonne..........	Tonnerre.......	Gourré.

TABLE DES MATIÈRES.

Circulaire de S. E. le Ministre de la Marine et des Colonies, adressée à MM. les Commandants, Intendants et Ordonnateurs de la marine, pour que le Cours normal de géométrie et de méchanique appliquées aux arts, soit professé dans tous les ports de la France.   v

Extrait du rapport à Sa Majesté, sur le budget de la Marine en 1826, par S. E. le Ministre de la Marine et des Colonies, relativement au progrès des Cours de géométrie et de méchanique établis dans les ports de France.   vij

Propagation de l'enseignement de la géométrie et de la méchanique appliquées aux arts, dans l'intérieur de la France.   viij

Première leçon. *Énumération des forces industrielles; force de l'homme; direction qu'elle doit au sens de la vue.*   1

Force de l'homme; partie intellectuelle.   2

Du perfectionnement de nos sens.   4

Par quels moyens les beaux-arts, les arts libéraux et les arts méchaniques ont ajouté à la perfection de nos sens.   *Ibid.*

Énumération des instruments qui ajoutent à la force ou à la délicatesse du sens de la vue.   5

Du sens de l'ouïe.   8

TABLE DES MATIÈRES.

Pages.

Du sens du toucher. 10
Des sens de l'odorat et du goût. 11
Du sens de la vue considéré comme instrument de mesure : 13
1°. Pour les rapports d'égalité ; 2°. pour des rapports quelconques. 14
Application à l'art du dessin. 15
Application à l'art général de former des apprentifs dans les diverses branches de l'industrie. 17
De la dimension des objets, conservée dans l'imagination, comme un résultat du perfectionnement du sens de la vue. 18
Application à l'industrie. 21
Comment le sens de la vue mesure les rapports de la grandeur des objets et de la distance qui les sépare de notre œil. 22
Application aux arts graphiques. 23
Illusions d'optique. 24
Comment l'intelligence et la vue se prêtent un secours mutuel. 25
De la perspective. 27
Application à la décoration théâtrale. 28
Art de mesurer les distances malgré les illusions d'optique ; applications à la guerre et à la marine. *Ibid.*
Comment, par le progrès de la civilisation, le sens de la vue se perfectionne chez tout un peuple. 30
Comment cet effet est produit, particulièrement chez les jeunes artistes que nous envoyons en Italie, pour se former dans les arts de la peinture, de la sculpture et de l'architecture. 31
Influence mutuelle du public sur les grands artistes et des grands artistes sur le public. *Ibid.*

	Pages.
Comment le sens de la vue parvient à nous donner la mesure du mouvement.....	35
Et, par suite, la mesure du temps.	Ibid.
Avantage pour l'industrie, d'une mesure précise du temps.	37
Comment le sens de la vue peut nous servir d'instrument de mesure par rapport aux couleurs.	39

DEUXIÈME LEÇON. *Du sens de l'ouïe considéré comme instrument de mesure, et de la direction qu'il sert à donner aux forces de l'homme.* 41

L'ouïe sert à mesurer la durée, la force, l'élévation et l'abaissement des sons.	Ibid.
Éducation du sens de l'ouïe dans les exercices militaires et résultats avantageux qui s'ensuivent.	42
Avantage de donner de la cadence à beaucoup de mouvements, dans les arts civils.	44
Disposition naturelle manifestée dès l'enfance, pour les mouvements périodiques.	Ibid.
Effets des impressions sonores périodiques, sur les organes de l'homme.	47
Sur les organes des animaux.	48
Effets produits par la force plus ou moins grande des sons qui donnent au sens de l'ouïe la faculté de mesurer la distance de notre oreille aux corps d'où le son émane.	49
Des impressions sonores croissantes et décroissantes, et de leurs effets dans la musique, la déclamation, etc.	50
De la variation des tons, qui est spéciale à la musique.	51

Comment le sens de l'ouïe est plus ou moins propre à la musique, suivant les climats et suivant l'exer-

	Pages.
cice plus ou moins fréquent, plus ou moins intelligent.	52
Progrès qui en résultent dans la langue des différents peuples.	54
Exemple tiré de la langue latine.	55
Exemple tiré de la langue française.	56
Du progrès de la déclamation, force d'attention et progrès de l'aveugle dans le perfectionnement de l'organe de l'ouïe, considéré comme instrument de mesure.	Ibid.
Des illusions produites sur le sens de l'ouïe, et des moyens de s'en garantir.	58
Du langage qui convient à l'industrie.	60
Du silence dans les ateliers civils.	61
Du silence dans les exercices militaires.	62
Influence du chant sur les travaux cadencés.	64
Caractères du chant et de la musique, chez les peuples plus ou moins civilisés.	65
Étude que les Français ont à faire en ce genre.	66
Observations générales sur l'heureuse et puissante influence du perfectionnement de nos sens, par rapport aux travaux de l'industrie et aux bienfaits de la civilisation.	71
TROISIÈME LEÇON. *Forces physiques de l'homme.*	73
Des intervalles de repos et de sommeil qui séparent le temps que l'homme consacre aux travaux de l'industrie.	Ibid.
Distinction des travaux égaux et continus et des travaux alternatifs.	74
De la marche.	Ibid.
Unité des mesures itinéraires anciennes et modernes.	75
Des diverses vitesses du piéton.	Ibid.

T. III. — DYNAM. 63

	Pages.
Comment l'éducation forme les hommes à la marche.	76
Des diverses espèces de pas militaires.	Ibid.
Comparaison de la marche des soldats français, anglais et romains.	Ibid.
De la marche du portefaix qui revient à vide après chaque transport.	80
De la marche continue du colporteur, avec un même fardeau.	81
Comparaison de l'effet utile produit par l'homme qui marche en portant différents poids.	Ibid.
De l'homme qui monte un escalier sans fardeau, et ensuite avec un fardeau.	85
Des pentes diverses suivant lesquelles l'homme s'élève avec plus ou moins d'avantage en marchant.	88
Effet utile du portefaix qui monte des escaliers.	91
Un homme qui, marchant librement, s'élèverait à toute la hauteur où il peut atteindre en un jour, pourrait servir de contre-poids pour élever un fardeau quatre fois aussi grand que le fardeau élevé dans la journée par un ouvrier qui monte chargé, en suivant la pente la plus avantageuse.	92
Du travail des hommes qu'on fait agir sur des roues à marches.	94
Du travail de l'homme qui pousse la brouette.	96
—— qui tire la charrette.	97
—— qui tire la sonnette.	98
—— qui tourne la manivelle.	Ibid.
—— qui bêche la terre.	99
—— qui pioche la terre.	100
De la vitesse la plus avantageuse aux travaux des hommes.	101
De l'effort momentané dont l'homme est susceptible.	Ibid.

Le but de l'industrie ne doit pas être de tirer du travail de l'homme le plus grand degré possible de travail matériel, mais de combiner le plus avantageusement toute notre force intellectuelle avec ce qu'il est strictement nécessaire d'emprunter à la force corporelle. 103

QUATRIÈME LEÇON. *De l'accroissement et de la meilleure application des forces de l'homme.* 105
De la direction qu'il convient de donner aux travaux de l'enfance. Ibid.
Ménagements qu'il faut avoir. 106
Influence de la nourriture sur les ouvriers. 107
Améliorations qu'on peut produire sur la nourriture des ouvriers français. 108
Des excès de nourriture et de boisson des ouvriers. Ibid.
Moyen d'y remédier. 109
De l'esprit d'ordre et d'économie qu'il faut donner aux ouvriers. 110
Évaluation des bénéfices qui résultent pour l'industrie et pour les ouvriers mêmes, lorsque ces ouvriers, par une meilleure application de leurs forces, peuvent produire un plus grand effet utile. Ibid.
Avantages mutuels des chefs d'ateliers et des simples ouvriers à cet égard. 113
Influence de la bonté des instruments sur l'augmentation du travail des ouvriers. 114
Du bénéfice que trouveront à ce sujet les ouvriers français. 115
Avantages qu'y trouveront aussi les chefs d'ateliers et de manufactures. 116
De l'adresse dans le maniement des outils ; influence

	Pages.
que le développement des facultés intellectuelles peut avoir à cet égard.	117
De la vitesse qu'il convient d'imprimer aux différents travaux de l'industrie.	118
Comment les travaux d'industrie doivent devenir de plus en plus actifs et de plus en plus rapides dans leurs mouvements, à mesure qu'ils mettent en action des capitaux plus considérables.	121
On doit regarder comme un principe mathématiquement démontré, que plus l'industrie d'un peuple se perfectionne, plus les opérations industrielles doivent acquérir de vitesse, afin d'obtenir à chaque époque le plus grand effet utile.	123
Amélioration des travaux par une division plus intelligente.	125
Explication nouvelle des heureux effets dus à la division du travail.	*Ibid.*
Comment les manufacturiers et les chefs d'ateliers doivent se former à l'art important de bien diviser les travaux.	128
Ils rendront ainsi plus rapides les travaux de l'homme, et plus aisée, ainsi que plus efficace, la combinaison de ces travaux avec ceux des machines.	129
Comparaison des inconvénients et des avantages d'une grande division des travaux, sur l'intelligence de la classe industrielle.	130
Des travaux du sexe féminin.	134
Combien d'améliorations importantes il reste à produire sur cet objet.	*Ibid.*
Les progrès de l'industrie sont favorables à l'utile emploi des femmes, des vieillards et des enfants,	

malgré le désavantage qu'ils trouvent dans la médiocrité de leur force physique. 135
CINQUIÈME LEÇON. *Force des animaux.* 137
Difficultés à vaincre pour apprivoiser les animaux et les faire passer de l'état sauvage à l'état domestique. *Ibid.*
Des diverses espèces d'animaux dont la force corporelle peut être utile à notre industrie. 138
Les divers genres de service qu'ils peuvent nous rendre tiennent à leur organisation physique. Exemple pris sur le cheval. 139
—— Sur le bœuf. 140
Du travail produit par les chevaux. 142
Amélioration des espèces. 143
Du travail produit par le cheval de selle et de bât. 144
Des chevaux de trait. *Ibid.*
Trente-deux colporteurs ne portent que la charge traînée par un cheval de roulier. 145
Des chevaux de diligence. 146
Comparaison des prix et des effets utiles des chevaux de rouliers et de diligences. 147
Comparaison du travail des chevaux anglais et français. 148
Comparaison du travail de l'homme, des chevaux et des bêtes à cornes, en France et dans la Grande-Bretagne. 151
Conséquences importantes qui résultent de ce rapprochement. 152
Évaluation approximative du roulage, en Angleterre. 153
Amélioration des races de chevaux. 154
Comparaison du tirage des chevaux et des hommes. 156
Instrument appelé dynamomètre, avec lequel on mesure la force du tirage. 157
Lorsque le cheval opère un travail continu pendant

	Pages.
une journée, il exerce une traction qui varie de 50 à 90 kilogrammes, suivant la nature des chevaux	159
Expériences de M. de Rumford sur le tirage.	160
Du tirage des chevaux dans les montées.	163
Du traitement qu'il importe de faire éprouver aux animaux.	164
Des effets qui résultent de soins humains et de traitements brutaux.	165

SIXIÈME LEÇON. *Force de la pesanteur considérée principalement dans l'équilibre et la pression des eaux. Presse hydraulique.* 169

Considérations générales sur les fluides.	*Ibid.*
Effet de la pesanteur sur les fluides.	170
Descente des fluides sur la surface du sol.	171
Du niveau des fluides ou du plan horizontal.	172
Du niveau d'eau.	173
Quand un fluide renfermé dans un vase ou dans un fond quelconque, est en équilibre, son centre de gravité se trouve plus bas que dans toute autre position très-peu différente de sa position d'équilibre.	174
De la pression qu'éprouve chaque molécule d'une masse fluide.	175
Les pressions que les fluides exercent sont proportionnelles à la distance verticale de la partie pressée au niveau supérieur du fluide.	177
Application à la construction des batardeaux, des portes d'écluse, des réservoirs, etc.	178
Avec un fluide que contient un vase étroit dans sa partie supérieure, on peut exercer sur la base une pression beaucoup plus grande que le poids total du fluide renfermé dans le vase.	179

DES MATIÈRES.   565

	Pages.
Tel est le principe de la presse hydrostatique ou hydraulique.	181
Comment Pascal a rendu sensible ce principe.	Ibid.
Description de la presse hydraulique de Bramah.	182
Des diverses applications de la presse hydraulique.	187
Presse hydraulique pour emballage.	Ibid.
Description de la presse hydraulique appliquée à l'aplanissement des bois.	188

SEPTIÈME LEÇON. *Équilibre des corps flottants; pesanteur spécifique; écoulement des fluides.*   201

Conditions de l'équilibre d'un corps flottant sur un fluide.	202
Comment les poissons satisfont à ce principe, suivant qu'ils veulent monter, descendre, ou rester entre deux eaux.	204
Application de ce principe à l'équilibre des navires.	206
De la carène; du plan et de la ligne de la flottaison.	207
Conditions d'équilibre stable, indifférent ou instable.	208
Avantages de cette théorie.	210
Des fluides incompressibles.	211
Effet de la chaleur sur les fluides.	Ibid.
De la congélation des fluides.	212
De leur vaporisation.	213
Comment on compare le volume des différents corps ayant même poids ou des poids différents.	215
De l'eau comparable.	Ibid.
Des pesanteurs spécifiques et moyens de les déterminer.	216
Description de la balance hydrostatique.	218
Instrument de Nicholson.	220
Moyen de déterminer la pesanteur spécifique de deux	

TABLE

	Pages.
fluides, avec un tube recourbé dont le coude est plein de mercure.	223
Aréomètre de Farhrenheit.	224
De l'écoulement des fluides par un orifice.	227
Calcul de la vîtesse du fluide.	Ibid.
Application aux jets d'eau.	228
De la concentration de la veine fluide.	230
De la figure des orifices.	231

Huitième leçon. *Force motrice fournie par les eaux naturelles de la France.* 233

Calcul du volume des eaux pluviales qui couvrent le sol de la France durant une année.	Ibid.
Évaluation approximative de la force motrice fournie par la descente de ces eaux pluviales, depuis le point où elles atteignent le sol jusqu'à la mer.	236
Cette force est au moins égale au travail continu de 800,000,000 hommes.	238
Le travail de toutes les machines hydrauliques de la France n'est pas même égal à celui qui pourrait être produit par 2.000.000 hommes.	239
De l'extrême importance qu'il y aurait à fonder des écoles pour la construction des roues et des machines hydrauliques dans plusieurs parties de la France, que nous avons soin d'indiquer.	241
Des moyens par lesquels on peut ménager et accroître la masse des eaux disponibles pour l'industrie et l'agriculture.	242
Des filets d'eau qui peuvent servir aux travaux du ménage, dans les habitations isolées.	243
De la conduite des eaux destinées aux usines.	245
De la vîtesse des eaux courantes.	246
Calcul de cette vîtesse.	247

DES MATIÈRES.

Pages.

Tables publiées à ce sujet, et théorie donnée par M. de Prony. 248
Expériences par lesquelles on détermine la vîtesse du filet le plus rapide, dans un cours d'eau qu'on veut évaluer. 250
Tube employé par M. Pitot pour opérer cette mesure. 252
Usage qu'on pourrait faire du dynamomètre. *Ibid.*
Observations de M. Méthuon sur les meilleures dimensions à donner aux canaux-aqueducs destinés aux usines. 253
Des réservoirs d'eau destinés à l'industrie. 257
Calculs que les industriels doivent faire. *Ibid.*
Description du bélier hydraulique. 258

NEUVIÈME LEÇON. *Des roues hydrauliques.* 266
Distinction des roues hydrauliques en verticales et horizontales. *Ibid.*
Roues verticales en dessus, en dessous et de côté. *Ibid.*
Calculs de Borda; expériences de Smeaton et Bossut. *Ibid.*
Résultats obtenus par Bossut au sujet des roues en dessous. *Ibid.*
Du coursier; il importe de le raccourcir autant qu'on peut. 268
Comment on calcule l'action de l'eau sur une roue hydraulique. 269
Plus grand effet possible de la roue à aubes en dessous. *Ibid.*
Il vaut mieux faire agir l'eau sur les roues par pression que par choc. 270
Expériences de Smeaton sur les roues hydrauliques et résultats qu'il obtient. 272
Analyse des expériences de M. Poncelet et des perfectionnements qui lui sont dus relativement aux roues de côté. *Ibid.*

T. III. — DYNAM. 64

	Pages.
Citation des perfectionnements qu'on doit à M. Morosi, pour les coursiers et les rebords latéraux des aubes.	275
Aubes courbes proposées par M. Poncelet.	276
Dispositions les plus avantageuses qui concernent les vannes, les pertuis et le coursier.	278
De l'effet utile produit par les roues de M. Poncelet.	281
Expériences démonstratives faites à ce sujet.	Ibid.
Tableau des poids soulevés et des quantités d'actions fournies par une roue hydraulique de M. Poncelet.	286
Expériences faites en grand, qui démontrent la bonté du système de M. Poncelet.	291
Comparaison de l'effet des roues hydrauliques et du bélier hydraulique.	292
Des machines à colonne d'eau.	295

DIXIÈME LEÇON. *Équilibre des fluides aériformes; Pompes.* 297

Faculté qu'ont les fluides aériformes, de s'élever au-dessus des fluides ordinaires.	Ibid.
Application au niveau à bulle d'air.	298
Démonstration de la pesanteur des fluides aériformes.	Ibid.
De la pression que ces fluides font exercer aux corps qu'ils environnent.	299
Comment ils empêchent ou retardent la vaporisation des liquides ordinaires. Exemple de l'éther.	300
Du baromètre.	301
Comparaison du baromètre à eau et du baromètre à mercure.	302
Application du baromètre pour mesurer les hauteurs verticales.	Ibid.

DES MATIÈRES.

Pages.

Suivant quelle loi varie l'épaisseur des couches d'un fluide aériforme et la densité de ces différentes couches. 303
Importance de ces connaissances pour l'industrie. 305
Comment la pression de l'atmosphère devient une unité de mesure pour la méchanique appliquée aux arts. 306
Comment deux gaz qui diffèrent de pesanteur spécifique et qui sont mis en contact, sans former une combinaison nouvelle, se mettent en équilibre. 307
Exemple offert par le contact de l'air atmosphérique et du gaz acide carbonique. Ibid.
De la cuve hydropneumatique. 308
Équilibre des corps qui flottent dans les fluides aériformes. Ibid.
Application aux aérostats ou ballons 309
Des pompes. 311
Des pompes employées pour élever des fluides. Ibid.
Explication du jeu de la pompe aspirante. Ibid.
Quelques détails d'exécution sur les pompes aspirantes. 314
Des pompes foulantes. 317
Pompe foulante simple. 318
Pompe foulante à piston plein. Ibid.
Pompe aspirante et foulante. 319
Pompe aspirante et foulante à piston renversé. 321
Pompe à récipient d'air. 322
Des systèmes de corps de pompe adaptés au même tuyau d'élévation. 323
De la pompe de Trévithick. Ibid.
Des pompes à double piston et de leur usage dans la marine. 324

	Pages.
Pompe aspirante à piston tournant, imaginé par Bramah.	325
Son application dans la pompe à incendie.	Ibid.
Des pompes ordinaires à incendie, telles qu'on les emploie dans l'Angleterre.	Ibid.
Pompe à air ou machine pneumatique.	328
ONZIÈME LEÇON. *De la force du vent; ventilateurs; navigation; moulins à vent.*	329
Du parti que l'industrie peut tirer de la force du vent.	Ibid.
Des ventilateurs et de leur usage dans la marine.	Ibid.
Application pour le renouvellement de l'air au fond des mines et dans les prisons,	330
Dans les hôpitaux.	331
Des jalousies.	Ibid.
D'un ventilateur à ailettes.	332
Application de la force du vent à la navigation. Force immense qu'elle prête au peuple britannique.	333
Comment la force du vent fait avancer les navires suivant des circonstances différentes, au moyen des voiles et du gouvernail.	334
Des diverses marches, *vent arrière et au plus près du vent*.	335
De la dérive.	336
Influence de la forme des voiles sur la stabilité des navires.	337
De la multiplicité des voiles; ses avantages et ses inconvénients.	338
De la manœuvre des voiles.	339
Force modératrice que le vent fournit à la méchanique.	Ibid.
Des volants.	340

DES MATIÈRES.

Pages.

Force modératrice du vent sur les voiles, contre les mouvements de roulis et de tangage. 340
Des moulins à vent. 341
Des travaux qu'on opère avec cette espèce de machines. 342
Expériences faites pour déterminer la force du vent sur les ailes des moulins. 343
Des moulins dont les ailes tournent autour d'un axe vertical et d'un axe presque horizontal. 344
Description d'un moulin à vent qui présente des combinaisons ingénieuses pour orienter le moulin et pour augmenter ou diminuer la surface des voiles suivant que l'exige la force du vent. 346
Expériences de Smeaton sur la force du vent et sur la meilleure disposition des voiles des moulins à vent. 348
Observations de Coulomb, relatives au même sujet. 350
Calcul de Coulomb sur l'effet utile produit par les moulins. 351
DOUZIÈME LEÇON. *De la chaleur.* 353
Comment la chaleur passe d'un corps dans un autre. *Ibid.*
Définition de l'unité de chaleur transmise, *therme*. *Ibid.*
Dilatation de plusieurs matières importantes pour l'industrie. 354
Des thermomètres. 355
La dilatation des corps n'est pas exactement proportionnelle au degré d'élévation de leur température. 356
Exemple offert par la dilation de l'eau. 357
Comment les corps prennent successivement les divers états de solide, de liquide et de gaz, et la chaleur qui leur est propre dans ces divers états. 358
Chaleur latente de l'eau liquide. 360
Chaleur latente de la vapeur d'eau. *Ibid.*

TABLE

	Pages.
Chaleur spécifique des différents corps.	361
Tableau de la chaleur spécifique de plusieurs matières importantes pour l'industrie.	362
Instrument appelé calorimètre, avec lequel on a mesuré cette chaleur spécifique.	363
Production de la chaleur par le frottement et la combustion.	364
Composition de l'air en azote et en oxigène ou matière alimentaire de la combustion.	Ibid.
Tableau de la chaleur produite par la combustion d'un kilogramme de diverses substances.	365
Quantité de combustible nécessaire pour vaporiser 1.000 kilogrammes d'eau à la température de la glace fondante.	366
Calcul pour donner une idée de la composition de la fumée, de son volume et de son mouvement par les tuyaux de cheminée.	367
De l'échauffement des liquides.	370
Vaporisation de l'eau.	371
De la chaleur spécifique de différents gaz.	372
Suivant quelle loi le volume des gaz augmente ou diminue par la variation de température.	Ibid.
Volume de la vapeur d'eau sous différentes pressions.	373
Force d'élasticité de la vapeur d'eau, à divers degrés de température.	375 et 376
Force de dilatation de la vapeur au-dessous d'une atmosphère.	377
Évaluation approximative de la puissance méchanique de la vapeur.	378
Exemple d'approximation donné par la machine de Watt.	379

DES MATIÈRES.   511

                                                      Pages.
Des différentes manière d'employer la vapeur dans
  les machines.   380
Expériences de M. Christian sur la production de la
  vapeur, en évaluant la surface de la chaudière et
  celle de l'orifice, pour divers degrés de température
  de la vapeur.   381
Autres expériences de M. Christian sur la perte de
  chaleur qu'éprouve la vapeur, lorsqu'elle s'écoule
  dans des tuyaux métalliques.   388
Quantité d'eau et de vapeur d'eau consommée dans
  les machines à vapeur.   391
Des fourneaux simples et des fourneaux fumivores.   392
TREIZIÈME LEÇON. *Machines à vapeur à simple pression ;
  Machine de Watt.*   393
Première machine à vapeur imaginée par le marquis
  de Worcester.   Ibid.
Digesteur de Papin.   Ibid.
Machines à vapeur de Savéry.   Ibid.
Machine de Newcomen.   394
Perfectionnement de cette machine.   396
Inconvénients de cette machine.   397
Découverte de Black sur la chaleur latente, conduit
  Watt aux grands perfectionnements qui lui sont dus. Ibid.
Machine de Watt.   400
Description de l'appareil complet de la chaudière et
  de ses accessoires, d'après le système de Watt.   Ibid.
Description de la machine de Watt à simple effet.   403
Description de la machine à double effet.   407
Du manomètre.   417
QUATORZIÈME LEÇON. *Machines à vapeur à moyenne et
  à haute pression.*   417
Machine de Woolf.   Ibid.

TABLE DES MATIÈRES.

	Pages.
Observations sur les avantages comparés des machines à vapeur.	420
Machines de M. Edwards.	439
Machines de MM. Aitkin et Steel.	441
Des machines à haute pression, d'Évans et de Trevithick.	Ibid.
Machines à vapeur locomotives.	447
QUINZIÈME LEÇON. *Bateaux à vapeur; évaluation de l'effet des machines à vapeur.*	449
Histoire de l'invention des bateaux à vapeur.	Ibid.
Analyse des travaux de M. Marestier sur les bateaux à vapeur.	456
Exposition des motifs qui doivent déterminer l'adoption d'une unité de mesure rapportée au système métrique, pour la force des machines à vapeur.	477
Tableau des villes où de nouveaux cours de géométrie et de méchanique appliquées aux arts, sont établis en faveur de la classe industrielle.	493

FIN DE LA TABLE DU TROISIÈME ET DERNIER VOLUME.

IIIe. LISTE DES SOUSCRIPTEURS.

5. LA BIBLIOTHÈQUE du cabinet du Roi, au Louvre.
1. LA BIBLIOTHÈQUE de la ville, à Rochefort.
1. M. le vicomte BEC-DE-LIÈVRE, directeur du Musée, du Puy.

MESSIEURS

A.

2. AIGRE, libraire, à Angoulême.
2. AILLAUD, libraire, à Paris.
12. ANDRÉ, libraire, à Paris.
3. ANSELIN et POCHARD, libraires, à Paris.
1. ANTIQ, ingénieur-mécanicien, à Paris.
1. ARTARIA et FONTAINE, libraires, à Manheim.
9. AUBIN, à Aix.
1. AUGER, à Montpellier.

B.

1. BALLAND, à Paris.
12. BARBEZAT et DELARUE, libraires, à Genève.
1. BARGEAS, libraire, à Limoges.
1. BARROIS aîné, libraire, à Paris.
1. BARROIS père (Théophile), libraire, à Paris.
1. BAUPILLER, à Paris.
3. BEHR et KAHL, libraires, à New-York.
1. BELIN-LEPRIEUR, lib., à Paris.
13. BELLIZARD et compagnie, libraires, à Saint-Pétersbourg.
1. BERNARD, à Paris.
1. BERTIN, à Paris.
4. BERTRAND, libraire, à Paris.
2. BINTOT, libraire, à Besançon.
1. BLANCHARD-MARTINET, libraire, à Mézières.
3. BOCCA, libraire, à Paris.
7. BOHAIRE, libraire, à Lyon.

14. BONNOT, libraire, à Nevers.
1. BONVOUST, libr., à Alençon.
2. BOREL, libraire, à Valence.
1. BOUILLANT, à Paris.
1. BOULLAND, libraire, à Paris.
2. BOSSANGE frères, libraires, à Paris.
1. BOURGOIN, commandant du génie, au Havre.
3. BOUTEREAU, professeur de mathématiques, à Paris.
1. BRAISSE, à Paris.
1. BREDIF, libraire, à Paris.
1. BROGLIE (le prince Octave de), à Paris.
1. BRONNER BOWENS, libraire, à Lille.
1. BRUN (François), à Dieulefit.
3. BUSSEUIL frères, libraires, à Nantes.

C.

1. CAGNART DE LA TOUR (le baron), à Paris.
12. CAMOIN frères, lib., à Marseille.
10. CARILLIAN-GŒURY, libraire, à Paris.
1. CARREZ, à Paris.
4. CHAIX, libraire, à Marseille.
2. CHAPELLE, libraire, au Havre.
2. CHERBULIEZ, libr., à Genève.
1. COLAS (Louis), libraire, à Paris.
1. COURCIER, à Paris.
1. CROULLEBOIS, libraire, à Paris.
2. CUZENT-AUBRÉE, libraire, à Brest.

D.

1. DALLIOT, à Paris.
1. DAUTHEREAU, libraire, à Paris.
1. DEBERLY, à Paris.
13. DECAILLY, à Dijon.
1. DELALAIN, libraire, Paris.
2. DELASNERY, à Paris.
1. DEMONVILLE, libraire, à Paris.
1. DEROZIERS, à Moulins.
1. DESTOUCHES (Hyacinte), à Paris.
1. DEVERS, libraire, à Toulouse.
1. DEVEY, à Paris.
3. DIDOT (Fir.), libraire, à Paris.
1. DORSAY, à Paris.
1. DOY, libraire, à Lauzanne.
2. DUFOUR et D'OCAGNE, libraires, à Paris.
1. DUPLAQUET, à Paris.
1. DUPONT et RORET, libraires, à Paris.
1. DURAND, lieutenant de vaisseau, à Cherbourg.

E.

1. ÉGASSE, libraire, à Brest.

F.

1. FANTIN, libraire, à Paris.
1. FAROCHON, à Paris.
2. FAVERIO, à Lyon.
1. FAYOLLE, libraire, à Paris.
1. FERRA, libraire, à Paris.
1. FERRY père, à Paris.
1. FERY fils, à Paris.
1. FEVRIER, libraire, à Strasbourg.
1. FITOT, à Paris.
1. FLEURY, à Paris.
1. FONTAINE, libraire, à Fontainebleau.
1. FOREST, libraire, à Nantes.
1. FOSSATI (le docteur), à Paris.
2. FRANÇOIS FOURNIER (madame veuve), libraire, à Auxerre.
1. FREMICOURT (Alexandre), à Paris.
20. FRERE, libraire, à Rouen.

G.

1. GABON et compagnie, libraires, à Paris.
1. GALLON, libraire, à Toulouse.
1. GARNIER, à Gapp.
2. GASSIOT, libraire, à Bordeaux.
9. GAULARD - MARIN, libraire, à Dijon.
1. GAUTHIER, libraire, à Paris.
2. GEORGES, libraire, à Épinal.
1. GERSTER, à Neuchâtel.
1. GESTAT, à Paris.
1. GIRARD, libraire.
1. GIRARDON (Jean) à Gapp.
3. GLUCKSBERG, lib., à Varsovie.
1. GODIN, professeur de mathématiques, au collège Bourbon.
1. GOLSBOROUGH (le lieutenant), à Paris.
1. GOUGEON, à Paris.
1. GOULARD, libraire, à Rochefort.
1. GOUPIL, à Paris.
13. GRAFF, libraire, à Saint-Pétersbourg.
2. GRANDPRÉ (madame), libraire, à Laval.
1. GREMOND, à Paris.
1. GRENIER DREGI.
5. GRISET aîné, libr., à Boulogne.
1. GUENAUT D'AUMONT, professeur de mathématiques, à Dijon.
6. GUIBAL, libraire, à Lunéville.
26. GUICHARD (Amand), libraire, à Avignon.
1. GUILLENET, mécanicien, à Marseille.
1. GUYOL, à Paris.

H.

1. HALLETTE fils, ingénieur-mécanicien, à Arras.
1. HÉBERT, fils aîné, libraire, à Brest.
1. HENBERT, à Paris.
13. HENNUY, libraire, à Sedan.
1. HENRQUELLE, à Paris.
1. HÉRÉ, professeur de mathématiques, à Saint-Quentin.
1. HOFER, à Paris.
1. HUARD, horloger, à Paris.
1. HUBERT, aux forges de Villers.
1. HUBERT, architecte, à Rennes.
14. HUET PERDOUX (madame veuve), libraire, à Orléans.
1. HUSSON frères, libraire, à Metz.
2. HUZARD (madame), libraire, à Paris.

J.

13. JAVAUX, libraire, à Sedan.
1. JENNESSEAUX, à Saint-Acheul.
1. IMECOURT (d'), à Paris.

DES SOUSCRIPTEURS.

1. JOBERT, à Mulhouse.
2. JOLLY, libraire, à Dôle.
1. JULIEN, à Rouen.

K.

1. KLOPMANN, à Paris.

L.

2. LACOMBE, libraire, au Puy.
1. LACROIX, à Paris.
1. LADVOCAT, libraire, à Paris.
6. LAGIER, libraire, à Paris.
1. LAGIER jeune, libraire, à Paris.
1. LALOY, libraire, à Troyes.
1. LANGLOIS et compagnie, libraires, à Paris.
5. LAROCHE, libr., à Angoulême.
1. LARAN, à Paris.
30. LASSIMONNE, professeur, à Limoges.
1. LAURENT, libraire, à Toulon.
6. LAWALLE neveu, libraire, à Bordeaux.
1. LECHARLIER, lib., à Bruxelles.
32. LECOINTE et DUREY, libraires, à Paris.
2. LEDOUX (Paul), libr., à Paris.
1. LELONG fils, avocat, à Château-du-Loir.
3. LEMAIRE de PUIDT, libraire, à Mons.
1. LEMALE, libraire, à Douai.
1. LEREBOURS, opticien, à Paris.
1. LEROUX, libraire, à Paris.
1. LEROUX, à Mayence.
1. LETOURNEUR, à Paris.
1. LETURC, libraire, à Laval.
1. LÉVÊQUE.
9. LEVRAULT, libraire, à Paris.
2. LIBRAIRIE DE L'INDUSTRIE, à Paris.
1. LIOTARD, à Nimes.
1. LOIZEAU, à Rochefort.
1. LORAUX, à Paris.
2. LORENZO sœurs, libraires, à Dunkerque.
1. LUGAN, libraire, à Paris.

M.

1. MALARD, fabricant de chapeaux, à Paris.
1. MALO, libraire, à Lille.
1. MAME, libraire, à Tours.
1. MASWER, libraire, à Marseille.
1. MEHEUX, à Paris.
20. MEIN, libraire, à la Ciotat.
1. MERILHOU, à Paris.

1. MERMET, élève en philosophie au collège de Reims.
1. MERTIAN, à Paris.
1. MOISAN, à Tours.
1. de MOLEON, à Paris.
2. MOLLIEX, libraire, à Rennes.
3. MONCEAU, libraire, à Orléans.
1. MOREL, à Paris.
1. MORIZE, négociant, à Paris.
20. MOTTE, libr., à Saint-Etienne.
1. MUNICH (François).

N.

1. NAUDIN, libraire, à Paris.
1. NEPVEU, libraire, à Paris.
2. NOLLE, à Paris.

P.

1. PANISSAY, à Paris.
2. PANNETIER, libr., à Colmar.
13. PASCHOUD, libraire, à Genève.
2. PARADIS DE MONCRIF, professeur royal d'hydrographie, à Bayonne.
1. PASQUIER, à Paris.
1. PATINOT, à Paris.
1. PAVIE, libraire, à La Rochelle.
1. PAYEUR (le) du Jura.
1. PERIER (Antoine), à Paris.
1. PERRIN, officier payeur au 2e régiment de la garde royale.
1. PESCHE, libraire, au Mans.
6. PETIT, libraire, à Colmar.
1. POINSOT, à Paris.
1. POMATHIOT.
2. PONTHIEU, libraire, à Paris.
1. POUCHON, libraire, à Nîmes.
1. PRUDHOMME, libraire, à Grenoble.
1. PYNARD, à Paris.

Q.

1. QUINE, à Grasse.

R.

1. RANDON, capitaine au 18e. régiment de chasseurs.
2. RENARD, libraire, à Paris.
1. RENARD (madame veuve), libraire, à Paris.
1. REGNAULT, expert du cadastre, à Valence.
2. REGNIER.
14. RENAULT (madame veuve), libraire, à Rouen.

LISTE DES SOUSCRIPTEURS.

1. RENOU DE BALLON, à La Rochelle.
4. RÉTHORÉ, libraire, à Montauban.
13. REY et GRAVIER, libraires, à Paris.
1. REZAL aîné, à Remiremont.
3. RISLER, à Mulhausen.
3. ROBIN, libraire, à Niort.
1. ROELL.
1. ROLLIN, à Guise.
2. RONNÉ.
1. RORET, libraire, à Paris.
1. ROSSIN, élève du collège royal de Reims, pour prix d'excellence au collège de la ville.
1. ROTHEN, libraire, à Berne.

S.

1. SALLERON (Eugène), à Paris.
2. SENEF, libraire, à Nanci.
1. SERTOUR, capitaine du génie, à Seyne.
2. SEVALLE, libr., à Montpellier.
1. SIEUTAT, à Paris.
1. SOLIVEAU, sergent, secrétaire du major du 1er régiment d'infanterie de la garde royale.
1. SONOLET, employé à la fonderie de Bégory.
1. SULZER, à Mulhausen.

T.

1. TARDIEU fils, architecte, à Paris.
1. TARLIER, libraire, à Douai.
2. TESCHENEST, lib., à Bordeaux.
5. THIBAUD-LANDRIOT, libr., à Clermont-Ferrand.

1. THIBIERGE, à Paris.
1. THIERION DE MOULIN, à Paris.
1. THORI, maître charpentier, à Blois.
5. TOPINO, libraire, à Arras.
4. TORQUET, libraire, à Bolbec.
1. TOUQUET, libraire, à Paris.
1. TOURTELLE, à Gap.
9. TREUTTEL et WURTZ, libr., à Paris.
1. TREVILLET, marchand brasseur, à Paris.
1. TRINTZINS, à Paris.
1. TRUCHY, libraire, à Paris.

V.

19. VALLÉE-EDET, libraire, à Rouen.
1. VANAKER père, libraire, à Lille.
1. VARLET, à Paris.
2. VERDET et LEQUIN, libraires, à Paris.
1. VERET, libraire, à Paris.
1. VIEUSSEUX, libr., à Toulouse.
2. VINCENOT, libraire, à Nanci.
1. VIROUX, libraire, à Avesne.

W.

1. WARRÉE jeune, libr., à Paris.
2. WARTHMANN, à Genève.
1. WEIS, à Paris.
6. WEYHER (Charles), libraire, à Saint-Pétersbourg.

Z.

1. ZIRGÈS, à Leipsic.

OUVRAGES DU BARON CHARLES DUPIN,

Qui se trouvent à la Librairie de BACHELIER, quai des Augustins, n°. 55, à Paris.

Tableau des arts et métiers et des beaux-arts, pour servir d'introduction aux Cours de Géométrie et de Méchanique appliquées aux arts, professés dans les villes industrielles de la France.

Discours et leçons sur l'industrie, le commerce, la marine, et sur les sciences appliquées aux arts, 2 vol. in-8°., 1825. 10 fr. 50 c.

On vend séparément :

Quatrième discours. Progrès des sciences et des arts de la Marine française, depuis la paix, in-8°., 1820, 1 fr. 25 c.

Sixième discours. Considérations sur les avantages de l'Industrie et des machines, en France et en Angleterre, in-8°., 1821, 1 fr. 25 c.

Septième discours. Influence du Commerce sur le savoir, sur la civilisation des peuples anciens, et sur leur force navale, in-8°., 1822, 1 fr. 50 c.

Huitième discours. Du Commerce et de ses travaux publics, en Angleterre et en France. Paris, in-8°., 1823, 1 fr. 50 c.

Dixième discours. Inauguration de l'amphithéâtre du Conservatoire des Arts et Métiers, in-8°., 1822, 1 fr. 25 c.

Onzième discours. Progrès de l'Industrie française depuis le commencement du 19e. siècle. Paris, in-8°., 1824, 1 fr. 50 c.

Avantages sociaux d'un enseignement public appliqué à l'industrie, etc., 1824, 1 fr.

Douzième discours. Introduction d'un nouveau Cours de géométrie et de méchanique appliquées aux arts en faveur de la classe ouvrière. Paris, in-8°., 1824, 1 fr. 50 c.

Treizième discours. Résumé général des applications de géométrie du nouveau Cours; etc. Paris, in-8°., 1825, 1 fr. 50 c.

Quatorzième discours. Résumé général des applications de méchanique du nouveau Cours de méchanique. Paris, in-8°., 1825, 1 fr. 50 c.

Voyages dans la Grande-Bretagne.

Première partie. Force militaire, 2 vol. in-4°. avec atlas, 2e. édit., 1825, 25 fr.

Deuxième partie. Force navale, 2 vol. in-4°. avec atlas, 2e. édit., 1825, 25 fr.

Troisième partie. Force commerciale. Travaux publics des Ponts et Chaussées, Ports de commerce, 2 vol. in-4°. avec atlas, 1824, 27 fr.

Système de l'Administration britannique en 1822, considérée sous les rapports des finances, de l'industrie, du commerce et de la navigation. Paris, 1823, in-8°., 3 fr.

Développemens de Géométrie, avec des applications à la stabilité des vaisseaux, aux déblais et remblais, au défilement, à l'optique, etc., pour faire suite à la Géométrie descriptive et à la Géométrie analytique de Gaspard Monge, in-4°., 1813, 15 fr.

Applications de Géométrie et de Méchanique à la Marine et aux Ponts et Chaussées ; pour faire suite aux Développemens de Géométrie, in-4°. Paris, 1822, 15 fr.

Essai historique sur les services et les travaux scientifiques de Gaspard Monge, in-8°. et in-4°., 1819, 4 f. 50 c. et 7 f. 50 c.

Rapport sur le Mémoire de M. Navier, sur les ponts suspendus, 1823, 1 fr.

Rapport fait à l'Académie des sciences, sur les avantages, sur les inconvéniens et sur les dangers des machines à vapeur, dans les systèmes de simple, de moyenne et de haute pression, in-8°., 1823, 1 fr.

Analyse du tableau de l'architecture navale aux dix-huitième et dix-neuvième siècles, in-4°., 1815, 1 fr. 50 c.

Du rétablissement de l'Académie de marine, in-8°., 1815, 1 fr. 50 c.

Mémoires sur la Marine et les Ponts et Chaussées de France et d'Angleterre, contenant deux relations de voyages faits par l'auteur dans les ports d'Angleterre, d'Écosse et d'Irlande, durant les années 1816, 1817 et 1818; la description de la jetée de Plymouth et du canal Calédonien, etc.; in-8°., 1818. (L'édition est épuisée.)

Réponse au discours de mylord Stanhope, sur l'occupation de la France par l'armée étrangère ; imprimée à Londres et à Paris, 1818.

Examen des travaux de César au siège d'Alexia, œuvre posthume de Léopold Vacca Berlinghierry, avec la vie de cet auteur, par Ch. Dupin; in-8°., 1812, 3 fr.

Essais sur Démosthènes et sur son éloquence, contenant la traduction des Olynthiaques, avec le texte en regard, et suivis de considérations sur l'éloquence de l'orateur athénien, in-8°., 1814, 4 fr.

Lettres à Milady Morgan sur Racine et Shakspeare, in-8°., 1818, 2 fr. 50 c.

Observations sur la puissance de l'Angleterre et sur celle de la Russie, au sujet du parallèle établi par M. de Pradt, entre ces puissances, 2e. édit. Paris, 1824, 1 f. 50 c.

Cet ouvrage s'imprimera par cahiers contenant chacun une leçon, avec la planche de figures relatives à cette leçon :

Les *leçons de Géométrie* formeront un premier volume.

Les *leçons sur les Machines* formeront un second volume.

Les *leçons sur les Forces de l'homme et des animaux*, et sur les Forces matérielles qu'on peut employer dans les arts, formeront un troisième volume.

Le prix de chaque volume, format in-8°., sera de 6 francs, à Paris.

MM. les professeurs de province, par eux-mêmes ou par leurs libraires, peuvent demander ou faire demander un certain nombre d'exemplaires brochés par leçons séparées, pourvu qu'ils fassent souscrire pour autant de volumes complets.

Dans chaque ville, les élèves de l'industrie auront plus de facilités à se procurer ces leçons, en ne dépensant que 40 centimes à la fois, ou 50 c. franc de port, qu'en dépensant 6 francs par volume, ou 18 francs, prix de l'ouvrage.

Cet ouvrage ne suppose, chez les personnes qui voudront l'étudier, d'autres connaissances que celle des quatre règles de l'arithmétique.

MM. les chefs d'ateliers et de manufactures, qui voudront propager dans leurs établissemens des connaissances si utiles à la prospérité de leurs travaux, pourront adresser à M. Bachelier, libraire à Paris, quai des Augustins, n°. 55, une souscription pour leurs sous-chefs et leurs meilleurs ouvriers; on leur enverra les leçons à mesure qu'elles paraîtront. Il suffira qu'ils paient d'avance les souscriptions d'un volume.

Les souscripteurs ajouteront 2 francs par volume qu'on devra leur envoyer de Paris, à cause des frais de port, pour les leçons brochées séparément, et 1 fr. 50 cent. seulement par volume broché. On souscrira pour les trois volumes si l'on veut, ou pour un, ou pour deux volumes.

Les souscripteurs de Paris recevront leurs exemplaires à domicile, sans avoir besoin de payer aucune commission

LEÇON.

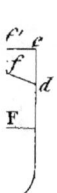

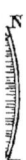

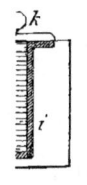

gravé par Adam.

Cet ou
leçon, av
Les leç
Les leç
Les leç
Forces ma
ront un tr
Le prix
à Paris.
MM. les
libraires,
nombre d'
qu'ils fass
Dans ch
facilités à s
mes à la fo
par volume
Cet ouv
l'étudier,
l'arithméti
MM. les
propager d
à la prospé
CHELIER, lib
scription po
leur enverr
qu'ils paien
Les sous
devra leur
les leçons b
volume br
veut, ou po
Les sousc
micile, sans

...et BEA

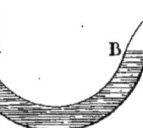

Fig. 4.

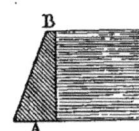

Fig. 11.

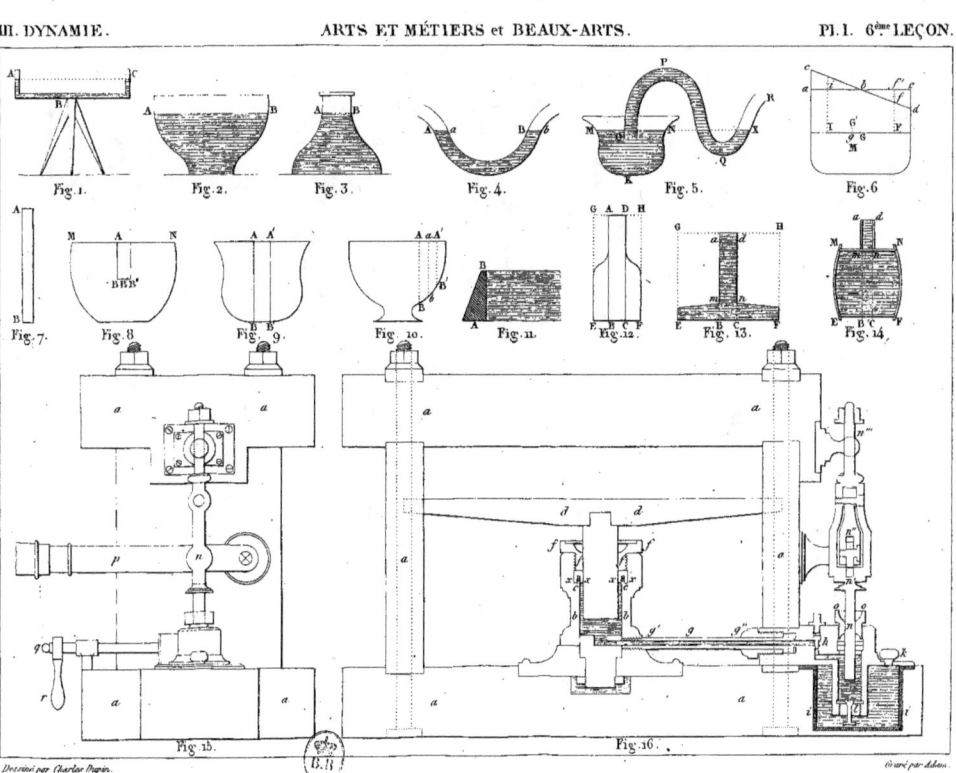

ͬᵉᵐᵉ LEÇONS.

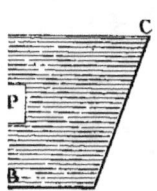

fig. 5.

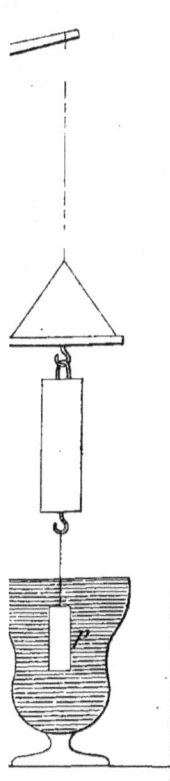

Gravé par Adam.

BEA

III. DYNAMIE. ARTS ET MÉTIERS et BEAUX-ARTS. Pl. II. 7.ᵐᵉ et 8.ᵐᵉ LEÇONS.

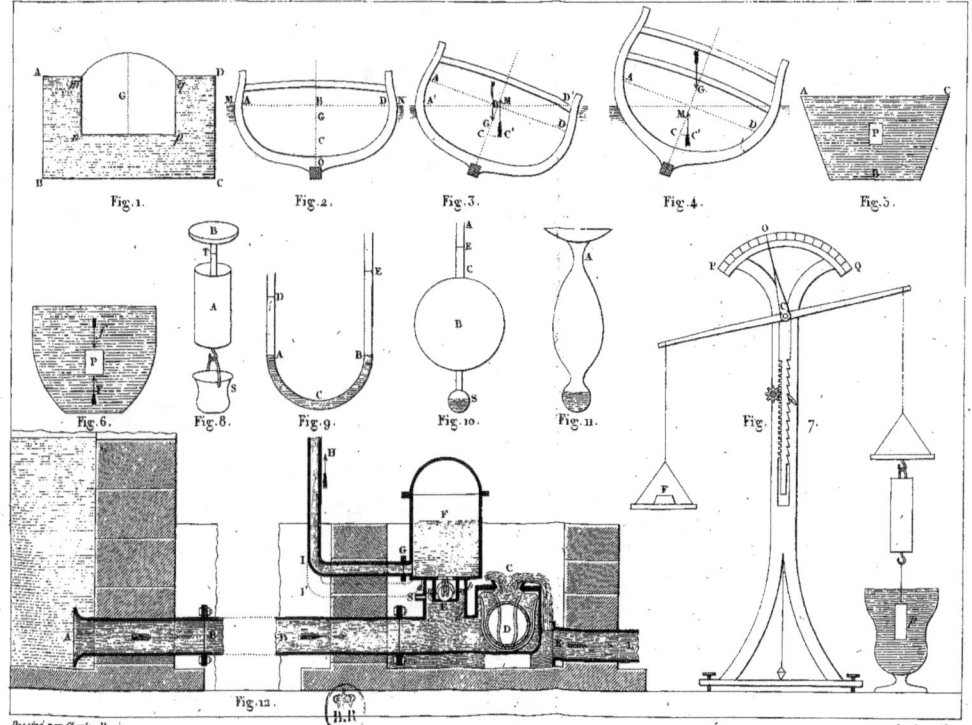

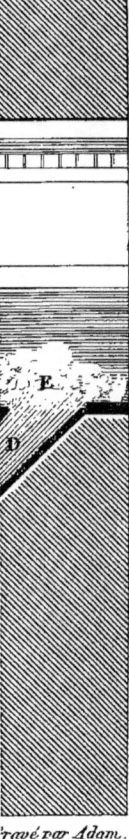

RS et B.

III. DYNAMIE. ARTS ET MÉTIERS et BEAUX-ARTS. Pl. III. 9ème LEÇON.

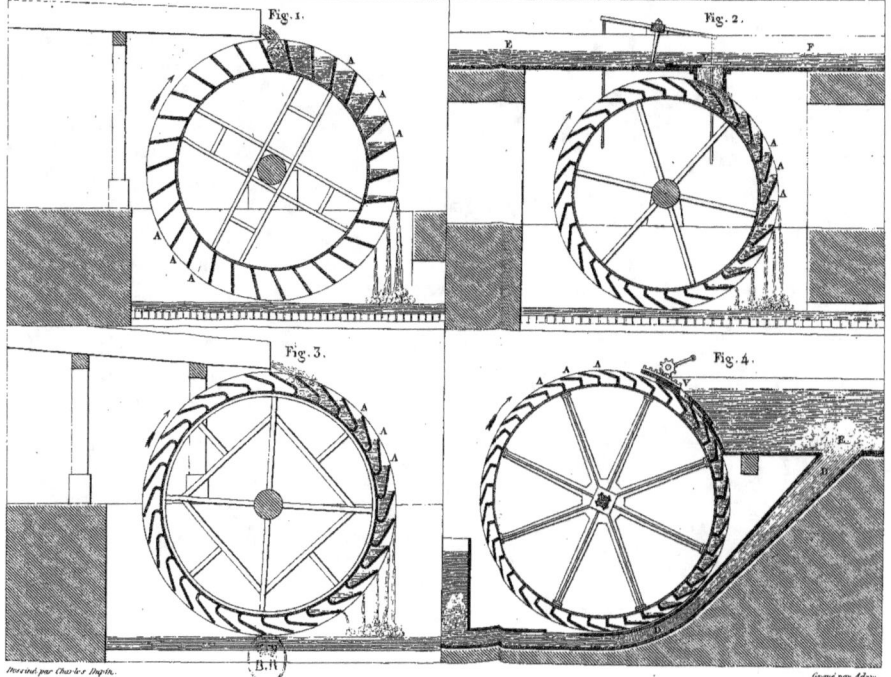

LEÇON.

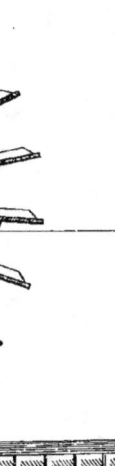

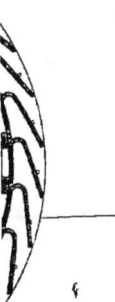

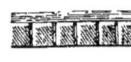

Gravé par Adam.

S et B

III. DYNAMIE. ARTS ET MÉTIERS et BEAUX-ARTS. Pl. IV. 9.ème LEÇON.

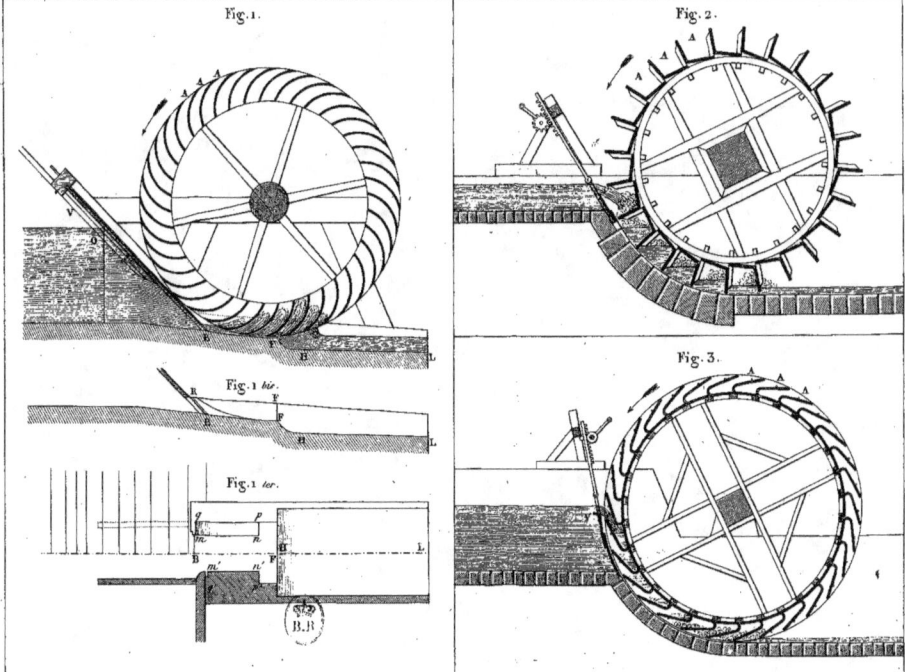

me LEÇON.

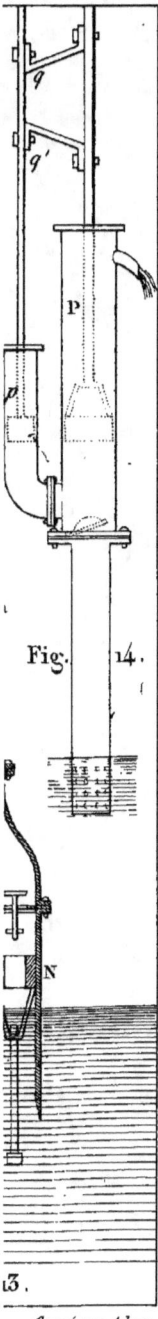

Fig. 14.

13.

Gravé par Adam.

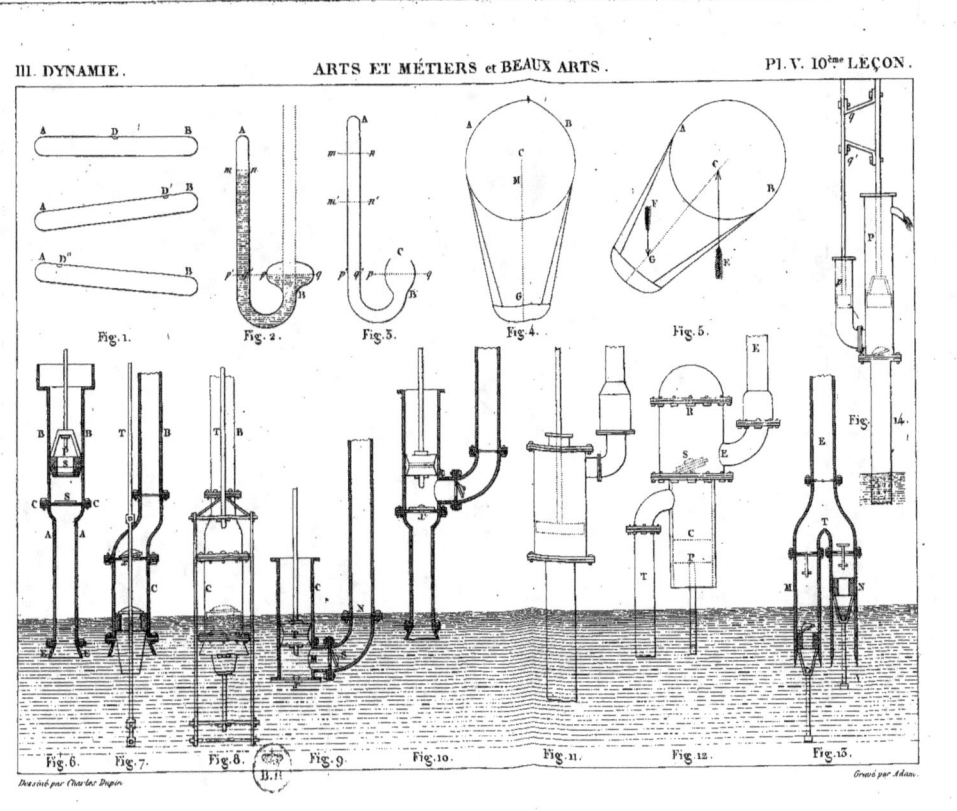

LEÇON.

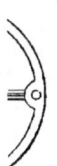

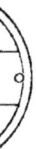

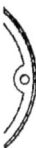

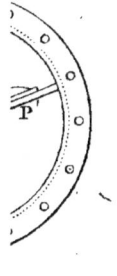

Gravé par Adam.

TIERS et B

T

o

Fig.

M

III. DYNAMIE. ARTS ET MÉTIERS et BEAUX-ARTS. Pl. VI. 10ème LEÇON.

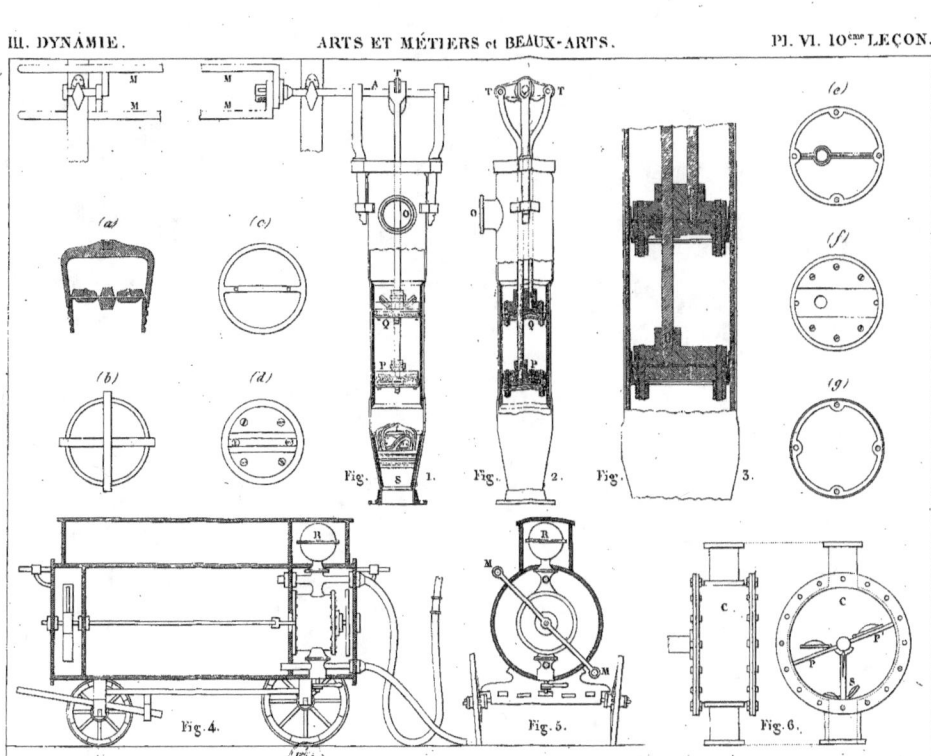

Dessiné par Charles Dupin. Gravé par Adam.

ÇON.

par Adam.

MÉTIERS

.4.

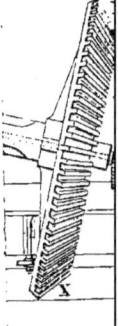

III. DYNAMIE. ARTS ET MÉTIERS et BEAUX-ARTS. Pl. VII. 11.ᵐᵉ LEÇON.

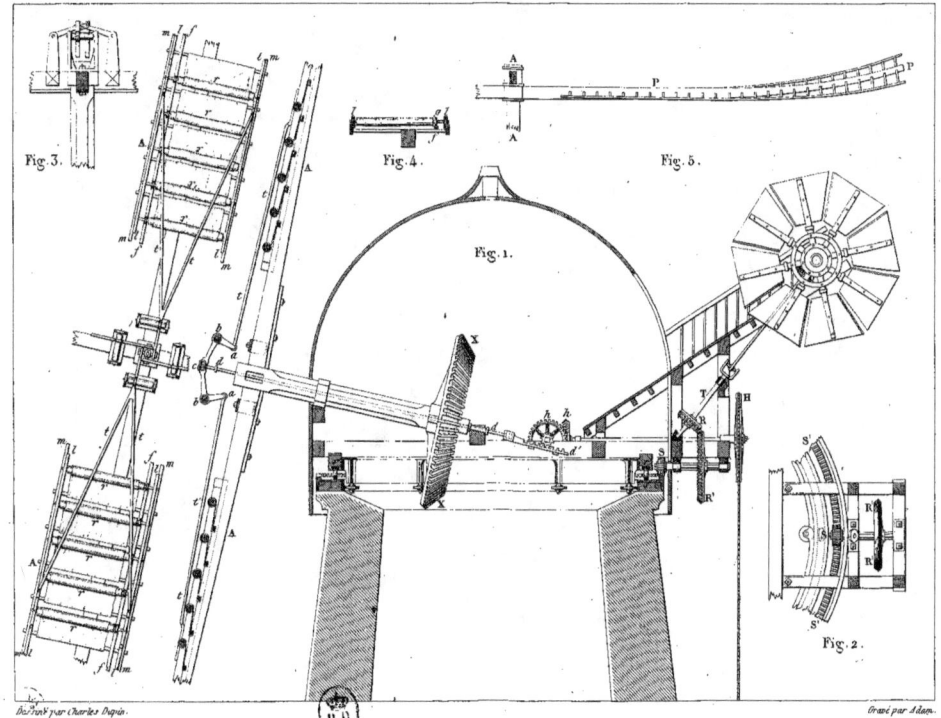

Gravé par Adam.

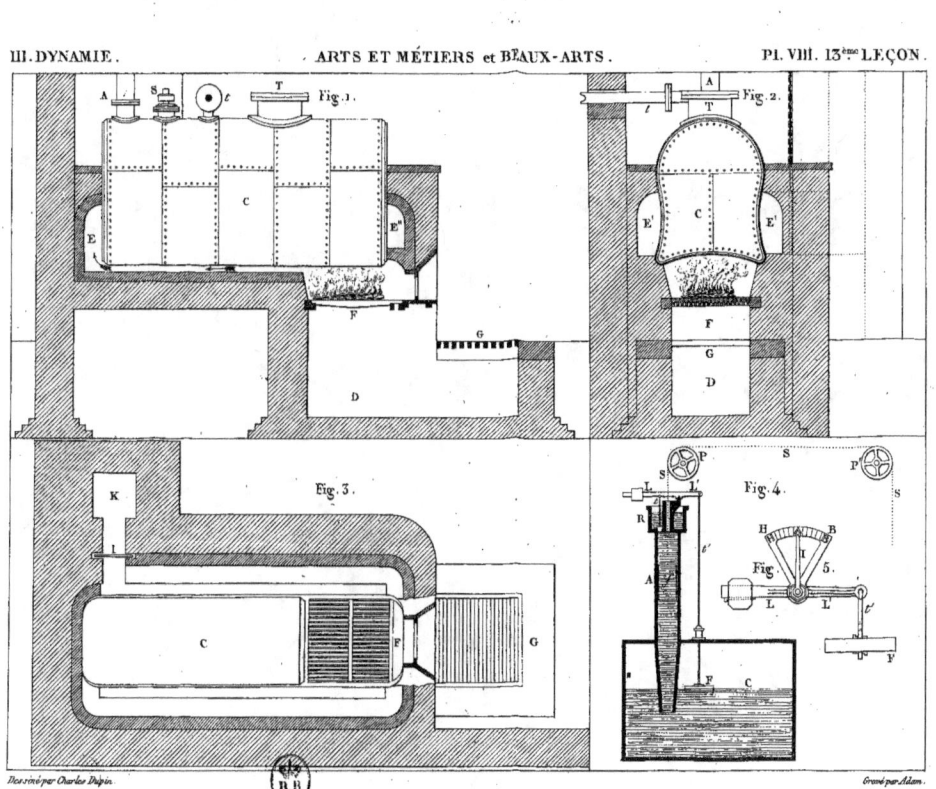

13ème LEÇON.

Fig. 2.

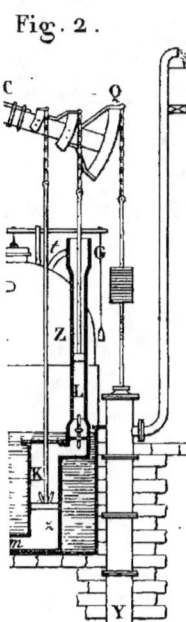

Gravé par Adam.

S et

III. DYNAMIE. ARTS ET MÉTIERS et BEAUX-ARTS. Pl. IX. 15ème LEÇON.

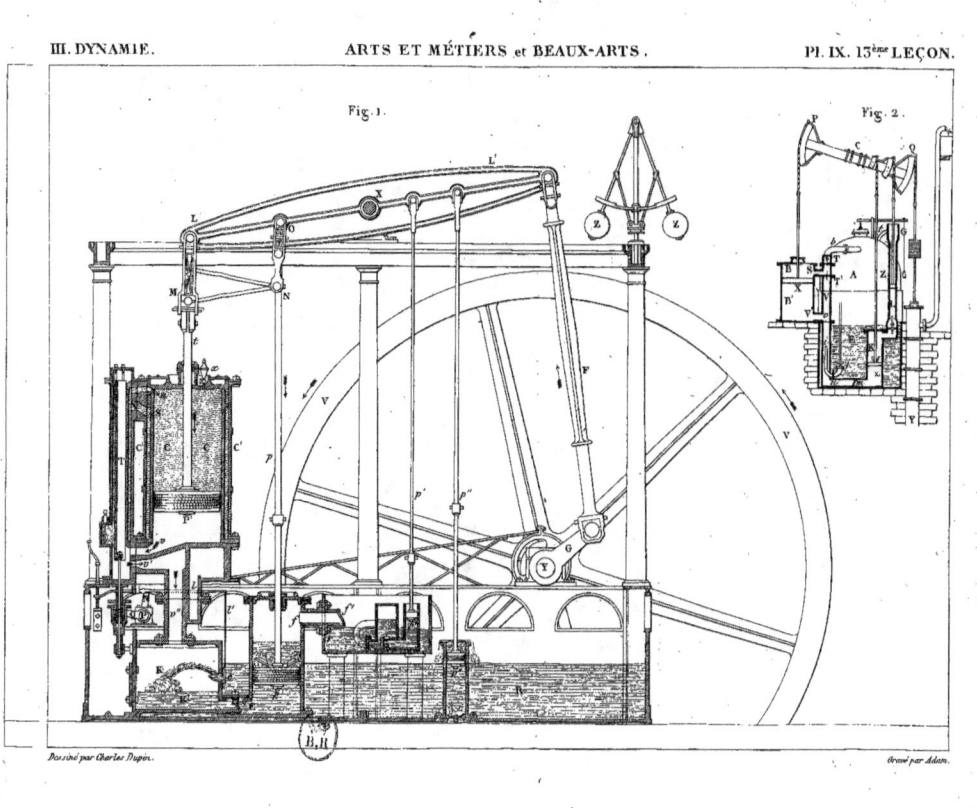

Fig. 1. Fig. 2.

Dessiné par Charles Dupin. Gravé par Adam.

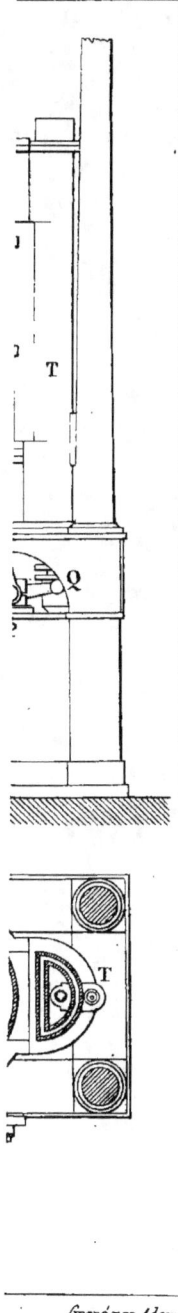

ème LEÇON.

Gravé par Adam.

RS et BEA

Fig. 1.

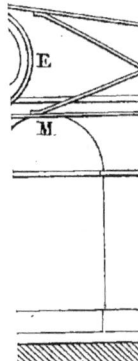

Fig. 2.

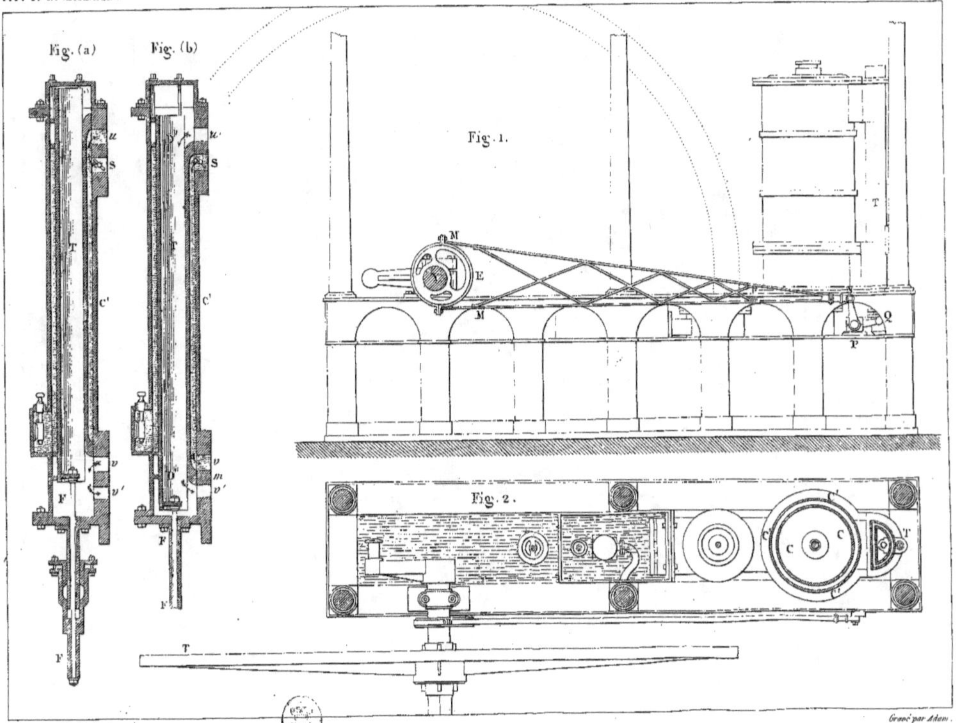

III. DYNAMIE. ARTS ET MÉTIERS et BEAUX-ARTS. Pl. X, 13.ème LEÇON.

Fig. (a) Fig. (b)

Fig. 1.

Fig. 2.

Dessiné par Charles Dupin. Gravé par Adam.

ne **LEÇON**.

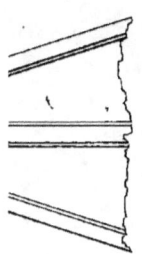

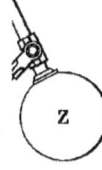

Z

Gravé par Adam.

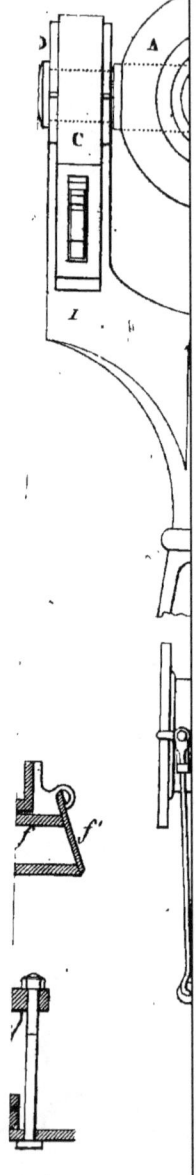

III. DYNAMIE. ARTS ET MÉTIERS et BEAUX-ARTS. Pl. XI. 13ème LEÇON.

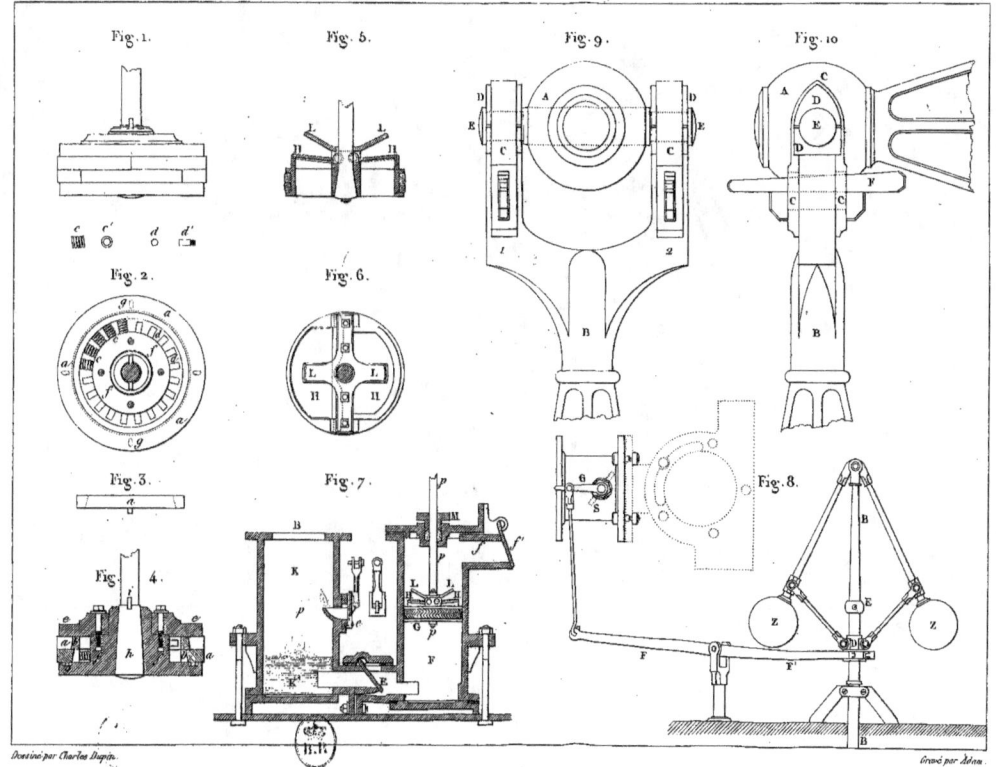

4ème LEÇON.

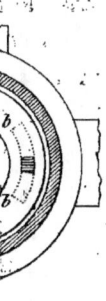

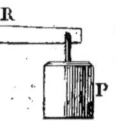

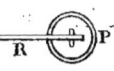

Gravé par Adam.

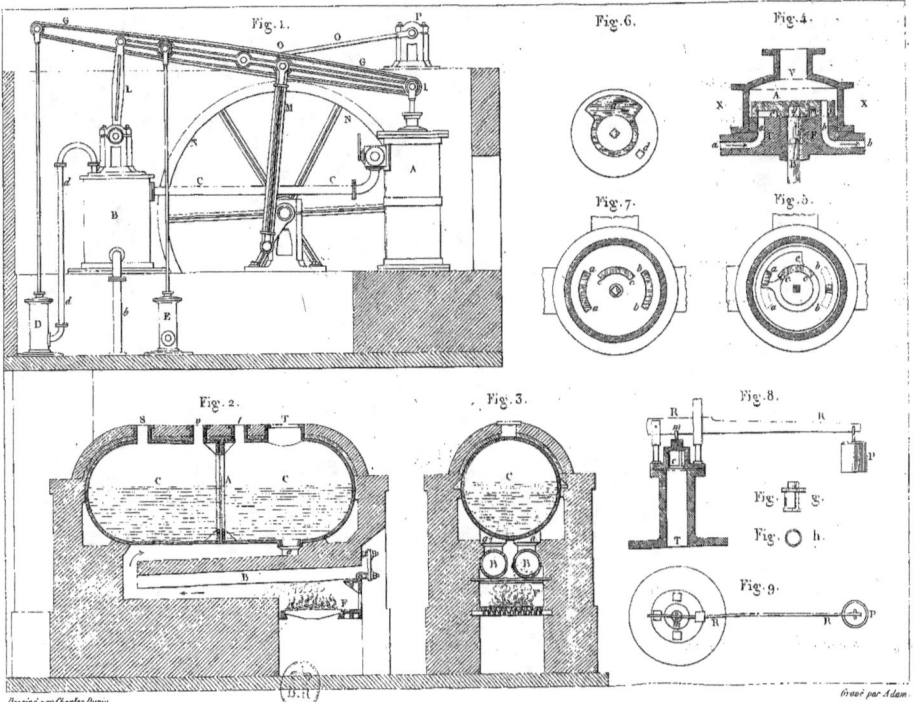

ᵉ LEÇON.

e

f

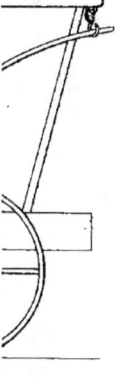

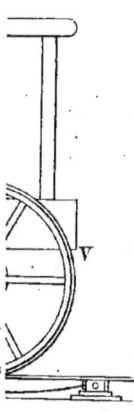
V

Gravé par Adam.

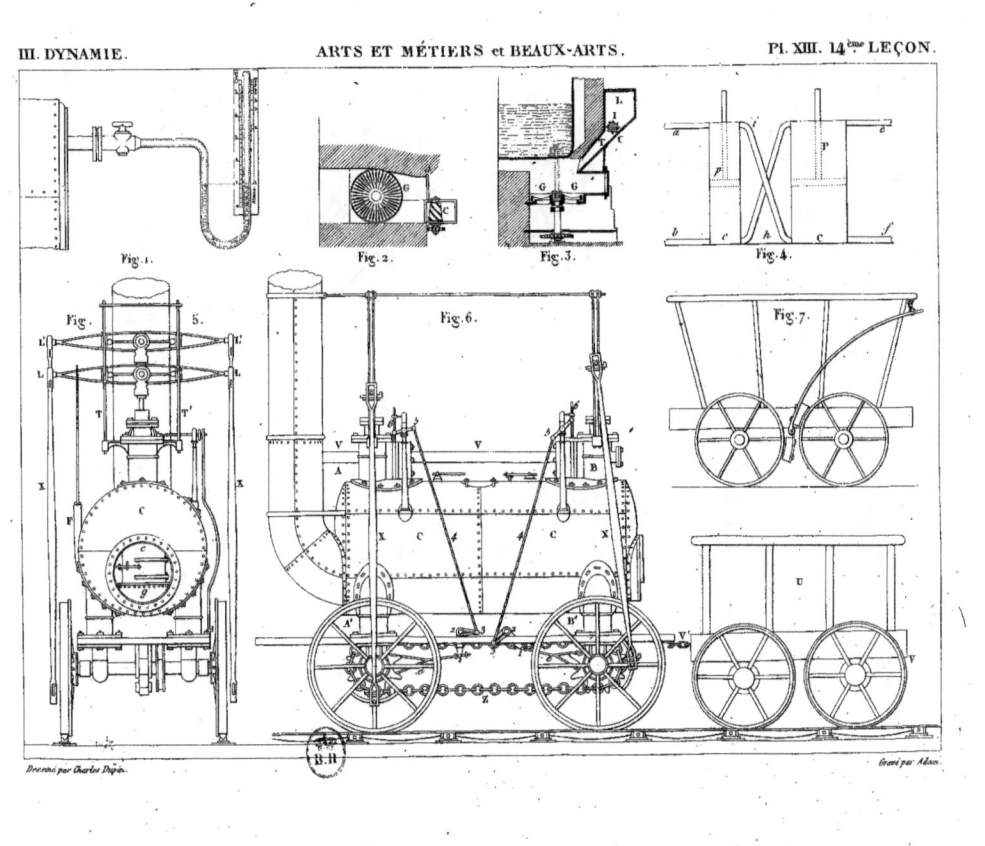

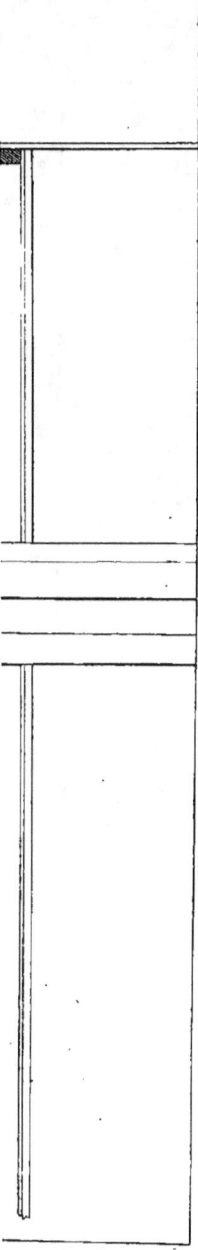

15.ème LEÇON.

Gravé par Adam.

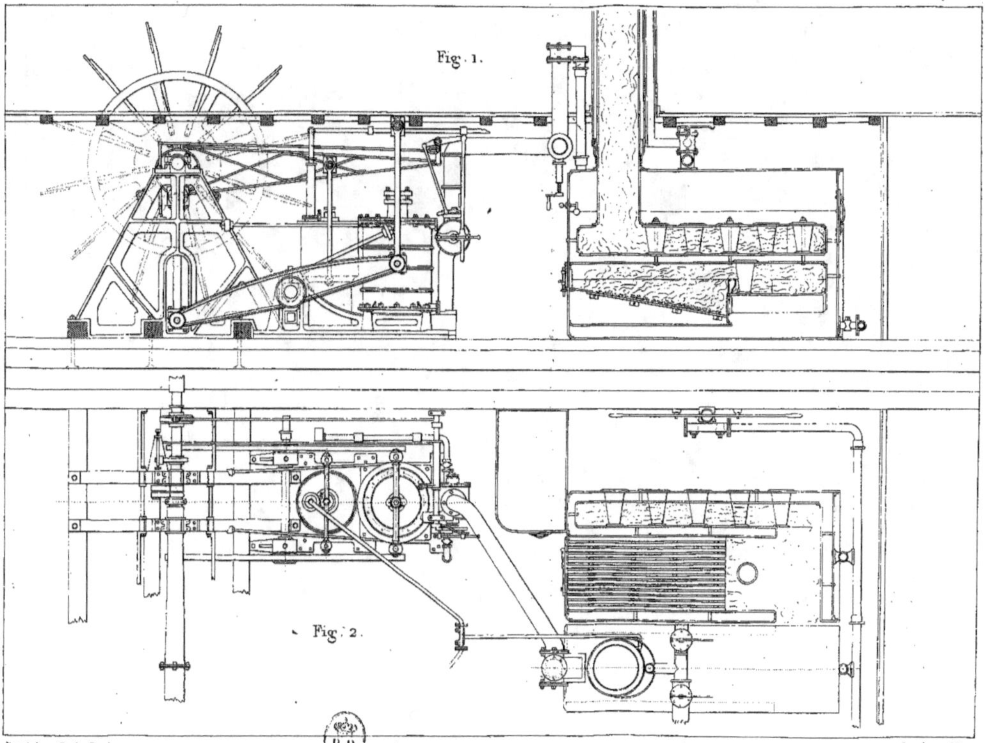

III. DYNAMIE. ARTS ET MÉTIERS et BEAUX-ARTS. Pl. XIV. 15ème LEÇON.

Fig. 1.

Fig. 2.

Dessiné par Charles Dupin. Gravé par Adam.